FUNDAMENTOS DE TOPOGRAFIA

T917f Tuler, Marcelo.
　　　　Fundamentos de topografia / Marcelo Tuler, Sérgio
　　　Saraiva. – Porto Alegre : Bookman, 2014.
　　　　xvi, 308 p. : il. ; 25 cm.

　　　　ISBN 978-85-8260-119-8

　　　　1. Levantamento topográfico. 2. Topografia. I. Saraiva,
　　　Sérgio. II. Título.

　　　　　　　　　　　　　　　　　　　　　　　CDU 528.425

Catalogação na publicação: Ana Paula M. Magnus – CRB 10/2052

**MARCELO TULER
SÉRGIO SARAIVA**

FUNDAMENTOS DE TOPOGRAFIA

2ª Reimpressão 2015

2014

©Bookman Companhia Editora, 2014

Gerente editorial: *Arysinha Jacques Affonso*

Colaboraram nesta edição:

Editora: *Maria Eduarda Fett Tabajara*

Leitura final: *Viviane Borba Barbosa* e *Cristhian Herrera*

Capa e projeto gráfico: *Paola Manica*

Imagens da capa: *Hands On Asia:* ©*Dieter Spears/iStockphoto®;*
 Topography [vector]: ©*filo/iStockphoto®.*

Editoração: *Techbooks*

Reservados todos os direitos de publicação, em língua portuguesa, à
BOOKMAN EDITORA LTDA., uma empresa do GRUPO A EDUCAÇÃO S.A.
A série TEKNE engloba publicações voltadas à educação profissional, técnica e tecnológica.

Av. Jerônimo de Ornelas, 670 – Santana
90040-340 – Porto Alegre – RS
Fone: (51) 3027-7000   Fax: (51) 3027-7070

É proibida a duplicação ou reprodução deste volume, no todo ou em parte, sob quaisquer formas ou por quaisquer meios (eletrônico, mecânico, gravação, fotocópia, distribuição na Web e outros), sem permissão expressa da Editora.

Unidade São Paulo
Av. Embaixador Macedo Soares, 10.735 – Pavilhão 5 – Cond. Espace Center
Vila Anastácio – 05095-035 – São Paulo – SP
Fone: (11) 3665-1100   Fax: (11) 3667-1333

SAC 0800 703-3444 – www.grupoa.com.br
IMPRESSO NO BRASIL
PRINTED IN BRAZIL
Impresso sob demanda na Meta Brasil a pedido do Grupo A Educação.

» *Os autores*

Marcelo Tuler
É professor do Centro Federal de Educação Tecnológica de Minas Gerais (CEFET-MG). É graduado em Engenharia de Agrimensura pela Universidade Federal de Viçosa (UFV), mestre em Sistemas e Computação com ênfase em Cartografia Automatizada pelo Instituto Militar de Engenharia (IME) e doutor em Engenharia Civil com ênfase em Geotecnia Ambiental pela UFV. Tem experiência nas áreas de Geociências e Geotecnia, e em Topografia Industrial.

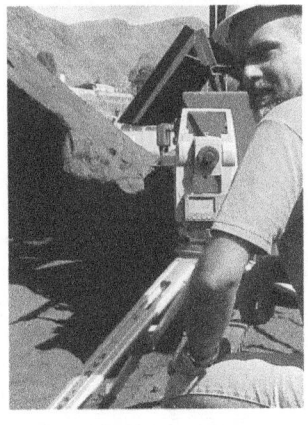

Sérgio Saraiva
É professor do Centro Federal de Educação Tecnológica de Minas Gerais (CEFET-MG). É graduado em Engenharia Civil e especialista em Engenharia de Segurança do Trabalho pela Fundação Mineira de Educação e Cultura (FUMEC). Também é especialista em Biologia pela Universidade Federal de Lavras (UFLA) e mestre em Geotecnia pela Universidade Federal de Ouro Preto (UFOP). Tem experiência em projetos e construção de estradas, e em Topografia Industrial.

Para José Cláudio Tuler (in memorian).
Marcelo Tuler

Para Elizabeth, Thila e Rafael.
Sérgio Saraiva

» *Apresentação*

Escrever a apresentação do livro *Fundamentos de Topografia* é particularmente uma tarefa gratificante. A reconhecida história acadêmica dos seus autores os capacita a propor esta importante obra, que procura preencher uma lacuna na bibliografia básica da Topografia aplicada a todos os níveis de ensino.

Lançado dentro do ciclo comemorativo dos 63 anos do curso de Estradas no CEFET-MG, este livro traz um rico material destinado aos estudantes técnicos da educação profissional de nível médio e de Engenharia, e aos profissionais da área de Agrimensura e Cartografia que buscam conhecimentos teóricos e práticos em Topografia.

Em sua elaboração, os autores buscaram contemplar as várias áreas e conteúdos de Topografia, utilizando exemplos e figuras que ilustrassem suas aplicações. Dessa forma, considerando que em toda obra de Engenharia é necessário adotar levantamentos e cálculos topográficos, os autores contribuem com este título, apresentando novos equipamentos e revisando técnicas de campo e de escritório na área topográfica.

Prof. Márcio Silva Basílio
Diretor-Geral do CEFET-MG

» Prefácio

Durante os últimos 20 anos, uma visível exigência do mercado vem forçando a ampliação da produção topográfica. A expansão de obras civis, a modernização de parques industriais e da mineração, os investimentos em infraestrutura, o georreferenciamento de imóveis rurais, a automação dos cadastros urbanos e outros segmentos da engenharia ampliam o rol de usuários e formadores de opinião sobre a ciência topográfica, que vão desde acadêmicos até empresários e prestadores de serviço. Percebe-se, no entanto, um descompasso entre a atividade produtiva e o retorno efetivo das tecnologias relacionadas à ciência topográfica.

Um avanço tecnológico nunca registrado na história vem ocorrendo nesse período, dificultando a percepção natural do homem frente às mudanças desencadeadas por tal avanço. Algumas empresas adquiriram equipamentos modernos (GPS, estação total, etc.), o que gerou uma falsa competição entre elas em busca de inovação e produção. Essas empresas se esqueceram, no entanto, de um detalhe:

– Pronto! Compramos! E agora, **quem vai operar**?

Dessa forma, retoma-se a real importância da tecnologia: o proveito do homem. Tecnologia que foi idealizada por homens, devendo ser executada também por homens, em benefício da sociedade. É exatamente nesse ponto que se encontram algumas dificuldades no avanço da Topografia.

Há, muitas vezes, o uso de uma tecnologia não idealizada, executada por pessoas que desconhecem os fundamentos da área, o que acaba por prejudicar a execução dos levantamentos topográficos. Devemos destacar que conhecer a tecnologia não se resume a "apertar botões" de uma estação total: a estação só será *total* se o operador estiver preparado para seu manuseio.

Certificando-nos de que a minimização desse problema está no cerne dos fundamentos básicos da Topografia e de temas correlatos, organizamos este livro da seguinte maneira:

No Capítulo 1, o leitor terá acesso a um resumo histórico da Topografia, e serão definidos os fundamentos básicos de Geodésia e Topografia, suas aplicações e profissionais habilitados para sua prática.

No Capítulo 2, abordaremos a planimetria, destacando os processos, equipamentos e requisitos para o levantamento topográfico planimétrico, a orientação de plantas topográficas, o cálculo de planilha de coordenadas e o cálculo de áreas (os exemplos estão em conformidade com a Associação Brasileira de Normas Técnicas (ABNT, 1994).

No Capítulo 3, trataremos dos métodos de levantamento altimétrico, enfatizando o nivelamento geométrico. Serão abordados os fatos atuais da altimetria (também de acordo com a

ABNT, 1994). O capítulo ainda apresenta as formas de representação do relevo e do uso atual de interpoladores de curvas de nível.

No Capítulo 4, o leitor conhecerá a planialtimetria e exemplos do levantamento e do uso da planta planialtimétrica.

Os capítulos seguintes têm como subtítulo *Aspectos básicos*, o que ocorre por três motivos: a dificuldade em expor todas as vertentes da técnica ou ciência em estudo, a dinâmica evolução do tema e a importância relativa do tema ao aprendizado do técnico ou engenheiro em uma disciplina de Topografia. Dessa forma, serão discutidos os aspectos básicos:

- das concordâncias horizontal e vertical (Capítulo 5) e
- da estatística aplicada à Topografia (Capítulo 6).

Ainda elaboramos um Apêndice que trata de animais peçonhentos, visto que é muito comum, na prática topográfica em áreas rurais, o profissional deparar-se com esses animais.

Considerando que o conhecimento é construído em conjunto, suas sugestões para a melhoria deste livro poderão ser enviadas para os e-mails abaixo. Tenha uma boa leitura!

Marcelo Tuler

Sérgio Saraiva

Centro Federal de Educação Tecnológica de Minas Gerais
Av. Amazonas, 5253 – Belo Horizonte – MG
Tel. (031) 3319 7107 – est@deii.cefetmg.br – Departamento de Engenharia de Transportes

» Sumário

capítulo 1
Generalidades e definições 1
Resumo histórico 2
   Das primeiras civilizações à Idade Antiga 2
   Da Idade Média à revolução científica 6
   Da Revolução Industrial ao mundo
   contemporâneo 7
Conceitos fundamentais da Geodésia 9
   Terra geoidal, elipsoidal, esférica e plana 11
Conceitos fundamentais de Topografia 16
   Divisão da Topografia 17
   Importância e aplicações 18
   Profissionais que atuam com Topografia 21
Sistemas de referência em Geodésia
e em Topografia 23
   Sistema de coordenadas astronômicas e
   geodésicas 24
      Sistema de coordenadas astronômicas ... 24
      Sistema de coordenadas geodésicas 25
      Relação entre as coordenadas
      astronômicas e geodésicas 26
   Sistema de coordenadas UTM
   e topográficas 27
      Sistema de coordenadas UTM 27
      Sistema de coordenadas topográficas 30

capítulo 2
Planimetria 33
Planimetria 34
Sistemas de unidades de medidas 34
   Unidade de medida linear 35
   Unidade de medida de superfície 36
   Unidade de medida de volume 38
   Unidade de medida angular 38

   Sistema sexagesimal 39
   Sistema centesimal e radiano 41
Gramometria 45
   Processos diretos 45
   Processos indiretos 50
      Taqueometria 51
      Medidores eletrônicos de distâncias
      (MEDs) 60
Goniologia 63
   Ângulos horizontais 64
      Ângulos azimutais 65
      Ângulos goniométricos 67
      Azimutes calculados 69
   Ângulos verticais 70
      Ângulo de inclinação 71
      Ângulo zenital 71
Orientação para trabalhos topográficos 71
   Meridiano magnético 72
   Meridiano verdadeiro, astronômico
   ou geográfico 73
   Meridiano geodésico ou elipsóidico 73
   Meridiano de quadrícula ou plano 73
   Relações angulares entre os meridianos 74
      Declinação magnética 74
      Convergência meridiana 78
Métodos de levantamento planimétrico 81
   Métodos principais e secundários 83
      Métodos principais 83
      Métodos secundários 88
   Poligonal topográfica 89
Planilha de coordenadas 97
   Cálculo do fechamento angular 98
      Determinação do erro angular 98

Tolerância do erro angular 100	Nivelamento por receptores GPS 158
Distribuição do erro angular 102	Nivelamento geométrico. 159
Cálculo de azimutes 103	Nivelamento geométrico simples. 160
Cálculo das coordenadas relativas não corrigidas. 106	Nivelamento geométrico composto 161
	Verificação dos cálculos da planilha. 165
Cálculo do fechamento linear 107	Erro no nivelamento geométrico 166
Determinação do erro linear 107	Determinação do erro 167
Tolerância do erro linear 108	Definição da tolerância 168
Cálculo das coordenadas relativas corrigidas. 108	Distribuição do erro 168
	Exemplo de cálculo de nivelamento geométrico 169
Cálculo das coordenadas absolutas 109	
Exemplos de cálculo de planilha de coordenadas. 110	Representação altimétrica. 172
	Perfis longitudinais e transversais 172
Cálculo de áreas planas 122	Perfis longitudinais. 174
Método analítico pela fórmula de Gauss . . . 124	Perfis transversais 176
Método gráfico pela decomposição em polígonos 129	Planta com curvas de nível 180
	Usos do MDT. 183
Método de comparação por quadrículas . . . 130	

capítulo 3
Altimetria 133

capítulo 4
Planialtimetria 185

Altimetria 134	Introdução 186
Superfícies de referência de nível 134	Métodos de levantamento planialtimétrico. . . 187
	Exemplo de levantamento e cálculo planialtimétrico 188
Erro de nível aparente 136	
Altitude, cota, diferença de nível e declividade. 138	Trecho da norma para levantamentos planialtimétricos cadastrais 190
Instrumentos para o nivelamento. 142	Trecho da norma para levantamentos planiltimétricos 190
Plano de visada horizontal 142	
Plano de visada com inclinação. 145	Planimetria: planilha de coordenadas. 193
Acessórios 146	Cálculo do fechamento angular 193
Barômetros e altímetros 146	Cálculo dos azimutes 194
GPS 147	Cálculo das distâncias (médias) horizontais 194
Métodos de nivelamento. 148	
Nivelamento geométrico 150	Cálculo das coordenadas relativas (não corrigidas) 195
Nivelamento trigonométrico 151	
Nivelamento barométrico. 152	Cálculo do fechamento linear 195
Nivelamento taqueométrico 152	Cálculo das coordenadas absolutas. 197
Fatos atuais em altimetria. 153	Cálculo da área dos limites da propriedade 197
Normas Técnicas de Nivelamento segundo a Associação Brasileira de Normas Técnicas (ABNT, 1994) 153	
	Altimetria: nivelamento trigonométrico. . . . 198
	Cálculo das diferenças de nível e cálculo das médias 198
Nivelamento geodésico 154	

Cálculo do erro de fechamento
altimétrico e sua distribuição 198
Cálculo das cotas....................... 199
Formas de representação planialtimétrica. . 199
Exemplo de usos da planta planialtimétrica . . 202

capítulo 5
Concordâncias horizontais e verticais: aspectos básicos 211
Generalidades e definições 212
Curvas horizontais 214
    Circular simples 214
        Elementos da curva 214
        Cálculo dos elementos da curva 216
    Circular com transição em espiral......... 235
        Elementos da curva 236
        Cálculo dos elementos da curva 240
Concordância vertical 249
    Elementos da curva...................... 250
    Cálculo dos elementos da curva 253
Locação.................................... 261
    Locação das tangentes e PIs............... 265
    Locação das curvas 267
    Locação do greide........................ 274

capítulo 6
Estatística aplicada à Topografia: aspectos básicos 277
Generalidades e definições 278
Conceitos e classificação dos erros de observação............................. 280
    Alguns conceitos 280
    Classificação dos erros de observação...... 281
Aplicações estatísticas 283
    Exemplo 1 283
    Exemplo 2 286
    Exemplo 3 288

apêndice
Animais peçonhentos 293
Introdução 294
Animais perigosos 295
    Aranhas 296
    Escorpiões 297
    Abelhas, vespas e marimbondos 298
    Taturanas e lacraias...................... 298
    Serpentes............................... 299
Prevenção de acidentes 302

Referências........................305

capítulo 1

Generalidades e definições

A Topografia busca representar um local com base na geometria e na trigonometria plana. Neste capítulo, discutimos a evolução dessa ciência. Apresentamos alguns de seus conceitos clássicos e fundamentais, bem como alguns conceitos de Geodésia e de Cartografia, de forma a fornecer embasamento teórico e prático para os demais capítulos. Abordamos também o mercado de trabalho e as principais atividades e equipamentos da área.

Objetivos

» Compreender a evolução da ciência topográfica.

» Conhecer as atividades de campo e os equipamentos topográficos.

» Diferenciar os diversos sistemas de referência adotados em levantamentos topográficos.

>> Resumo histórico

A percepção e o entendimento de técnicas, bem como a definição de procedimentos e do uso dos instrumentos topográficos, ocorreram sempre paralelamente às aspirações do homem. A sobrevivência humana depende do conhecimento das peculiaridades e das adversidades da natureza. Essa preocupação remonta aos primórdios da civilização e persiste até hoje.

Pode-se dizer que a Topografia, em sua forma elementar, é tão antiga quanto a história da civilização e, igualmente às outras ciências, pode ser dividida em épocas.

>> Das primeiras civilizações à Idade Antiga

É fato que, ao se erguer e iniciar a busca por alimento e moradia, o homem começou a requerer **sentidos de localização**. O ambiente que o cercava era vasto e sua capacidade de guardar informações era restrita. Dessa forma, havia a necessidade e uma tendência inata de rabiscar e rascunhar seu pensamento. Após e o aprimoramento de símbolos, o homem começou a se posicionar. Ele podia, então, encontrar água ou abrigos com mais facilidade, pois tinha a noção de posições relativas do local em que habitava.

Com a evolução natural, principalmente com o sedentarismo, ocorreu o início da organização social e política, culminando com a criação do Estado. O fato marcante dessa época (cerca de 4.000 a.C.) foi denominado Revolução Agrícola. Mais uma vez vinha à tona a necessidade do reconhecimento dos acidentes do relevo e principalmente dos limites entre as propriedades agrícolas. Surgiram, dessa forma, os primeiros procedimentos para a **demarcação dessas áreas**.

>> **DEFINIÇÃO**
Topografia é a ciência, baseada na geometria e na trigonometria plana, que utiliza medidas horizontais e verticais para obter a representação em projeção ortogonal sobre um plano de referência, dos pontos capazes de definir a forma, a dimensão e os acidentes naturais e artificiais de uma porção limitada do terreno.

A maioria dos primeiros Estados de que se tem notícia formou-se na região conhecida como Oriente Próximo. Corresponde às civilizações que surgiram e se desenvolveram por meio da agricultura, praticada nas terras cultiváveis às margens de grandes rios, como o Nilo, o Tigre, o Eufrates e o Indo. Registra-se que as **representações gráficas** mais antigas que a humanidade conhece foram as confeccionadas pelos mesopotâmios, em aproximadamente 3.500 a.C., na histórica região entre os rios Tigre e Eufrates, onde hoje se encontra o Iraque. A prática desses métodos de medição e representação foi repassada aos gregos, que a denominaram **Topografia**: *topo* significa lugar ou ambiente, e *grafia* um desenho ou representação gráfica. Ou seja, trata-se da **descrição de um lugar** (Fig. 1.1).

Na Idade Antiga (de 4.000 a.C. a 476 d.C.), essas civilizações controlavam a água dos rios, construindo açudes e canais de irrigação. Naquela época, havia não

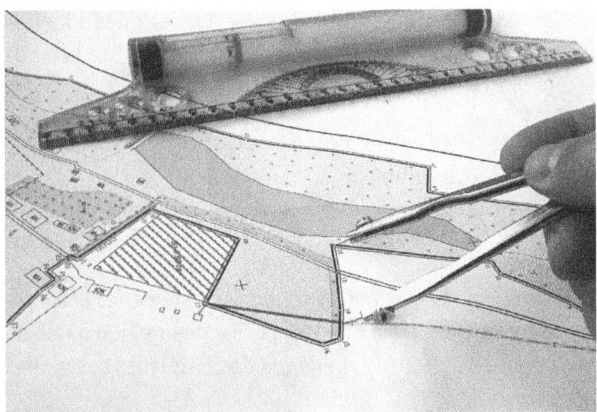

Figura 1.1 A representação de uma localidade.
Fonte: ©George Pchemyan/iStockphoto.com.

apenas preocupação com o posicionamento e registro do ambiente, mas também com a implantação de um projeto, ou seja, a **locação** de uma obra já planejada.

Devido ao grande porte desses projetos, o controle das águas era empreendido pelo Estado, que passou a ser o grande proprietário de terra, além de dirigir todos os aspectos da sociedade. Com o Estado responsável pela gerência de bens e produtos, seus representantes normatizaram a convivência entre as classes sociais. Surgiram, então, as primeiras leis do **Direito Agrário**, e com elas os termos de desapropriação, hereditariedade sobre os bens, etc.

Visto que o Estado era dominado por parte das camadas superiores, para garantir essa dominação, os reis, imperadores e príncipes organizavam exércitos. Surgiram, então, as primeiras batalhas pela expansão territorial e apropriação de riquezas e, com elas, a necessidade da **confecção de mapas** para estudar estratégias de batalha e referenciar as conquistas obtidas, o que levou a grandes avanços na **Cartografia**.

Por volta do século VII a.C., floresceram importantes escolas de pensamento, principalmente na Grécia. Com os primeiros pensadores gregos, frequentemente denominados físicos, em razão da procura de explicações físicas para a Terra e o Universo, surgiram as primeiras especulações sobre o **formato da Terra** – porém, não se sabe em que época surgiram as primeiras ideias sobre a esfericidade terrestre. Sabe-se, contudo, que, há dois milênios e meio, Pitágoras se recusava a aceitar a concepção simplista de uma Terra plana; Sócrates tinha as mesmas ideias, mas era incapaz de comprová-las.

Dessa forma, o homem passou não só a se preocupar em entender o que conseguia enxergar – ou seja, praticar a Topografia –, mas também com a forma e o tamanho do planeta. Surgiu, então, o termo **Geodésia**: a ciência destinada a buscar respostas para a forma e a dimensão da Terra como um todo.

» **NA HISTÓRIA**
Os escribas eram funcionários públicos muito cultos que supervisionavam a administração pública, responsabilizando-se pela geração da ciência, pelas leis e pela cobrança de impostos. Naquela época, houve um grande desenvolvimento da matemática, da qual os escribas necessitavam para a produção agrícola nas épocas das enchentes.

» **DEFINIÇÃO**
A **Cartografia** trata da representação cartográfica, em um plano horizontal, de uma extensa área terrestre.

Em 350 a.C., Aristóteles argumentou e demonstrou a teoria da esfericidade, antes admitida por meio de considerações puramente filosóficas, passando a ser considerado o fundador da **ciência geográfica**. Estes foram seus argumentos:

• o contorno circular da sombra projetada pela Terra nos eclipses da Lua;
• a variação do aspecto do céu estrelado com a altitude;
• a diferença de horário na observação de um mesmo eclipse para observadores situados em meridianos afastados.

A grande proeza, no entanto, estava reservada ao exímio astrônomo e matemático Erastótenes, que viveu aproximadamente entre os anos 276 a.C. e 196 a.C. Ele determinou o raio da Terra com grande precisão para sua época (Fig. 1.2). A experiência de Erastótenes baseava-se nos seguintes fatos:

• Constatou-se que, no dia de solstício de verão, o Sol iluminava o fundo de um poço em Siena.
• Constatou-se que, ao mesmo tempo, em Alexandria, o Sol projetava uma sombra de 7° 12′ (1/50 do círculo), ou seja, 360°/7° 12′ = 50.

Com base em tais afirmações, fez ainda algumas considerações:

• No dia de solstício de verão, o Sol do meio-dia se colocava diretamente sobre a linha da zona trópica de verão (trópico de câncer), concluindo que Siena estava inclinada nessa linha.
• A distância linear entre Alexandria e Siena era de aproximadamente 500 milhas.
• Siena e Alexandria pertenciam ao mesmo meridiano.

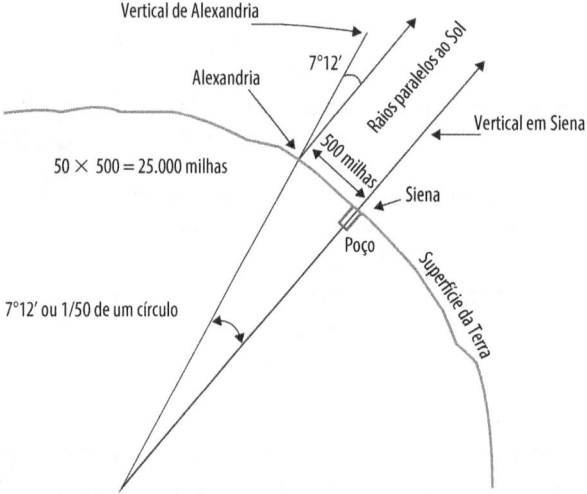

Figura 1.2 Determinação do raio da Terra, por Erastótenes.

Logo, a circunferência da terra seria igual a 50 × 500, ou seja, 25.000 milhas. Observa-se que foi notável sua precisão (aproximadamente +0,40% do atualmente aceito pela União Internacional de Geodésia e Geofísica [UIGG]), pois:

- Siena não estava inclinada nesta linha do solstício, mas 37 milhas ao norte.
- A distância entre Alexandria e Siena era de 453 milhas.
- Siena e Alexandria não estão sobre o mesmo meridiano, há uma diferença de 3° 30'.

Também nesse período da Idade Antiga, os romanos ergueram benfeitorias, que se caracterizaram pelo magnífico uso da técnica de Topografia em suas grandes obras civis. Buscando conquistar a Península Ibérica (2 a.C. a 1 d.C.), os legionários (soldados) romanos, com a ajuda das populações locais, iniciaram a construção de uma rede de estradas e pontes para unir as cidades mais importantes e permitir uma ligação rápida a Roma. Muitas dessas estradas e pontes ainda existem, como o aqueduto de Segóvia (1 d.C.) (Fig. 1.3).

Figura 1.3 Ponte do aqueduto de Segóvia, Espanha.
Fonte: ©Lianem/Dreamstime.com.

>> PARA SABER MAIS

O famoso aqueduto de Segóvia, que mede 14 quilômetros de extensão, data do século 1 d.C. Foi construído pelos romanos para transportar água das montanhas à cidade de Segóvia. Em seu ponto mais próximo das muralhas, na Plaza del Azoguejo, o aqueduto eleva-se a quase 30 metros. Nesse trecho, 120 pilastras sustentam cerca de 20 mil blocos de pedra, unidos apenas pelo seu peso, em uma obra de engenharia impressionante para a época. Saiba mais acessando o ambiente virtual de aprendizagem: www.bookman.com.br/tekne.

» Da Idade Média à revolução científica

Avançando na história para o período conhecido como Idade Média (período compreendido entre os séculos V e XV), vamos diretamente ao século XI, em que ocorreu a expansão marítima e nasceu a economia de mercado entre as nações europeias. Nessa época, a necessidade de posicionamento se tornou novamente imprescindível ao homem. O termo **Hidrografia** tomou força, visto que o homem começava a se "lançar" ao mar.

> **» DEFINIÇÃO**
> **Hidrografia:** denominação à descrição de oceanos e rios, levantamento do relevo submerso, definição de rotas, inventário e cadastro de costas e ilhas, etc.

Um fato topográfico importante desse período foi a apresentação do primeiro tratado sistemático sobre trigonometria (*De Triangulis*), em 1464, por Regiomontanus. Com isso, surgia a possibilidade de construção de instrumentos e de aplicação de métodos taqueométricos (para obter com rapidez o relevo de um terreno por meio de um taqueômetro). O século XVI foi marcado pela real possibilidade de conquista dos mares. Surgiram as primeiras grandes viagens comerciais, culminando no descobrimento da América. O posicionamento correto tornava-se sinônimo de sobrevivência e dependia da posição relativa dos astros em relação à rota, traçada por meio de instrumentos como o Astrolábio (Fig. 1.4). Os avanços na **Astronomia**, ciência que utiliza os astros para posicionamento e orientação na Terra, são incontestáveis.

Nos séculos seguintes, XVII e XVIII, observou-se um notável avanço na Cartografia das nações europeias. Como referência, pode-se citar o planisfério de Van der Aa/Cassini, datado de 1715, a partir do notável mapa-múndi de 1696, elaborado no piso do Observatório de Paris por J.D. Cassini, que constitui uma das mais expressivas realizações da história dos mapas (Fig. 1.5).

No entanto, para o exercício de uma Cartografia consistente, a Topografia e Geodésia, por meio de **levantamentos topográficos e geodésicos**, também devem ser coerentes na coleta dos dados para o que se deseja representar. Logo, a partir da segunda metade do século XVIII, impulsionados pelas operações de guerras frequentes das grandes potências europeias, pela necessidade de cartas e pela impossibilidade de execução de grandes serviços por meios privados, surgiram os **serviços geográficos** nacionais, responsáveis pelos levantamentos topográficos. Foi difundido o processo de levantamento por **triangulação** como método principal para grandes levantamentos. Outro fato importante dessa época foi a transformação da luneta astronômica em luneta estadimétrica, cujos fios estadimétricos, em 1778, foram introduzidos pelo inglês William Green.

Figura 1.4 Astrolábio.
Fonte: ©jodiecoston/iStockphoto.com.

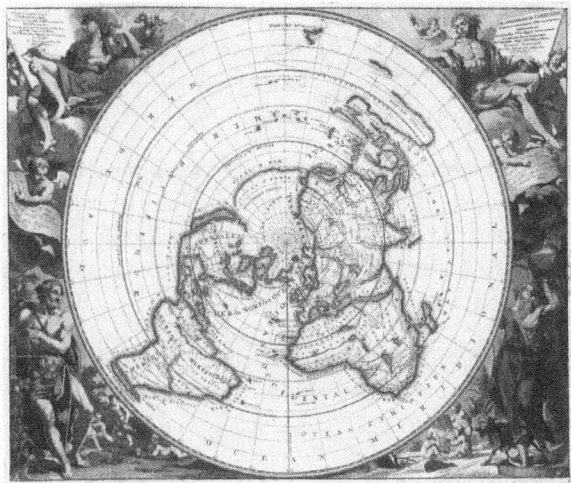

Figura 1.5 Mundo em Projeção Polar, de Van der Aa.
Fonte: Sanderus Antiquariaat (c2013).

> **PARA SABER MAIS**
>
> O astrolábio foi utilizado para medir a posição das estrelas no céu noturno. Sabendo o tempo e a data da observação, os navegantes podiam determinar sua posição sobre a superfície da Terra, desde que estivessem em latitudes para as quais o instrumento foi projetado. Acesse o ambiente virtual de aprendizagem para saber mais.

Da Revolução Industrial ao mundo contemporâneo

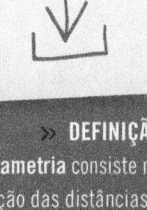

No século XIX, os processos e instrumentos topográficos passaram por avanços. Como fatos dessa época, podem-se citar a invenção do taqueômetro, em torno de 1835, pelo italiano Ignazio Porro; a execução do primeiro nivelamento geral da França, por Bourdalone; as medidas de um arco de meridiano de um grau próximo ao equador (110.614 m) e de outro junto ao círculo polar ártico (111.949 m), patrocinadas pela Academia de Ciências de Paris, com consequente vitória das ideias newtonianas de uma Terra achatada. Esse último fato é considerado um dos marcos da Geodésia.

> **DEFINIÇÃO**
> **Fotogrametria** consiste na medição das distâncias e dimensões reais de objetos pelo uso da fotografia. Por meio de fotografias pode-se fazer o levantamento da topografia local e da altimetria.

Outro fato marcante do século XIX foi a criação dos princípios da **fotogrametria**, em 1848, por Aimé Laussedat, alcançando grande avanço no século seguinte, sob o ponto de vista de economia, rapidez e precisão no mapeamento.

No século XX, a modernização dos instrumentos topográficos e geodésicos deu-se, fundamentalmente, pelo aparecimento e evolução da informática e da eletrônica: o eletrônico substituiu o mecânico. Isso ocorreu a partir da Segunda Guerra Mundial, quando a Topografia e a Geodésia experimentaram um alto grau de precisão e eficiência.

A primeira grande inovação ocorreu com o aparecimento do primeiro **medidor eletrônico de distâncias (MED)**, em 1943: um grande sucesso. Esse medidor aumentou a qualidade das medidas de distâncias, que saltou da ordem do centímetro para milímetro. No início, devido às dimensões, era utilizado isoladamente. Com a evolução, passou a ser montado sobre os teodolitos, aumentando a eficiência na coleta de dados.

A segunda grande inovação ocorreu com o aparecimento dos teodolitos eletrônicos, na década de 1970. A terceira inovação importante foi o aparecimento das cadernetas eletrônicas, que substituíram a caderneta de campo, com possibilidade de armazenamento em meio digital.

Em termos de eficiência, tais avanços possibilitaram três novos ganhos:

a) Os ângulos medidos passaram a ser lidos diretamente em um visor de cristal líquido.
b) Os MEDs passaram a ser conectados diretamente ao teodolito. O processador central do teodolito passou a controlar também o distanciômetro, culminando nas estações totais.
c) Com a introdução da caderneta eletrônica, o tempo de medição diminuiu sensivelmente.

Nos últimos anos, alguns novos avanços determinaram, definitivamente, a existência de uma nova geração de equipamentos de medições topográficas e geodésicas, como estação total (Fig. 1.6), nível digital e nível laser, escâner laser, trenas laser, ecobatímetros, sistemas de medição por satélite, por exemplo, dos receptores do sistema NAVSTAR-GPS (Fig. 1.7), juntamente com armazenamento de dados em coletores digitais. Também citam-se as possibilidades de "embarcar" sistemas de posicionamento associados à eletrônica e à mecânica, de forma a auxiliar atividades na mineração, agricultura, execução de obras, logística, levantamentos, etc.

Figura 1.6 Estação total.
Fonte: ©kadmy/iStockphoto.com.

Figura 1.7 Receptor GPS.
Fonte: ©merial/iStockphoto.com.

» NO SITE
Acesse o ambiente virtual de aprendizagem para conferir esta e outras imagens coloridas do livro.

» Conceitos fundamentais da Geodésia

Os objetivos da Topografia e da Geodésia como ciência são similares, ambas referindo-se a levantamentos para representação de porções sobre a superfície da Terra. No entanto, a Topografia estuda o **particular**, ou seja, limita-se à representação de áreas de dimensões reduzidas para implantação, geralmente de uma obra de engenharia de pequeno porte; a Geodésia (do grego, *geodaisia* – divisão de terras) parte para o **geral**, determinando a forma geométrica, o tamanho da Terra e o campo gravitacional, ou seja, construindo e apresentando um formulário para referenciar os pontos levantados localmente, em um referencial global.

Como será discutido adiante, técnicas de obtenção de coordenadas geodésicas (e UTM) a partir de rastreio de satélites têm sido cada vez mais comuns em trabalhos em áreas reduzidas. Essas coordenadas são transformadas em coordenadas locais (topográficas) e vice-versa, buscando a uniformização dos dados. Nesse caso, aplicam-se conceitos (técnicas, formulários e instrumentos) da Geodésia e Cartografia, para levantamentos e locações topográficas.

Segundo Gemael (1994), o estudo da Geodésia considera sua evolução em duas etapas principais: pré-história e história (veja o Quadro 1.1).

Quadro 1.1 Evolução do estudo da Geodésia

Período	Evolução/acontecimentos
Pré-história	De Erastótenes (século 2 a.C.) às expedições francesas (1870).
História	**1° Período**: das expedições francesas a 1900 • Dimensões do melhor elipsoide (triangulações) • Elipsoide não homogêneo • Especulações teóricas sobre a forma de equilíbrio de uma massa fluida isolada no espaço e submetida à ação da gravidade • Método dos mínimos quadrados • Trabalhos de astroGeodésia **2° Período**: século passado até o lançamento do Sputnik 1 • Geodésia física • Equipamentos eletrônicos (distanciômetro) • Popularização dos computadores e lançamento do Sputnik 1 (Fig. 1.8) **3° Período**: o que estamos vivendo • Geodésia tridimensional • Sistema geodésico mundial (geocêntrico) • Posicionamento automático • Geodésia extraterrestre • Estrutura do campo da gravidade

Fonte: Gemael (1994).

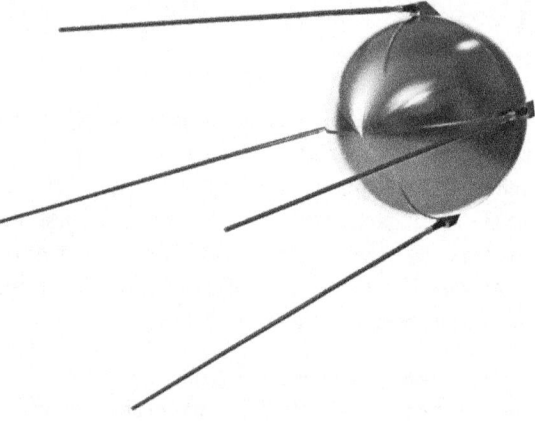

Figura 1.8 Satélite russo Sputnik 1.
Fonte: ©FreshPaint/iStockphoto.com.

>> **CURIOSIDADE**

Em 4 de outubro de 1957, a URSS lançou o primeiro satélite artificial, o Sputnik 1 ("companheiro de viagem"): uma esfera de metal do tamanho de uma bola de basquete, com quatro antenas que transmitiam sinais de rádio para a Terra. Seu lançamento desencadeou a Corrida Espacial. Após 96 dias em órbita, o Sputnik 1 reentrou na atmosfera e incendiou-se devido ao atrito com o ar.

>> Terra geoidal, elipsoidal, esférica e plana

Considerações devem ser feitas para as representações de feições da superfície da Terra, tanto na Geodésia quanto na Topografia. Partindo do geral (Geodésia), em primeira aproximação, a superfície que mais se aproxima da forma da Terra é a que se denomina **geoide**. Ela é obtida pelo prolongamento do nível médio dos mares, em repouso, pelos continentes, sendo normal em cada ponto à direção da gravidade terrestre. Essa forma é bem definida fisicamente em um ponto, mas matematicamente tem sido alvo de exaustivos estudos pela comunidade geodésica.

Pela dificuldade da utilização do geoide por meio de uma equação, os geodesistas adotaram como forma da Terra a de um **elipsoide de revolução**, girante em torno de seu eixo menor (Fig. 1.9). Com isso, o elipsoide de revolução constitui a figura com possibilidade de tratamento matemático que mais se assemelha ao geoide. Sua construção é oriunda da rotação de uma elipse em torno de seu eixo menor.

A segunda missão do satélite GOCE, da ESA-GOCE (*European Space Agency-Gravity field and steady-state Ocean Circulation Explorer*), de 2009, entregou o mapa mais preciso da gravidade da Terra (Fig. 1.10).

Um sistema elipsóidico global está relacionado ao elipsoide de referência como a melhor figura da Terra como um todo. A origem do elipsoide geralmente coincide com o centro de massa da Terra (geocêntrico). O conjunto de parâmetros que descreve a relação entre um elipsoide local particular e um sistema de referência geodésico global é chamado de **datum geodésico**.

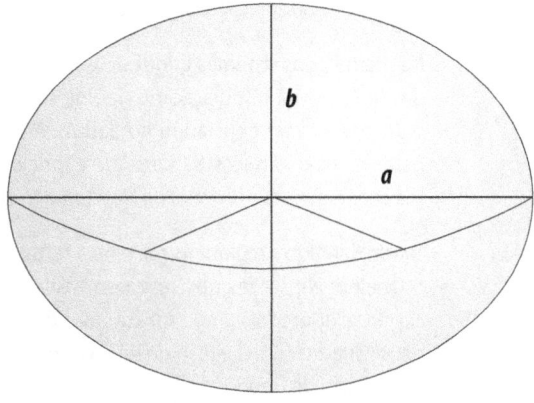

Figura 1.9 Elipsoide de revolução.

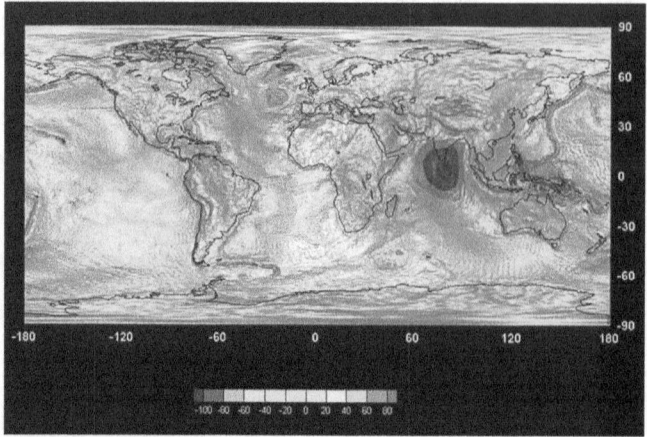

Figura 1.10 Imagem planificada do geoide, pelo satélite GOCE.
Fonte: European Space Agency (2010).

Um sistema elipsoidico ou geodésico é caracterizado por cinco parâmetros geométricos:

a) Dois parâmetros definem a geometria do elipsoide de referência:
   - Semieixo maior (a)
   - Achatamento (f): $f = \dfrac{a-b}{a}$,

   onde b é o semieixo menor (Fig. 1.9).

b) Três parâmetros definem a orientação desse modelo em relação ao corpo terrestre:
   - ξ e η → Componentes do desvio da vertical
   - N → Ondulação do geoide

Na maioria dos sistemas geodésicos de origem locais, os valores das componentes do desvio da vertical e da ondulação do geoide são arbitrados iguais a zero, o que leva o elipsoide e o geoide a se tangenciarem no datum. Além desses parâmetros geométricos, são definidos parâmetros dinâmicos: J2 (fator de elipticidade geopotencial ou fator de forma); GM, sendo G a constante gravitacional de Newton e M a massa da terra; W, velocidade angular da terra.

Tendo definido a melhor forma para a Terra, a busca incessante dos cientistas foi pela definição do melhor elipsoide que a representasse. Com o passar dos anos, vários elipsoides de referência foram adotados, sendo substituídos por outros que proporcionassem parâmetros mais precisos (Quadro 1.2). O elipsoide de Hayford foi recomendado pela Assembleia Geral da União Internacional de Geodésia e Geofísica (UIGG), em Madrid, em 1924. Em 1967, a UIGG, em Lucena, o sistema 1924/1930 foi substituído pelo Sistema Geodésico de Referência 1967, atualmente utilizado no Brasil. Em 1979, em Camberra, a UIGG reconheceu que o sistema geodésico de referência 1967 não representava a medida, a forma e o campo da gravidade da Terra com a precisão adequada. Esse sistema foi, então, substituído pelo sistema geodésico de referência (1980). Esse último sistema constitui a base do *World Geodetic System* (WGS-84), o sistema de referência utilizado pelo *Global Position System*: Sistema de Posicionamento Global (GPS).

Quadro 1.2 Alguns elipsoides e seus parâmetros

Nome	Datum	Semieixo maior (*a*)	Semieixo menor (*b*)	Achatamento (*f*)
Hayford	Córrego Alegre	6.378.388,000		1/297
SGR-67	SAD-69	6.378.160,000	$b = a - f \cdot a$	1/298,25
SGR-80	WGS-84	6.378.137,000		1/298,257223563

Fonte: IBGE (2005).

Em 2005, o Instituto Brasileiro de Geografia e Estatística (IBGE) estabeleceu o Sistema de Referência Geocêntrico para as Américas (SIRGAS), em sua realização do ano 2000, como o novo sistema de referência geodésico para o Sistema Geodésico Brasileiro (SGB) e para o Sistema Cartográfico Nacional (SCN), estabelecendo um período de dez anos de transição entre os sistemas anteriores. Dessa forma, por exemplo, os serviços de Cadastro de Imóveis Rurais, impostos pelo Incra (Instituto Nacional de Colonização e Reforma Agrária) devem estar referenciados integralmente a esse sistema a partir de 2015.

Outra aproximação para a representação da forma da Terra é a **esférica**. Em representações que permitem menor precisão, adota-se a redução do elipsoide a uma esfera de raio igual à média geométrica dos raios de curvatura das seções normais que passa por um ponto sobre a superfície do elipsoide terrestre em questão. As seções normais principais são a seção meridiana (M) e a seção do primeiro vertical (N), e o modelo para o raio da Terra esférica será a medida geométrica dada por $R = (N \cdot M)^{1/2}$. Na Geodésia, essa aproximação permitiu a implantação e a densificação de pontos geodésicos, a partir da execução de triangulações geodésicas, cujas figuras geométricas eram tratadas como triângulos esféricos.

Essa opção também é muito utilizada nos estudos das **projeções cartográficas**, em que se tem o conceito da "esfera-modelo", uma esfera desenhada na escala da projeção e que serve como construção auxiliar para obtenção das projeções geométricas. Com esse recurso, além de facilitar o cálculo, o erro obtido é quase insignificante, devido às escalas de projeção. O raio dessa esfera (R_m) depende diretamente da escala de representação, sendo:

$R_m = \sqrt{N \cdot M}$ → E > 1/500.000

$R_m = \dfrac{a+b}{2}$ → E < 1/500.000

Como dito anteriormente, a Topografia considera levantar trechos de dimensões limitadas. Logo, outra aproximação é sugerida: considerar a superfície terrestre como **plana**. Dessa forma, despreza-se a curvatura terrestre, constituindo o que se denomina **campo topográfico**.

O campo topográfico é a área limitada da superfície terrestre que pode ser representada topograficamente, desconsiderando a curvatura da Terra, supondo-a esférica. O limite da grandeza dessa área, de forma que se possa considerar a Terra como plana em determinada faixa de sua superfície, é função da precisão exigida para sua representação.

Segundo a Associação Brasileira de Normas Técnicas (ABNT, 1994), o campo topográfico tem as seguintes características:

• As projetantes são ortogonais à superfície de projeção, significando estar o centro de projeção localizado no infinito.
• A superfície de projeção é um plano normal à vertical do lugar no ponto da superfície terrestre considerado como origem do levantamento, sendo seu referencial altimétrico referido ao datum vertical.
• As deformações máximas inerentes à desconsideração da curvatura terrestre e à refração atmosférica têm as seguintes expressões aproximadas:

$\Delta l \,(mm) = -0{,}004 \cdot l^3 \,(km)$

$\Delta h \,(mm) = +78{,}5 \cdot l^2 \,(km)$

$\Delta h' \,(mm) = +67 \cdot l^2 \,(km)$,

onde

Δl = Deformação planimétrica devida à curvatura da Terra, em mm

Δh = Deformação altimétrica devida à curvatura da Terra, em mm

$\Delta h'$ = Deformação altimétrica devida ao efeito conjunto da curvatura da Terra e da refração atmosférica, em mm

l = Distância considerada no terreno, em km

• O plano de projeção tem a dimensão máxima limitada a 80 km, a partir da origem, de maneira que o erro relativo, decorrente da desconsideração da curvatura terrestre, não ultrapasse 1/35.000 nessa dimensão e 1/15.000 nas imediações da extremidade dessa dimensão.

Há outros fundamentos matemáticos para definir o limite do campo topográfico, como:

a) **Considerar um plano tangente em ponto médio da porção considerada.**

O erro cometido ao substituir o arco pela tangente em uma extensão da superfície terrestre denominando **erro de esfericidade** (veja a Fig. 1.11):

Erro de esfericidade (e)

$e = AB - AF'$ \hfill (1)

1. Pelo triângulo ABC, temos:

$AB = AC \cdot tg\alpha \therefore$

$AB = R \cdot tg\alpha$ \hfill (2)

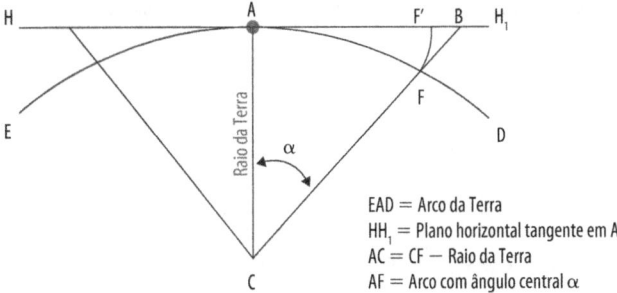

EAD = Arco da Terra
HH₁ = Plano horizontal tangente em A
AC = CF — Raio da Terra
AF = Arco com ângulo central α

Figura 1.11 Extensão do campo topográfico.

2. Considerando a circunferência terrestre, temos:

$2 \cdot \pi \cdot R \to 360°$

$AF \to \alpha$ \hfill (3)

$$AF = \frac{2 \cdot \pi \cdot R \cdot \alpha}{360°} = \frac{\pi \cdot R \cdot \alpha}{180°}$$

e $AF = AF'$

3. (2) e (3) em (1), temos:

$$e = R \cdot \text{tg}\,\alpha - \frac{\pi \cdot R \cdot \alpha}{180°}$$

Para exemplificar, considere os seguintes valores:

Raio da Terra $\cong$ 6.367.000 m; $\alpha = 0°\,30'$.

Para esses valores, tem-se a seguinte solução:

$$e = R \cdot \text{tg}\,\alpha - \frac{\pi \cdot R \cdot \alpha}{180°} = 55.563{,}96\ m - 55.562{,}55\ m \cong 1{,}41\ m.$$

Esse valor pode ser considerado desprezível nas operações topográficas correntes, em face da precisão de alguns instrumentos usados. Logo, pode-se afirmar que uma área limite de aproximadamente 55 km de raio é satisfatória para limitar o campo topográfico. Acima desse valor, devem-se fazer considerações à precisão imposta.

b) Considerar o erro de graficismo.

Uma vez que a planta topográfica é representada sob um erro de graficismo da ordem de 0,1mm, a limitação do campo topográfico para obtenção da precisão desejada também pode ser função da escala adotada.

Considere o erro de esfericidade (e) da alínea anterior:

$e = R \cdot \text{tg}\,\alpha - R \cdot \alpha\,(\text{radiano}) = R \cdot (\text{tg}\,\alpha - \alpha)$.

Sendo α muito pequeno em relação a R, desenvolvendo tgα em série e desprezando os termos acima de α^5, temos:

$$\text{tg}\alpha = \alpha_{(rad)} + \frac{\alpha^3_{(rad)}}{3}$$

$$e = \frac{R\alpha^3}{3}$$

Denominando o arco R · α de D, o erro ΔD da distância D será:

$$\Delta D = \frac{D^3}{3R^2}$$

e ΔD = erro de graficismo · denominador da escala.

Finalmente:

$D^3 = 3 \cdot R^2 \cdot$ erro de graficismo · denominador da escala.

Veja o exemplo a seguir:

Exemplo 1.1 *Admitindo o erro de graficismo de 0,2 mm, escala de 1:1.000, qual é o valor de D para limitar o campo topográfico?*

Solução:

$D^3 = 3 \cdot R^2 \cdot$ erro de graficismo · denominador da escala $= 3 \cdot 6.367.000^2 \cdot 0,0002 \cdot 1.000$

$D \cong 46$ km

>> **IMPORTANTE**
Não se deve esquecer das aplicações topográficas para a locação, execução e controle de projetos e estruturas de engenharia.

>> Conceitos fundamentais de Topografia

As definições para a ciência topográfica na literatura estão direcionadas para explicar seu principal objetivo, que é a obtenção da **planta topográfica**. Para se obter a planta topográfica, executam-se os **levantamentos topográficos**. De acordo com a ABNT (1994), o levantamento topográfico é definido como:

> Conjunto de métodos e processos que, através de medições de ângulos horizontais e verticais, de distâncias horizontais, verticais e inclinadas, com instrumental adequado à exatidão pretendida, primordialmente, implanta e materializa pontos de apoio no terreno, determinando suas coordenadas topográficas. A estes pontos se relacionam os pontos de detalhe visando a sua exata representação planimétrica numa escala pré-determinada e à sua representação altimétrica por intermédio de curvas de nível, com equidistância também predeterminada e/ou pontos cotados.

» Divisão da Topografia

Para seu estudo, e com relação às operações topográficas, a Topografia se divide em topometria e topologia.

A **topometria** (do grego, *topos* – lugar – e *metron* – medida) trata dos métodos e instrumentos para avaliação de grandezas (lineares e/ou angulares) que definem os pontos topográficos, considerando os planos horizontal e vertical. Um **ponto topográfico** é o ponto do terreno que serve de apoio para execução das medidas lineares e angulares, e que contribui para a representação desse espaço e dos acidentes a serem cadastrados. Para facilitar seu estudo, ainda se divide em:

Planimetria: estuda os procedimentos, métodos e instrumentos de medida de ângulos e distâncias, considerando um plano horizontal (veja o Capítulo 2).
Altimetria: estuda os procedimentos, métodos e instrumentos de distâncias verticais ou diferenças de níveis e ângulos verticais. Para isso executa-se o **nivelamento** (veja o Capítulo 3).
Planialtimetria: aplica técnicas da planimetria e altimetria para construção da planta com curvas de nível (veja o Capítulo 4).

A topometria pode ser executada de duas formas:

a) Utilizando equipamentos sobre a superfície terrestre
Pode-se executar, por exemplo, operações planimétricas e altimétricas separadamente, ou em conjunto, pelo processo denominado **taqueometria**. Mais recentemente, começou-se a utilizar aparelhos eletrônicos. Também participam dessa classe os trabalhos de imageamento terrestre (escâner laser e fotogrametria terrestre).

b) Utilizando equipamentos acima da superfície terrestre
As técnicas que participam dessa categoria são aquelas que modernizaram alguns processos da Topografia. Pode-se subdividi-las em:

> » **DEFINIÇÃO**
> Do grego *takhys* (rápido) + *metrum* (medida), **taqueometria** refere-se a levantamentos topográficos planialtimétricos (LOCH; CORDINI, 1995).

- Técnicas do **sensoriamento remoto (SR)**, como, por exemplo, a Fotogrametria Aérea, utilizando fotografias aéreas, e o SR orbital, utilizando imagens digitais.
- Técnicas do posicionamento por satélites artificiais, como, por exemplo, o rastreio de satélites dos sistemas GPS e GLONASS.

» DEFINIÇÃO
Sensoriamento remoto é a aquisição de informações sobre um objeto sem que haja qualquer contato físico (SIMONETT, 1983).

A **topologia** (do grego, *topos* – lugar – e *logos* – tratado) cuida do estudo das formas do relevo. É dirigida para a representação e interpretação de uma planta do relevo do terreno, por meio dos pontos cotados, das curvas de nível ou de modelos em perspectiva. Atualmente, com a obtenção digital da altimetria, aplica-se interpoladores com *softwares* de MDTs (Modeladores Digitais de Terreno), possibilitando análises geomorfológicas mais apuradas junto à área de interesse. Por exemplo, a geomorfologia pode condicionar a ocorrência de escorregamentos em função dos parâmetros morfométricos, com destaque para a forma e a orientação das encostas, a declividade e a altimetria do terreno.

» Importância e aplicações

Ao considerar que **ciência** é um conjunto de conhecimentos e princípios objetivos e sistemáticos de um fenômeno qualquer, a Topografia é uma ciência, pois se guia por um conjunto de princípios e métodos científicos, para permitir que as pessoas realizem seu trabalho de forma mais eficiente. Se **arte** é a capacidade de realização para obter um resultado desejado, aplicando conhecimento e habilidades, Topografia também é arte, pois, em muitos casos, a criatividade e a execução apropriada dos princípios e conhecimentos contribuem para obter as metas desejadas. A Topografia é, ainda, uma **técnica**, pois é um conjunto de procedimentos e métodos.

É indiscutível a importância da Topografia para a engenharia. Para concepção de qualquer obra de engenharia, bem como para sua futura implantação, é fundamental o conhecimento dos elementos naturais e artificiais que a cercam. Logo, a planta topográfica é a primeira e insubstituível "ferramenta" para a implantação de projetos de engenharia.

Entre as várias áreas da Engenharia que utilizam a Topografia, pode-se citar (Figs. 1.12 a 1.16):

Construção civil: edificações de modo geral (locações prediais, rodovias, ferrovias, pontes, viadutos, túneis, barragens).

Figura 1.12 Aplicações da Topografia: locação de estradas.

Urbanismo: levantamentos para planejamento de cidades (zoneamentos), loteamentos, cadastros imobiliários urbanos, inventários, parcelamento de glebas rurais, etc.

Saúde, saneamento e meio ambiente: levantamentos para planejamento e construções de adutoras e estações de tratamento d'água e de esgoto, plantas topográficas para estudos da hidrologia, redes de abastecimento de água e esgotos, construção e controle de aterros sanitários, mapeamento e identificação de zoonoses, inventários em geral, etc.

Vias de comunicação: levantamentos para o planejamento viário e locação de sistemas viários (rodovias, ferrovias, hidrovias, dutovias, aerovias), locação de interseções viárias, levantamentos cadastrais de vias urbanas para análises na área de transporte e tráfego, estudos hidrográficos para o transporte marítimo, balizamento marítimo, locação da posição de aeroportos para a navegação aérea, implantação de linhas de redes elétricas e de telecomunicação, levantamento e cadastro para projetos de dutovias (minerioduto, gasoduto), etc.

Figura 1.13 Aplicações da Topografia: mineração.

Figura 1.14 Aplicações da Topografia: terraplenagem.

Geologia, geotecnia e mineração: definição de aspectos geológicos (em campo ou por meio da planta topográfica), definição e demarcação de jazidas, levantamento de azimute e ângulo de inclinação de estruturas rochosas, cálculos de volumes de rochas à detonação, demarcação de áreas de risco, inventário de sítios arqueológicos, locação de fundações e poços piziométricos, locação de frentes de lavra, determinação de volumes em geral, controle do assoreamento de barragens, locação de banquetas de lavra, etc.

Ciências florestais e agrárias: levantamentos para o gerenciamento e controle de reflorestamento, cadastros florestais, projetos de irrigação e drenagem, inventários para o controle de safras, divisão de glebas rurais, georreferenciamento de imóveis rurais, agricultura de precisão, etc.

Área industrial: apoio nas avaliações geométricas de alinhamentos e nivelamentos de estruturas, máquinas e equipamentos mecânicos, definição de eixos de peças mecânicas, locação de estruturas industriais, apoio em operações corretivas em estruturas, máquinas e equipamentos, controles de recalques de estruturas, etc.

Figura 1.15 Aplicações da Topografia: georreferenciamento de imóveis rurais.

Figura 1.16 Aplicações da Topografia: industrial.

Defesa nacional: reconhecimento e exploração de áreas, estratégias e simulações, levantamentos e demarcações de divisas, controle de zoonoses, proteção de fauna e flora, georreferenciamento na detecção de incêndios, etc.

» Profissionais que atuam com Topografia

Na seção anterior, apresentamos várias atividades nas quais a Topografia auxilia nas obras de engenharia. Entre os profissionais formados que já tiveram a disciplina de Topografia em suas grades curriculares, tanto em nível técnico quanto de graduação, pode-se citar:

- **Técnicos:** Agrimensura, Geomática, Geoprocessamento, Estradas, Transportes e Trânsito, Edificações, Mecânica, Meio Ambiente, etc.
- **Graduação:** Engenharia de Agrimensura, Engenharia Cartográfica, Engenharia Civil, Arquitetura e Urbanismo, Geologia, Engenharia de Minas, Geografia, Engenharia Ambiental, etc.

Trata-se, então, de um conteúdo básico, com uma importância curricular mais abrangente nos currículos de técnicos e engenheiros de Agrimensura e Cartografia e correlatos. Em cargas horárias específicas da disciplina de Topografia, por exemplo, citam-se dois cursos técnicos e dois de graduação (Quadro 1.3). Dessa análise, excluem-se conteúdos correlatos como Geodésia, Cartografia, Geoprocessamento, Astronomia, Ajustamento de Observações, Projeto de Estradas, entre outros.

Nas atividades de agrimensura e Topografia, os profissionais buscam conhecer e representar um espaço a ser ocupado por uma obra de engenharia. Para isso, lançam-se à construção de um mapeamento dessa localidade. Nesse processo, estão envolvidas técnicas de medição (Topografia), processamento, armazenamento, representação e análise de dados. Poderá ainda analisar fenômenos e fatos pertinentes a diversos campos científicos associados a esse mapeamento.

Quadro 1.3 Conteúdos de Topografia em alguns cursos técnicos e de graduação

Curso	Instituição	Nome das disciplinas	Carga horária (horas)
Técnico de Geoprocessamento	IFET-ES	Topografia I – Teórica	36
		Topografia I – Prática	60
		Topografia II – Teórica	48
		Topografia II – Prática	48
		Topografia III – Automação	48
		Topografia IV	36
		Total	276
Técnico de Estradas	CEFET-MG	Topografia Teórica	80
		Topografia Prática	120
		Desenho Topográfico	80
		Total	280
Engenharia de Agrimensura e Cartográfica	UFV	Topografia I	60
		Topografia II	60
		Topografia Digital	30
		Topografia III	60
		Desenho Topográfico Digital	30
		Avaliação Técnica de Instrumentos Topográficos	45
		Total	285
Engenharia Cartográfica	UERJ	Topografia Básica	120
		Levantamentos Topográficos	120
		Total	240

Fonte: Adaptada de Centro Federal de Educação Tecnológica de Minas Gerais (c2013), Instituto Federal do Espírito Santo (c2009), Universidade do Estado do Rio de Janeiro (c2007) e Universidade Federal de Viçosa (2013).

Caracterizando a medição (o levantamento topográfico), caberá a esse profissional a decisão dos métodos (poligonação, nivelamento trigonométrico, *stop and go*, etc.) e dos intrumentos de campo e de escritório – *hardware* e *software* (uso de estação total, GPS, *software* específicos de processamento dos dados de campo, etc.), em busca de atendimento à precisão definida para o trabalho.

Entre as várias atividades do profissional que atua com Topografia, podem-se citar: cadastro técnico multifinalitário, loteamentos, projetos fundidários, divisão e demarcação de terras, projetos e locações de rodovias e ferrovias, projetos de abastecimento de água, irrigação e drenagem, e metrologia dimensional, dentre outras aplicações já listadas na seção "Importância e Aplicações".

›› Sistemas de referência em Geodésia e em Topografia

O conhecimento dos sistemas de referências em Geodésia e em Topografia é um dos fundamentos básicos para o posicionamento. Em meio à grande revolução impulsionada pela automação digital de processos, o "mundo" se torna cada vez "menor". A seguir, apresentamos sucintamente alguns conceitos e definições sobre sistemas de referências, bem como tendências mundiais e nacionais.

A definição de Gemael (1988), para quem o objetivo traçado pela Geodésia no século XIX era centrado na busca dos melhores parâmetros do elipsoide (e hoje, com o posicionamento preciso do GPS), ainda é válida, ratificando a definição de Helmert (1880): "[...] geodésia é a ciência das medidas e mapeamento da superfície da Terra". Considerando essa definição, e com visão contemporânea, constata-se uma evolução na acurácia das observações, requerendo novos estudos relativos a sistemas de referência, principalmente voltados à precisão, busca de padrões e transformações entre os vários sistemas.

Para estabelecer um sistema de referência global, algumas etapas devem ser concebidas (KOVALEVSKY; MUELLER, 1981):

a) Concepção do sistema
Pode-se considerar um **Sistema de Referência Terrestre Internacional (*International Terrestrial Reference System* – ITRS)** como um sistema tridimensional, com uma origem e um vetor-base definindo a escala e a orientação. Um ITRS é especificamente quase geocêntrico, com uma orientação equatorial de rotação. A escala é definida como comprimento unitário, em unidades do sistema internacional (SI).

> ›› **DEFINIÇÃO**
> Segundo Freitas (1980), do ponto de vista físico, um **referencial** é o conjunto de um ou mais eixos com orientação definida no espaço e com uma escala adequada, onde, através deste, uma posição ou uma orientação possa ser definida sem ambiguidade.

b) Definição do sistema

Concebido tal ITRS, podem-se definir vários **sistemas de coordenadas**. Entre os principais estão:

- Sistema de coordenadas astronômicas ou geográficas, sobre o geoide.
- Sistema de coordenadas geodésicas ou elipsoidais, após selecionar um elipsoide.
- Sistema de coordenadas planas, após selecionar uma projeção específica (p.ex., projeção UTM).
- Sistema de coordenadas topográficas locais, considerando o campo topográfico.

Os sistemas citados servem de apoio aos trabalhos topográficos e geodésicos. Alguns utilizam elementos geográficos, como:

- Eixo terrestre: eixo ao redor do qual a Terra faz seu movimento de rotação.
- Plano meridiano: plano que contém o eixo terrestre e intercepta a superfície da Terra. Este define os **meridianos**, que são linhas de interseção entre o plano meridiano e a superfície da Terra.
- Plano paralelo: plano normal ao plano meridiano. Este define os **paralelos**, que são linhas de interseção entre o plano paralelo e a superfície da Terra, sendo o maior deles o equador.
- Vertical de um ponto: trajetória percorrida por um ponto no espaço, no qual partindo do estado de repouso, cai sobre si mesmo pela ação da gravidade, com sentido ao centro de massas da Terra.

❯❯ Sistema de coordenadas astronômicas e geodésicas

Sistema de coordenadas astronômicas

No sistema de coordenadas astronômicas (ou geográficas), tem-se como referência a figura do **geoide** (Fig. 1.17). As coordenadas astronômicas (latitude astronômica [ϕ_a] e longitude astronômica [λ_a]) são determinadas por procedimentos da **astronomia de campo** e a altura pelo **nivelamento geométrico**.

A **latitude astronômica** é definida como o ângulo que uma vertical do ponto em relação ao geoide forma com sua projeção equatorial. Varia de 0° a 90° para norte ou sul, com origem no plano da linha do equador.

A **longitude astronômica** é definida como o ângulo formado pelo meridiano astronômico de Greenwich e pelo meridiano astronômico do ponto. Varia de 0° a 180° para leste ou oeste, com origem no meridiano astronômico de Greenwich.

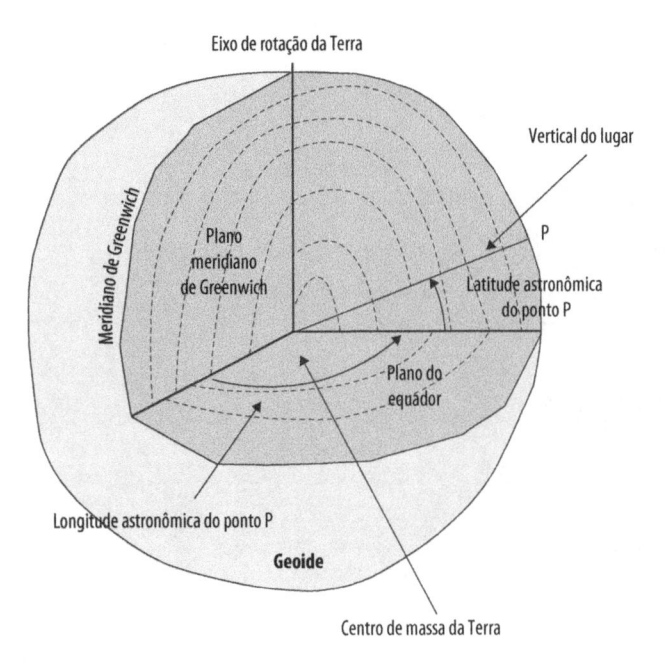

Figura 1.17 Sistema de coordenadas astronômicas.

A altura é definida pela distância entre o geoide e o terreno, medido ao longo da vertical do ponto, sendo denominada altura ortométrica (H). É avaliada por meio do nivelamento geométrico (Capítulo 3).

Sistema de coordenadas geodésicas

No sistema de coordenadas geodésicas (ou elipsoidais), tem-se como referência a figura do **elipsoide**. As coordenadas geodésicas (**latitude geodésica** (ϕ_g) e **longitude geodésica** (λ_g)) são determinadas por procedimentos de levantamentos geodésicos. A altura é dada pela altitude elipsoidal (h). Esta pode ser simplificada indiretamente pela soma da altura ortométrica (H) e a ondulação geoidal (N) (Fig. 1.18).

Para densificação ou transporte de coordenadas geodésicas utiliza-se das triangulações geodésicas e, atualmente, de processos de rastreamento de satélites, principalmente na utilização do sistema GPS.

É importante salientar que, uma vez que essas coordenadas estão referenciadas a determinado elipsoide, com seus respectivos parâmetros geométricos (Quadro 1.2), as coordenadas de um mesmo ponto diferem entre si. A transformação de coordenadas de uma referência à outra é denominada **transformação de data geodésicos**. O IBGE normatiza e fornece tais parâmetros de transformação.

> **» DEFINIÇÃO**
> A **latitude geodésica** é o ângulo que uma normal ao elipsoide forma com sua projeção equatorial.

> **» DEFINIÇÃO**
> A **longitude geodésica** é definida como o ângulo formado pelo meridiano geodésico de Greenwich e pelo meridiano geodésico do ponto.

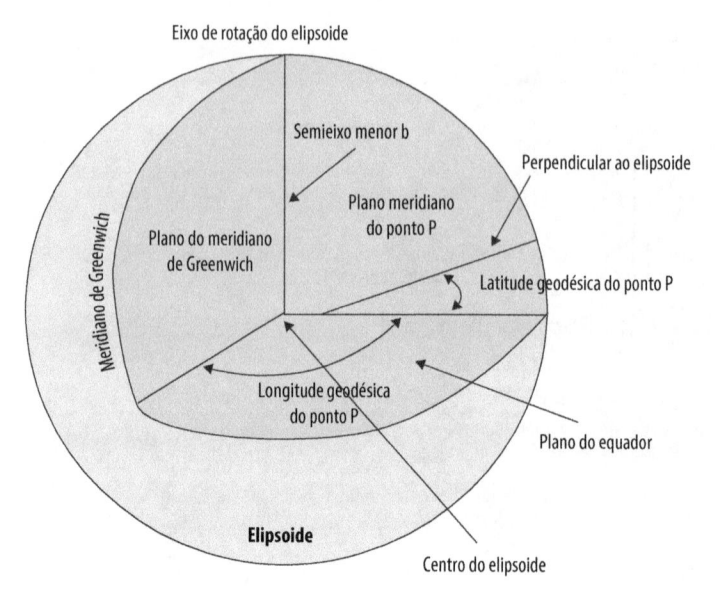

Figura 1.18 Sistema de coordenadas geodésicas.

Relação entre as coordenadas astronômicas e geodésicas

Considerando que os dois sistemas em questão têm superfícies de referência distintas (geoide e elipsoide), as coordenadas astronômicas e geodésicas de um ponto diferem entre si. Dependendo da aplicação a que se destinam, latitude e longitude podem ser consideradas iguais. No entanto, em função da altitude do ponto em questão, essa aproximação não pode ser considerada.

A Figura 1.19 mostra a relação entre as três superfícies: superfície do terreno, geoide e elipsoide. A distância entre o geoide e o terreno, medindo ao longo da linha de prumo (TP') é a

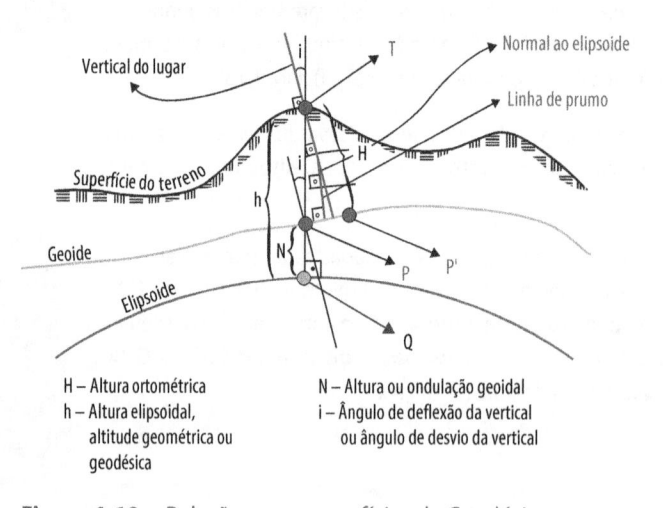

H – Altura ortométrica
h – Altura elipsoidal, altitude geométrica ou geodésica
N – Altura ou ondulação geoidal
i – Ângulo de deflexão da vertical ou ângulo de desvio da vertical

Figura 1.19 Relação entre superfícies da Geodésia.

altura ortométrica (H). A distância entre o elipsoide e o terreno medindo ao longo da normal ao elipsoide (TQ) é a **altura elipsoidal** ou **altura geométrica** (h). A distância entre o elipsoide e o geoide, medido ao longo da normal ao elipsoide (PQ) é a **altura geoidal** ou **ondulação geoidal** (N). Pode-se considerar que:

h ≅ N + H

Se considerarmos que o desvio da vertical é nulo, teremos:

h = N + H

>> Sistema de coordenadas UTM e topográficas

Sistema de coordenadas UTM

Como você já sabe, a Cartografia trata da representação gráfica de uma extensa área terrestre, em um plano horizontal. Como nem o geoide nem o elipsoide são superfícies desenvolvíveis, quando se quer representá-los em formas de cartas ou mapas, seja no papel ou no computador, aplicam-se os sistemas de projeção.

A **teoria das projeções** compreende o estudo dos diversos sistemas de projeção em uso, incluindo a exposição das leis segundo as quais se obtêm as interligações dos pontos de uma superfície da Terra com os pontos de uma Carta (Fig. 1.20).

O sistema de coordenadas Universal Transverso de Mercator (UTM) é a mesma projeção conforme[1] de Gauss-Tardi disciplinada por um conjunto de especificações e aplicada na representação plana do elipsoide terrestre.

A comunidade geodésica e cartográfica aprendeu a conviver com a coexistência de um grande número de projeções, e às vezes uma mesma área era recoberta por diferentes projeções. Após a Primeira Guerra Mundial, as projeções conformes passaram a ser aquelas utilizadas para confecção de cartas topográficas.

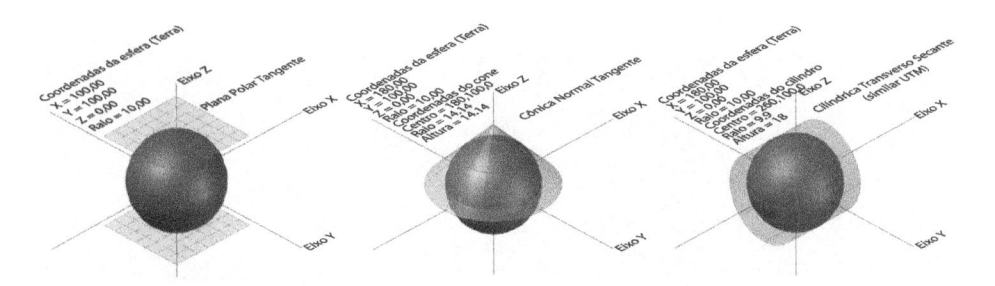

Figura 1.20 Algumas superfícies de projeção.

---

[1] Na projeção conforme, ao representar um ponto da Terra sobre a carta, os ângulos não se deformam (GEMAEL, 1971).

Em um breve histórico, pode-se citar Gauss, que, no levantamento da região de Hanover, estabeleceu o seguinte sistema de projeção:

a) Cilindro tangente à Terra
b) Cilindro é transverso, tangente ao meridiano de Hanover

Krüger aplicou a projeção de Gauss em sistemas parciais de 3° de amplitude, chamados de fusos (Gauss-Krünger). Tardi introduziu um artifício segundo o qual este sistema passou a ser aplicado em fusos de 6° de amplitude, idêntico a carta atual ao milionésimo (Gauss-Tardi) (GEMAEL, 1971).

Em 1935, a UIGG propôs a escolha de um sistema cartográfico universal. Em 1951, a UIGG recomendou, em um sentido mais amplo, o sistema UTM para o mapeamento mundial. As especificações desse sistema são as seguintes (Figs. 1.21, 1.22 e 1.23):

a) Projeção conforme Gauss: cilíndrica, transversa e secante (Fig. 1.21).
b) Decomposição em sistemas parciais, correspondendo a fusos de 6° de amplitude, em um total de 60 fusos, tendo como origem o antimeridiano de Greenwich.
c) Limitação do sistema para regiões até a latitude ± 80°.
d) Origem das coordenadas planas, em cada sistema parcial, no cruzamento do equador com o meridiano central.
e) Para evitar valores negativos as ordenadas seriam acrescidas, no hemisfério Sul da constante 10.000.000,000 metros e à abscissa de 500.000,000 metros, no equador e meridiano central respectivamente (Fig. 1.22).
f) Utilização da letra "N" para as coordenadas relacionadas ao eixo das ordenadas e da letra "E" para as relacionadas às abscissas.
g) Numeração dos fusos segundo critério adotado para a Carta Internacional ao Milionésimo (1 a 60 a partir do antimeridiano de Greenwich).
h) Coeficiente de redução de escala $K_o = 0,9996$, no meridiano central (Fig. 1.21).

Uma particularidade apresentada na alínea "h" e na Figura 1.23 é a secância do cilindro ao elipsoide, que busca minimizar a deformação do sistema. Nessa linha, produzida pela secância, as

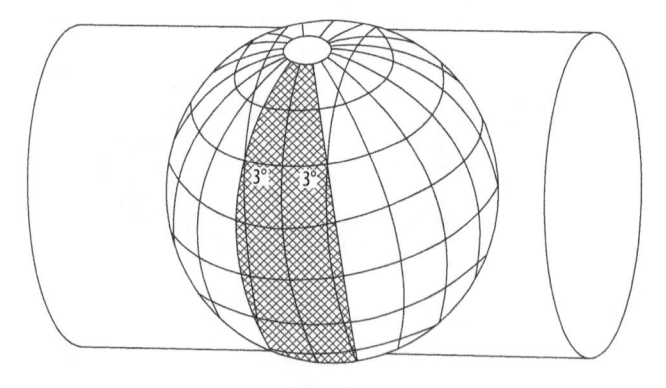

Figura 1.21 Projeção UTM.

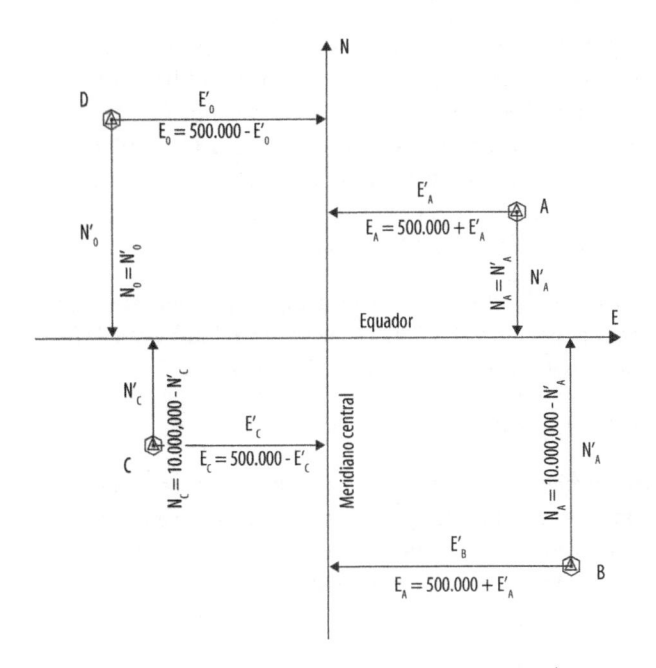

Figura 1.22 Sistema de coordenadas UTM.

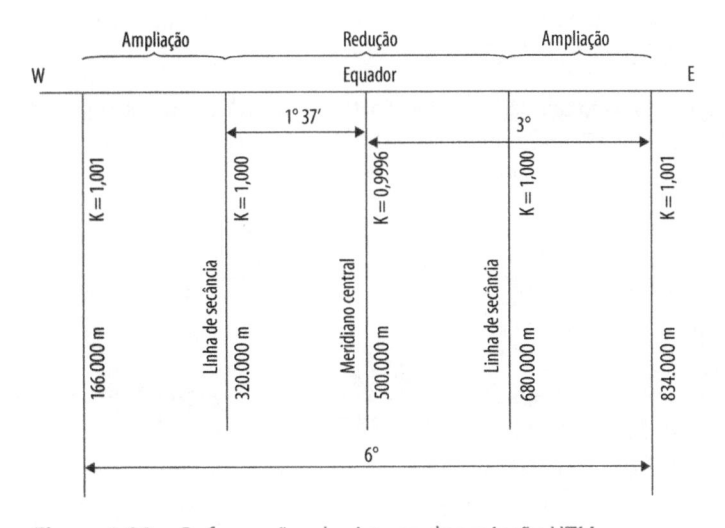

Figura 1.23 Deformações do sistema de projeção UTM.

distâncias estão em verdadeira grandeza. Além disso, conforme se observa, o fator de escala (ou coeficiente de redução ou ampliação de escala) varia conforme o afastamento em relação a este meridiano de secância. A terceira coordenada está relacionada com a altitude do ponto, ou seja, a altura ortométrica.

O sistema UTM é muito empregado em todas as regiões urbanas e rurais, por se tratar de um sistema global (e não local ou regional). Atente para o fato de que o sistema UTM se trata de uma projeção cartográfica, que, por definição, mantêm os ângulos (conforme), mas deforma as distâncias. Logo, uma distância retirada de uma carta UTM, ou calculada a partir de dois pontos coordenados UTM, é definida como uma **distância plana UTM**. Tal distância, dependendo da posição em que se encontra no fuso UTM, pode ser maior ou menor, por exemplo, do que a distância horizontal, considerando o campo topográfico.

Essa divergência conceitual será discutida adiante, sendo um dos erros mais grosseiros cometidos atualmente nas atividades de Topografia. Na Figura 1.24, vemos a distribuição de fusos no mundo. Na Figura 1.25, os fusos que mapeiam o nosso país (Fuso 18 ao 25).

Sistema de coordenadas topográficas

Na Topografia, as coordenadas são projetadas em um plano horizontal, ou seja, no plano topográfico. Ele é definido como um sistema plano retangular XY, sendo que o eixo das ordenadas Y está orientado segundo a direção norte-sul (magnética ou verdadeira) (Capítulo 2) e o eixo das abscissas X está orientado na direção na direção leste-oeste. A terceira coordenada está relacionada à cota ou altitude (Capítulo 3).

Geralmente, esse sistema tem origem arbitrária, ou seja, são sugeridas coordenadas para o primeiro vértice da poligonal (X, Y e cota), de forma que os demais pontos tenham este como referência para o levantamento. Devem-se evitar valores no qual ocorram coordenadas negativas para os vértices da poligonal e irradiações (Fig. 1.26).

As coordenadas topográficas serão calculadas em função das medidas de campo, ou seja, pela avaliação dos ângulos e distâncias entre os pontos topográficos (Capítulos 2, 3 e 4). As coordenadas também deverão ser calculadas para locação de um projeto.

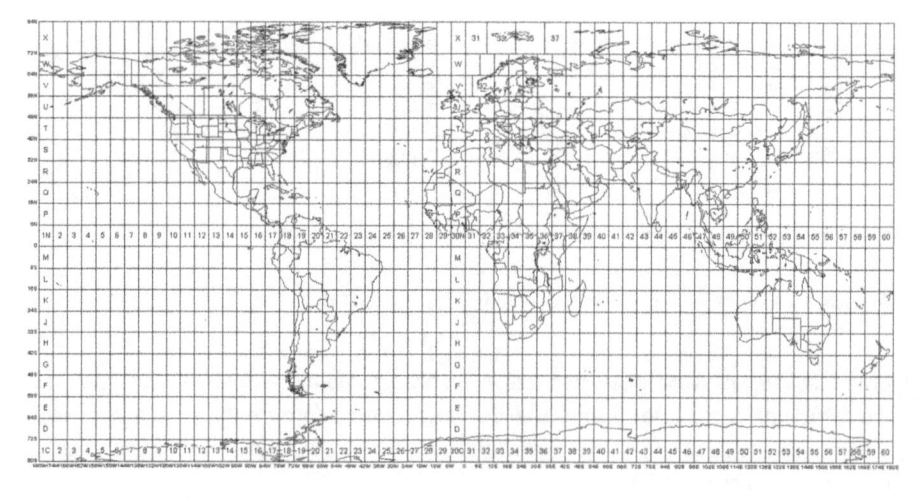

Figura 1.24 Fusos UTM no mundo.

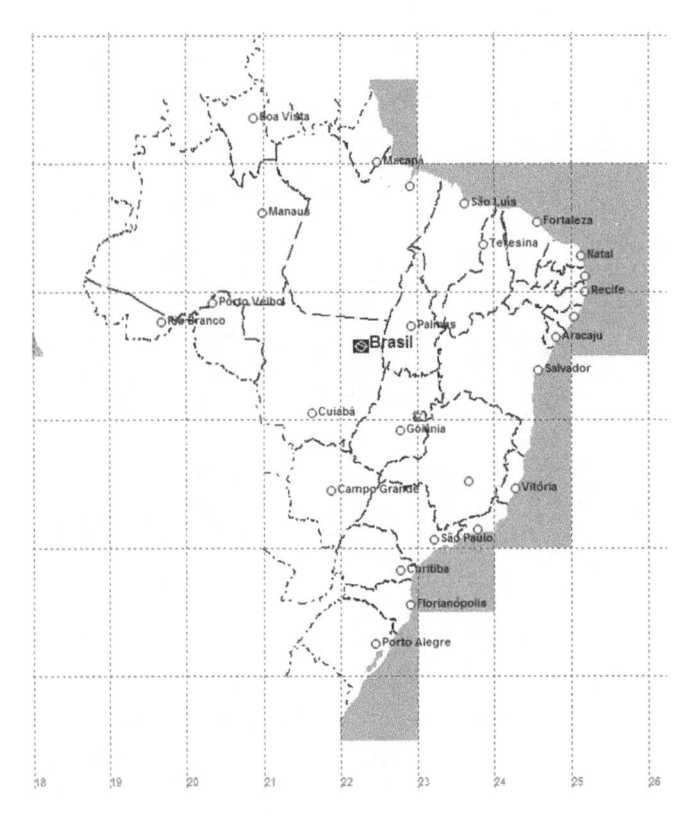

Figura 1.25 Fusos UTM no Brasil.

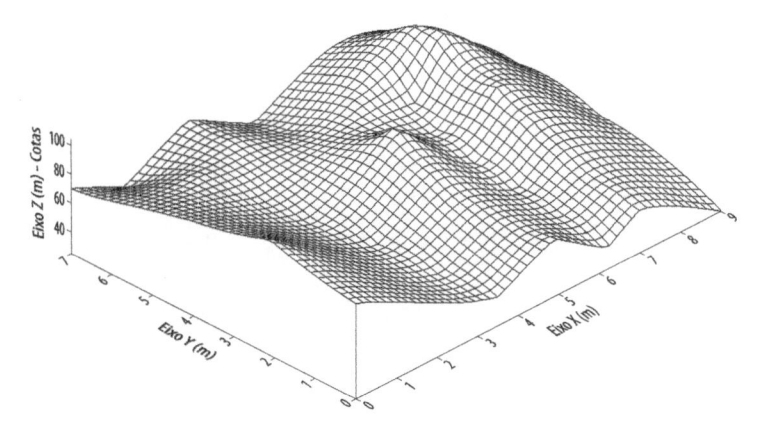

Figura 1.26 Sistema de coordenadas topográficas.

capítulo 2

Planimetria

Os resultados dos levantamentos planimétricos geralmente são as coordenadas topográficas e a determinação da área de determinado local. Neste capítulo, abordamos os sistemas de unidades próprios às medições topográficas e apresentamos os métodos, equipamentos e cálculos de planilhas de coordenadas, com base na Associação Brasileira de Normas Técnicas (ABNT, 1994).

Objetivos

» Relacionar o sistema de unidades com a área topográfica.

» Conhecer as principais unidades (linear e angular) aplicadas na Topografia.

» Entender o uso de azimutes para orientação de trabalhos topográficos.

» Conhecer os métodos e os equipamentos de levantamentos planimétricos.

» Calcular coordenadas com base em normas técnicas.

» Calcular áreas.

❯❯ Planimetria

Considerando que topometria é a parte da Topografia responsável pela avaliação de grandezas para representação do ambiente, a **planimetria** é a parte da topometria que estuda os procedimentos, métodos e instrumentos de medida de ângulos e distâncias, levando em conta um plano horizontal.

Alguns trabalhos de Topografia preocupam-se apenas com definição de limites, cálculo de áreas, cadastro de benfeitorias, etc., em que esses elementos devem apenas ser projetados em um plano horizontal, sem se importar com a diferença de nível entre pontos. Como o assunto está associado à interpretação e medida de grandezas lineares e angulares, neste capítulo fazemos uma revisão dos sistemas de unidades de medidas.

Para estudo da planimetria, o conteúdo é inicialmente dividido em dois temas, com base nas duas grandezas básicas a serem avaliadas em campo, ou seja, as **distâncias** (**Gramometria**) e os **ângulos** (**Goniologia**). Os equipamentos topográficos que possibilitam obter as grandezas citadas, bem como os acessórios, também são discutidos neste capítulo. Na seção "Orientação para trabalhos topográficos", abordam-se instruções de como referenciar os trabalhos topográficos e geodésicos, considerando os diversos tipos de norte.

Tais temas se fundem em métodos de levantamento planimétrico. Também calculam-se coordenadas com uso da ABNT (1994) ("Planilha de coordenadas") e cálculo de áreas de polígonos topográficos (seção "Planilha de coordenadas").

Alguns exemplos citam processos automatizados para os cálculos topográficos, por meio de planilha eletrônica ou de *software* específico. Além disso, alguns equipamentos eletrônicos são ilustrados ao longo do capítulo.

> ❯❯ **IMPORTANTE**
> Medir uma grandeza consiste em compará-la com outra, denominada **padrão**, e verificar quantas vezes ela é **maior** ou **menor** do que aquela tomada como padrão.

❯❯ Sistemas de unidades de medidas

Embora alguns sistemas antigos ainda sejam utilizados com certa frequência a utilização do **Sistema Internacional de Unidades** (SI) já está bem difundida. A seguir, apresentamos as unidades mais utilizadas na Topografia, citando as de medidas lineares, de superfície, volumétricas e angulares, e, ao final, fazemos um resumo dos vários sistemas de unidades mais utilizadas na Engenharia.

» Unidade de medida linear

A unidade de medida internacional para medidas lineares é o **metro** (m), que corresponde à décima milionésima parte de um quarto do meridiano terrestre. No entanto, considerando que a Terra não é uma esfera perfeita, o metro corresponde à distância percorrida pela luz, no vácuo, durante um intervalo de 1/299.792.458 segundos. O sistema métrico decimal envolve seus múltiplos e submúltiplos (Fig. 2.1):

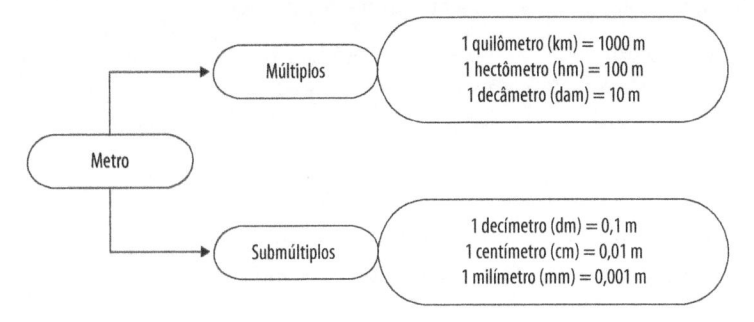

Metro
- Múltiplos
  - 1 quilômetro (km) = 1000 m
  - 1 hectômetro (hm) = 100 m
  - 1 decâmetro (dam) = 10 m
- Submúltiplos
  - 1 decímetro (dm) = 0,1 m
  - 1 centímetro (cm) = 0,01 m
  - 1 milímetro (mm) = 0,001 m

Figura 2.1 Múltiplos e submúltiplos do metro.

Exemplo 2.1 *Transforme 10 km e 98 mm nos múltiplos e submúltiplos do metro.*

Solução:

10 km = 100 hm = 1.000 dam = 10.000 m = 100.000 dm = 1.000.000 cm = 10.000.000 mm.

98 mm = 9,8 cm = 0,98 dm = 0,098 m = 0,0098 dam = 0,00098 hm = 0,000098 km.

Exemplo 2.2 *Transforme 21,45 m em mm e km.*

Solução:

21,45 m = 21.450 mm = 0,02145 km.

Apesar da tendência de utilização do sistema métrico decimal, unidades antigas ainda são utilizadas na Topografia, como (Quadro 2.1):

Quadro 2.1 Outros sistemas lineares

- 1 polegada inglesa = 25,4 mm
- 1 jarda = 3 pés = 0,91438 m
- 1 palmo = 8 polegadas = 0,22 m
- 1 vara = 5 palmos = 1,10 m
- 1 braça[1] = 2 varas = 2,20 m
- 1 légua de sesmaria = 6.600 m
- 1 corrente = 22 jardas = 20,117 mm

- 1 pé = 30,479 cm
- 1 milha terrestre = 1.609,34 m
- 1 milha náutica ou marítima = 1.852,35 m
- 1 milha (bras.) = 2.200 m
- 1 corda = 15 braças = 33 m
- 1 légua geométrica = 6.000 m

[1] Braça: Unidade linear.

Exemplo 2.3 *Transforme 12 polegadas inglesas e 5 pés em metros.*

Solução:

1 polegada = 25,4 mm. Logo, 12 polegadas = 304,8 mm ou 0,3048 m.

1 pé = 30,479 cm. Logo, 5 pés = 152,39 cm ou 1,524 m.

❯❯ Unidade de medida de superfície

A unidade padrão é o **metro quadrado** (m^2), porém, em Topografia, em razão da avaliação de grandes extensões da superfície, utiliza-se com mais frequência o múltiplo **hectare**, correspondente a 10.000 m^2.

Are (a)   → 100 m^2
Múltiplo   → 1 hectare (ha) = 10.000 m^2 = 100 a
Submúltiplo   → 1 centiare (ca) = 1,0 m^2 = 0,01 a

Exemplo 2.4

23,34 ha = 233.400 m^2

1 m^2 = 100 dm^2 = 10.000 cm^2 = 1.000.000 mm^2

1 km^2 = 1.000.000 m^2

Há ainda algumas unidades antigas de superfície utilizadas no Brasil, baseadas no ASPM (Antigo Sistema de Pesos e Medidas), como o **alqueire**, que varia sua medida entre regiões:

- 1 alqueire geométrico = 100 × 100 braças = 48.400 m^2 = 4,84 ha
- 1 alqueire paulista = 50 × 100 braças = 24.200 m^2 = 2,42 ha
- 1 alqueire mineiro = 75 × 75 braças = 27.224 m^2 = 2,7225 ha
- 1 alqueire goiano = 96.800 m^2

Exemplo 2.5 *Transforme 200 ha em m^2 e em alqueires geométricos.*

Solução:

200 ha = 2.000.000,000 m^2 = 41,3223 alqueires geométricos.

Há outras (*curiosas!*) unidades utilizadas em algumas regiões brasileiras e em outros países, como:

- 1 milha quadrada = 2,788 × 10^7 pés^2 = 640 acres
- 1 pé quadrado = 929,0 cm^2
- 1 acre = 43.560 pés^2 = 4.046,8 m^2 (cerca de 0,4 ha)
- 1 braça quadrada = 4,84 m^2

≫ CURIOSIDADE

- **Cinquenta** é uma unidade de medida agrária empregada no Nordeste (p. ex., Paraíba) e equivale a 50 × 50 braças. Também chamada de quarta no Rio Grande do Sul. No Paraná, a quarta vale 50 × 25 braças.

- **Colônia** é uma unidade de superfície usada no estado do Espírito Santo e equivale a 5 alqueires de 100 × 100 braças.

- **Geira** é uma unidade de medida agrária e equivale a 400 braças quadradas.

- **Tarefa** é uma unidade agrária de valor variável de Estado a Estado. Na Bahia, corresponde à superfície de um quadrado de 30 braças de lado, por exemplo.

- **Morgo** é uma unidade de superfície empregada em Santa Catarina e equivale a 0,25 hectare, ou seja, um quadrado de 50 m de lado.

- **Lote** é uma unidade de superfície empregada em Santa Catarina e equivale a 25 hectares.

>> Unidade de medida de volume

A unidade padrão é o **metro cúbico** (m^3), que corresponde a um cubo de $1 \times 1 \times 1$ m.

Há ainda as seguintes unidades volumétricas:

- 1 litro = 1 dm^3
- 1 jarda cúbica = 0,7645 m^3

Exemplo 2.6

$1 m^3 = 1m \times 1m \times 1m$ = $10 dm \times 10 dm \times 10 dm = 1.000 dm^3$ ou, ainda, 1.000 litros
= $100 cm \times 100 cm \times 100 cm = 1.000.000 cm^3$

Exemplo 2.7 *Calcule a capacidade, em litros e em m^3, de uma caixa d'água com as seguintes dimensões (largura = 4 m; comprimento = 100 dm; altura = 500 cm).*

Solução:

Capacidade = largura $\times$ comprimento $\times$ altura = 4,000 m $\times$ 10,000 m $\times$ 5,000 m = 200 m^3

Capacidade = 200 m^3 = 200.000 litros

Exemplo 2.8 *Calcule a capacidade, em m^3, de um motoscraper (tipo de trator articulado) que transporta 24 jardas cúbicas por viagem.*

Solução:

1 jarda cúbica = 0,7645 m^3

24 jardas cúbicas = 18,348 m^3

Capacidade = 18,348 m^3

>> Unidade de medida angular

As unidades de medidas dos ângulos e arcos utilizados em Topografia podem ser sexagesimais (grau), centesimais (grado) e o radiano.

Sistema sexagesimal

É o sistema mais utilizado na Topografia. No **sistema sexagesimal**, o círculo trigonométrico é dividido em 360 partes, tendo como unidade básica o **grau** (Fig. 2.2).

Círculo: 360°

Unidade básica: 1°

Submúltiplos:

　Minuto: 60' = 1°

　Segundo: 3.600" = 1°

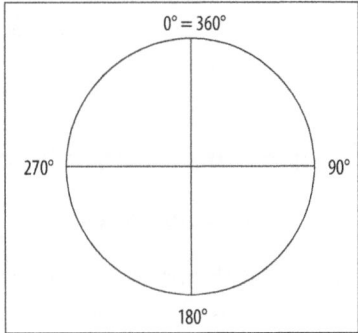

Logo: 1° = 60' = 3.600"

Figura 2.2　Sistema sexagesimal.

Geralmente, a origem da medição é na direção Norte, em sentido horário. As modalidades de ângulos horizontais e verticais utilizados na Topografia são comentados na seção "Goniologia".

Exemplo 2.9　*30° 49' 32,5" (lê-se trinta graus, quarenta e nove minutos e trinta e dois vírgula cinco segundos).*

De posse dos ângulos, podem-se executar as seguintes operações algébricas:

a) Adição

• Adicionar as unidades comuns.

Exemplo 2.10　*Some 50° 20' 30" e 20° 45' 43".*

Solução:

$$\begin{array}{r} 50°\,20'\,30'' \\ +\ \ 20°\,45'\,43'' \\ \hline 70°\,65'\,73'' \\ =\ \ 71°\,06'\,13'' \end{array}$$

Logo, 70° 65' 73" = 70° 66' 13" = 71° 06' 13".

---

b) Subtração

• Subtrair as unidades comuns.

Exemplo 2.11 *Subtraia 50° 20' 30" e 10° 42' 40".*

Solução:

$$50° \ 20' \ 30" \quad 50° \ 19' \ 90" \quad 49° \ 79' \ 90"$$
$$- \ 10° \ 42' \ 40" \quad 10° \ 42' \ 40" \quad 10° \ 42' \ 40"$$
$$ 39° \ 37' \ 50"$$

c) Multiplicação

- Multiplicar apenas por números adimensionais.
- Não multiplicar ângulos por ângulos.

Exemplo 2.12 *Multiplique 20° 20' 30" por 5.*

Solução:

$$20° \quad 20' \quad 30"$$
$$\underline{\times \quad 5}$$
$$100° \ 100' \ 150"$$

Corretamente, tem-se 101° 42' 30".

d) Divisão

- Dividir apenas por números adimensionais.
- Não dividir ângulos por ângulos.

Exemplo 2.13 *Divida 80° 40' 20" por 4.*

Solução:

$$80° \ 40' \ 20" / 4 = 20° \ 10' \ 05"$$

As relações trigonométricas envolvendo unidades de grau, minuto e segundo devem antes ser transformadas em frações decimais de graus ("decimalizadas"), por exemplo:

sen 30° 30' ≠ sen 30,30° (erro muito comum em operações trigonométricas),

pois sen 30° 30' = 0,507538362921

sen 30,30° = 0,504527623815.

A decimalização já existe na maioria das calculadoras científicas, devendo ser executada antes de qualquer operação matemática relacionada a ângulos sexagesimais.

> **Exemplo 2.14** *Decimalize e calcule:*
>
> a) 30° 30'
> b) 20° 06' 18"
> c) tg (30° 20' 01,20")
>
> *Solução:*
>
> a) 60' equivalem a 1°, então 30' equivalem a 0,5°. Logo:
> $$30° 30' = 30° + 0,5° = 30,5°$$
> b) 60' equivale a 1°, então 06' equivalem a 0,1°; e 3600" equivalem a 1°, então 18" equivalem a 0,005°. Logo:
> $$20° 06' 18" = 20° + 0,1° + 0,005° = 20,105°$$
> c) tg (30° 20' 01,20") = tg (30,3336666667) = 0,585141328646

Sistema centesimal e radiano

O sistema centesimal já foi empregado na Topografia, mas já não é tão comum na atualidade. No **sistema centesimal**, o círculo trigonométrico é dividido em 400 partes, tendo como unidade básica o **grado** (Fig. 2.3).

Círculo – 400^{gr} Unidade básica: 1^{gr}

Submúltiplos: Centigrado: 100 centigrados = 1^{gr}; Decimiligrados = 10.000 decimiligrados = 1^{gr}.

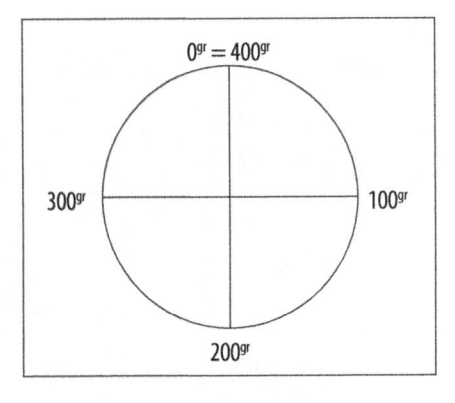

Figura 2.3   Sistema centesimal.

Exemplo 2.15 $382,4839^{gr}$ *(lê-se trezentos e oitenta e dois grados, quarenta e oito centigrados e trinta e nove decimiligrados).*

O **radiano** é o ângulo central correspondente a um arco de comprimento igual ao raio (Fig. 2.4). É muito utilizado na construção de rotinas automatizadas e algoritmos matemáticos.

$$2 \cdot \pi \cdot R \rightarrow 360°$$
$$a \rightarrow \alpha$$

$$\alpha = \frac{360° \cdot a}{2 \cdot \pi \cdot R}$$

se arco = Raio $\therefore \dfrac{360°}{2\pi} = 57,295° \approx 57° \, 17' \, 45''$

Logo, 1 radiano $\approx 57° \, 17' \, 45'' = \alpha$.

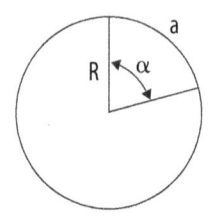

Figura 2.4 Sistema radiano.

No Quadro 2.2, apresentamos a conversão de sistemas de unidades de medidas angulares vistos anteriormente.

Quadro 2.2 Relação entre sistemas de unidades de medidas angulares

Graus	Grados	Radianos
0°	0^{gr}	0 rd
90°	100^{gr}	$\pi/2$ rd
180°	200^{gr}	π rd
270°	300^{gr}	$3\pi/2$ rd
360°	400^{gr}	2π rd

Geralmente, é necessário transformar os valores entre os vários sistemas angulares, principalmente ao confeccionar um programa de cálculo. Alguns equipamentos modernos (estações totais, p. ex.) possibilitam a tomada dessas grandezas em quaisquer dos sistemas mencionados acima.

> **Exemplo 2.16** *Transforme:*
>
> a) $358°$ (para grado) $= 397,7^g$
> b) $120°$ (para grado) $= 133,3^g$
> c) $76°$ (para grado) $= 84,4^g$
> d) 104^g (para grau) $= 93,6° = 93° 36'$
> e) 96^g (para grau) $= 86° 24'$
> f) 78^g (para grau) $= 70° 12'$
> g) $100°$ (para radiano) $= 1,74$ rd
> h) 2 rd (para grau) $= 114° 36'$

O Quadro 2.3 ilustra outros sistemas de unidades frequentemente utilizados nas medições em geral.

Quadro 2.3 Resumo do Sistema Internacional de Unidades (SI)

Grandeza	Nome	Símbolo	Definição
Comprimento	Metro	m	"[...] distância percorrida pela luz no vácuo em 1/299.792.458 do segundo." (Instituto Nacional de Metrologia, Qualidade e Tecnologia, 2012)
Massa	Quilograma	kg	"[...] um protótipo (determinado cilindro de platina e irídio) que corresponde ao peso de 1 litro de água que foi, de 1889 em diante, considerando a unidade de massa." (Instituto Nacional de Metrologia, Qualidade e Tecnologia, 2012)
Tempo	Segundo	s	"[...] duração de 9.192.631.770 períodos da radiação correspondente à transição entre os dois níveis hiperfinos do estado fundamental do átomo de césio 133." (Instituto Nacional de Metrologia, Qualidade e Tecnologia, 2012)

Quadro 2.3 Resumo do Sistema Internacional de Unidades (SI) (*Continuação*)

Grandeza	Nome	Símbolo	Definição
Corrente elétrica	Ampère	A	"[...] corrente constante que, mantida em dois condutores retilíneos paralelos de comprimento infinito e seção circular transversal desprezível, situados no vácuo e distantes um do outro 1 metro, produziria entre esses condutores uma força igual a 2×10^{-7} Newton por metro." (Instituto Nacional de Metrologia, Qualidade e Tecnologia, 2012)
Área	Metro quadrado	m^2	–
Volume	Metro cúbico	m^3	–
Frequência	Hertz	Hz	s^{-1}
Densidade	Grama por centímetro cúbico ou tonelada por metro cúbico	g/cm^3 ton/m^3	–
Velocidade	Metro por segundo	m/s	–
Aceleração	Metro por segundo quadrado	m/s^2	–
Força	Newton	N	$kg \cdot m/s^2$
Pressão	Pascal	Pa	N/m^2
Trabalho/Energia	Joule	J	$N \cdot m$
Temperatura	Kelvin	K	–
Potência	Watt	W	J/s

Fonte: Instituto Nacional de Metrologia, Qualidade e Tecnologia (2012).

» Gramometria

A **Gramometria** estuda os processos e instrumentos usados nas determinações de distâncias entre dois pontos. Tal distância pode ser obtida por **processos diretos** ou **indiretos**.

» Processos diretos

Pelo método direto, as distâncias são determinadas percorrendo-se o alinhamento. Genericamente, os instrumentos destinados à medida direta são denominados **diastímetros** (ou trenas).

Geralmente, as trenas são constituídas de uma fita de lona, de aço ou de *nylon* acondicionada no interior de uma caixa circular em PVC. Há trenas de 2, 5, 10, 20, 30 e 50 metros, mas as mais usadas são as de 20 m. As fitas de aço temperado normalmente têm 5, 10, 20, 30, 50 e até 100 metros. As trenas digitais serão consideradas aqui instrumentos da categoria do processo indireto (MEDs), discutido mais adiante.

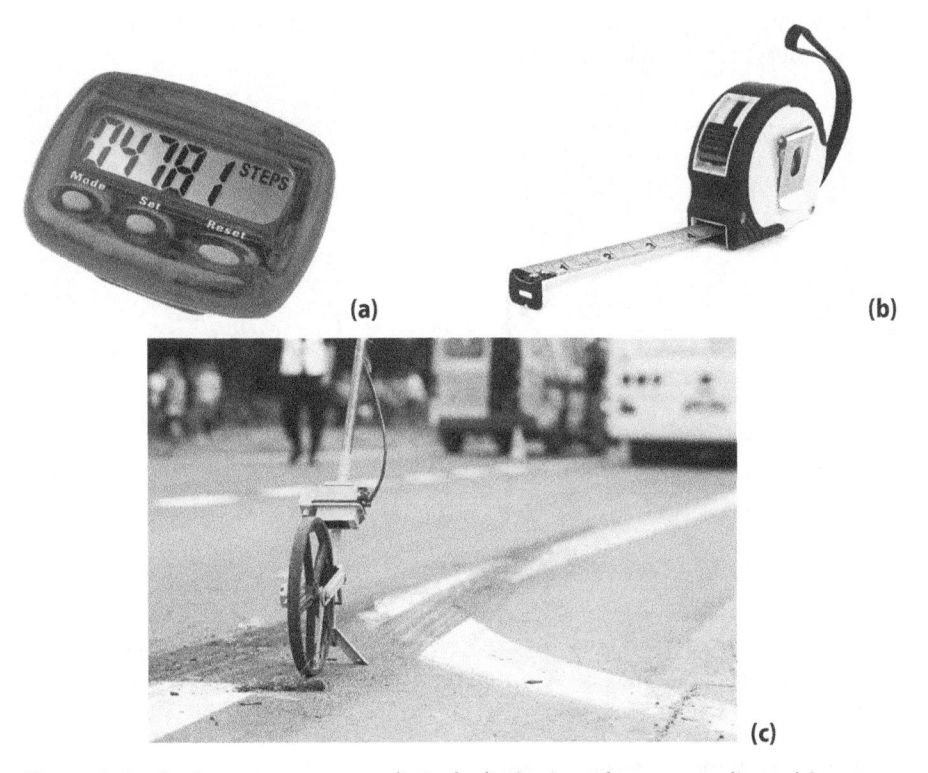

Figura 2.5 Equipamentos para medição de distâncias pelo processo direto: (a) pedômetro, (b) trena de aço e (c) trena de roda.
Fonte: (a) ©kone/Dreamstime.com; (b) ©Andresr/Dreamstime.com; (c) ©Tramper2/Dreamstime.com.

A seguir (Quadro 2.4) os processos diretos são classificados segundo sua respectiva precisão.

Quadro 2.4 Classificação dos processos diretos segundo sua precisão

Baixa precisão (técnicas expeditas)	• Passo (pedômetro), odômetro veicular • Régua graduada • Medidor topográfico (analógico e digital)	
Média precisão	• Trenas	• De lona • De aço • De fibra de vidro
Alta precisão	• Fio invar	

Na operação das medidas lineares, deve-se ter o cuidado de avaliar sempre a projeção horizontal dos pontos considerados. Como os alinhamentos são representados em planta por suas projeções em um plano horizontal (rever o conceito de Topografia), as medidas das distâncias devem ser feitas na horizontal. Logo, caso o terreno seja inclinado, a medida deve ser executada com uma das extremidades no ponto mais alto e a outra em um ponto mais baixo, com auxílio de duas (ou mais) balizas (Fig. 2.6).

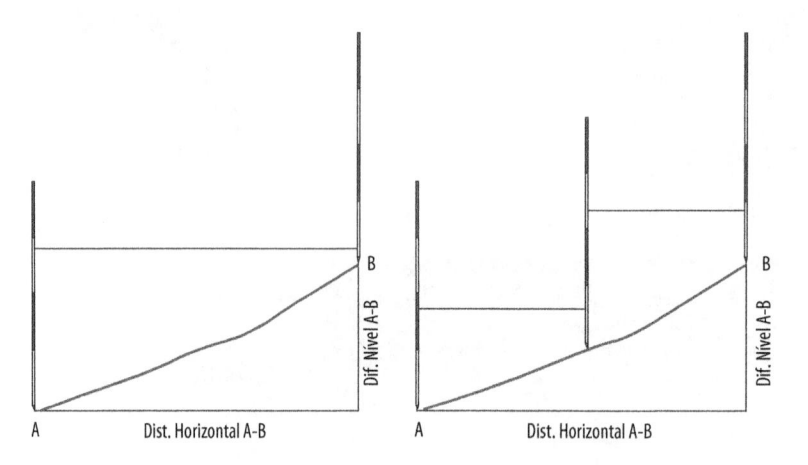

Figura 2.6 Medição horizontal do alinhamento AB.

Na medição de uma distância, alguns erros devem ser corrigidos, e outros, evitados. O erro total ao executar uma medida é a resultante de um conjunto desses erros. A seguir, apresentamos os erros mais comuns em campo.

a) Erro no comprimento do diastímetro

Corresponde à diferença entre os tamanhos nominal e real da trena. Este erro deve ser corrigido.

> **Exemplo 2.17** *Suponha um diastímetro, inicialmente, com valor nominal de 20 metros. Em uma segunda análise, suponha que foi feita uma aferição (constatação em laboratório) e que sua verdadeira medida seja 19,900 m. Nesse caso, o usuário pensaria estar medindo 20m, mas, na realidade, teria apenas os 19,900 m neste trecho.*

> **Exemplo 2.18** *Partindo do Exemplo 2.17, suponha uma distância medida em campo igual 100 m (5 "trenadas"). Qual seria a distância real?*
>
> *Solução:*
>
> 100,000 m $\rightarrow$ 20,000 m (tamanho nominal)
> x m $\rightarrow$ 19,900 m (tamanho real)
>
> x = 99,500 m, ou seja, em cada "trenada" ocorrerá um erro de 10 cm por falta, que, acumulado, resultará em um erro de 0,5 m por falta. Esta será a distância real medida pelo usuário.

> **Exemplo 2.19** *Como o diastímetro anterior, quanto se deve medir no campo para obter a distância real de 100 m?*
>
> *Solução:*
>
> x m $\rightarrow$ 20,000 m
> 100,000 m $\rightarrow$ 19,900 m
>
> x = 100,500 m, ou seja, medir 0,500 m a mais para obter a distância de 100,000 m.

É importante que um equipamento dotado desse defeito, caso este seja considerável, seja descartado. A trena é um material de consumo em um almoxarifado de Topografia, logo, de reposição constante.

b) Erro de dilatação do diastímetro

Trata-se de um erro desprezível nas medidas atuais das práticas topográficas. Deve ser corrigido em caso de práticas em que se tenha uma diferença grande da temperatura de aferição.

$e = L \cdot \alpha \cdot (T - t)$, onde: e $\rightarrow$ erro; L $\rightarrow$ distância medida; α $\rightarrow$ coeficiente de dilatação; T $\rightarrow$ temperatura ambiente; t $\rightarrow$ temperatura de aferição ($\pm$ 20 °C).

Exemplo 2.20 *Uma trena de aço com 10 metros é aferida na temperatura de 20 °C. Qual será seu comprimento real quando utilizada a 40 °C? Considere o coeficiente de dilatação do aço igual a $12 \times 10^{-6}\,°C^{-1}$.*

Solução:

$e = L \cdot \alpha \cdot (T - t) = 10 \cdot 12 \cdot 10^{-6} \cdot (40 - 20) = 0{,}0024\text{ m}$

Ou seja, a trena terá 10,002 m.

c) Falta de horizontalidade do diastímetro

Os pontos A e B devem ser projetados em um plano horizontal e, caso ocorra uma inclinação do diastímetro, a distância tomada será sempre maior do que a real. Isso deve ser evitado, por exemplo, com auxílio de uma terceira pessoa verificando a posição do diastímetro (Fig. 2.7).

d) Erro de catenária

O erro cometido devido ao peso do diastímetro. Para evitá-lo, deve-se esticar o diastímetro nas extremidades, medir trechos menores ou adotar escoras intermediárias (Fig. 2.8).

e) Desvio vertical da baliza

Em virtude de as balizas não estarem perfeitamente na vertical, a distância medida poderá ser maior ou menor do que a distância real AB (Fig. 2.9).

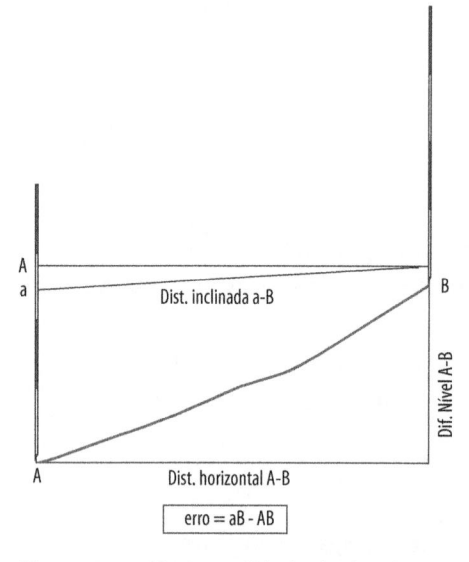

Figura 2.7 Horizontalidade do diastímetro.

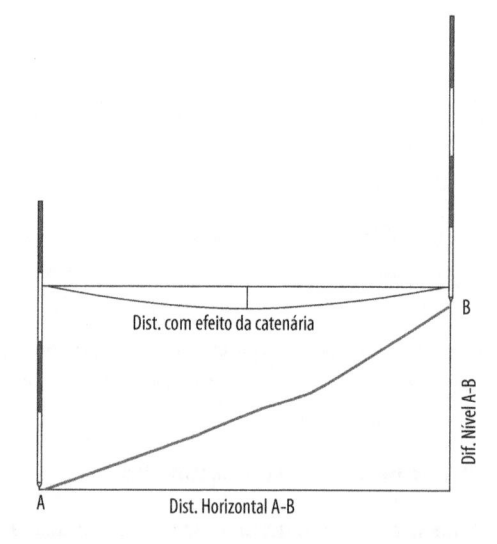

Figura 2.8 Erro de catenária.

O desvio vertical pode ser evitado, por exemplo, com a utilização de um nível de cantoneira na baliza.

f) Erro de desvio lateral do diastímetro

Considerando dois pontos topográficos, a distância horizontal entre eles deve ser tomada materializando um alinhamento único, ou seja, um segmento formado pela interseção do terreno com apenas um plano vertical, que contenha estes pontos. Este erro pode ser evitado, por exemplo, com a técnica de balizamento (com ou sem equipamento de visada, que auxilie a materialização deste alinhamento) (Fig. 2.10).

g) Enganos

Este erro acontece pela inabilidade do operador. São citados como erro grosseiro ou engano: posição do zero no diastímetro, erro de leitura, omissão de trenadas, anotação errada, etc. Este erro tem de ser evitado.

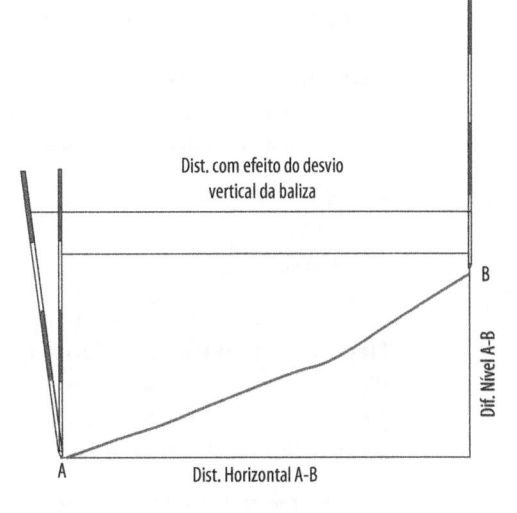

Figura 2.9 Desvio vertical da baliza.

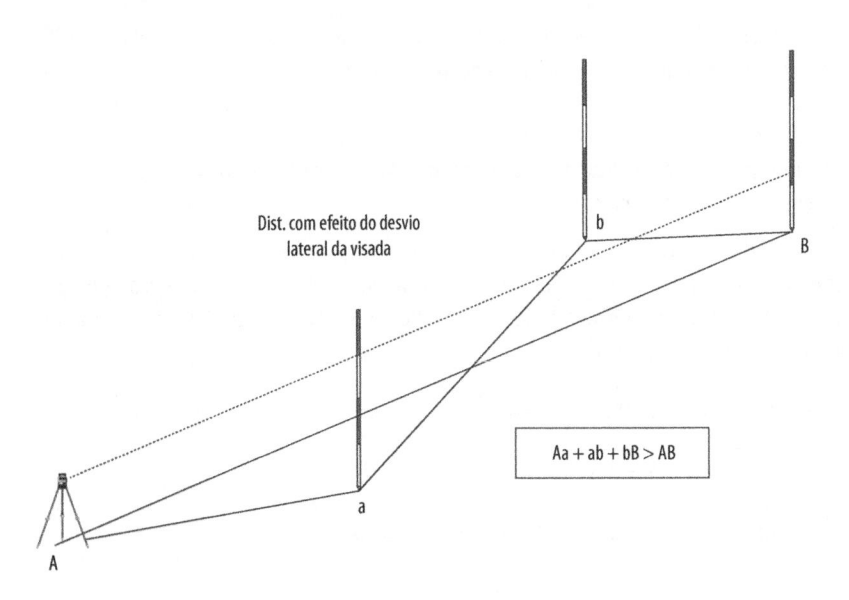

Figura 2.10 Desvio lateral do diastímetro.

» Processos indiretos

Na medição indireta, as distâncias são determinadas sem percorrer o alinhamento, obtidas por meio de visadas ou pelas coordenadas de suas extremidades. Os instrumentos de medida indireta de distância, com o uso de visadas, são denominados **distanciômetros**, que podem ser:

- Ópticos
- Mecânicos
- Eletrônicos

Atualmente, os instrumentos mais utilizados em práticas topográficas são os **Medidores Eletrônicos de Distâncias (MEDs)**, principalmente com o uso das estações totais e trenas digitais. Já os instrumentos ópticos e mecânicos são os **taqueômetros** ou **taquímetros**. O processo indireto era restrito ao uso da taqueometria ou estadimetria, mas perdeu aplicação com o avanço na utilização de instrumentos eletrônicos para obtenção das distâncias.

Os **taqueômetros estadimétricos** ou **normais** são teodolitos com luneta portadora de retículos estadimétricos, constituídos de três fios horizontais e um vertical. Com os fios de retículo, associados às miras verticais, obtém-se a distância horizontal e a diferença de nível entre dois pontos.

O principal instrumento eletrônico é a **estação total**, instrumento utilizado na medida de ângulos e distâncias de forma eletrônica. Esse pode ser explicado como a junção do teodolito eletrônico digital com o distanciômetro eletrônico, montados em um só bloco, além de memória interna para armazenar pontos observados em campo.

Já a **trena digital** (ou laser) é um equipamento bastante utilizado atualmente pela versatilidade e pelo custo. Possibilita obter distâncias horizontal e inclinada até um obstáculo (ou anteparo), com alcances de 5 cm a 200 m (ou até maiores, de acordo com o modelo), e precisões absolutas na ordem de $\pm$ 2 mm (ou melhores, de acordo com o modelo). Algumas ainda têm mira digital integrada (para facilitar a visada), tecnologia de comunicação *bluetooth* e capacidade de memória para armazenar as medições.

Além de por medição, a distância também pode ser obtida pelas coordenadas dos pontos extremos de uma linha, por meio de um receptor de satélites GPS (após as devidas reduções para a distância topográfica horizontal). Tal técnica é denominada processo inverso ou indireto da Topografia, obtido pela fórmula:

$$\text{Dist.}_{\text{Inclinada}} = \sqrt{(X_B - X_A)^2 + (Y_B - Y_A)^2 + (Z_B - Z_A)^2}$$

$$\text{Dist.}_{\text{Horizontal}} = \sqrt{(X_B - X_A)^2 + (Y_B - Y_A)^2},$$

onde X, Y e Z são as coordenadas tridimensionais de dois pontos A e B.

Uma técnica muita utilizada atualmente é a determinação das coordenadas geodésicas ou UTM das extremidades de uma base, com uso de um GPS, utilizando a seguinte sequência de cálculo:

a) Determinação das coordenadas geodésicas (latitude e longitude) ou UTM (N e E) das extremidades com o receptor GPS (rastreio por satélites).
b) Cálculo da **distância geodésica** ou da **distância plana UTM**.
c) No caso de cálculo da distância geodésica → redução desta ao horizonte topográfico.

No caso de cálculo da distância plana UTM → determinação do fator de deformação da escala e redução desta ao horizonte topográfico.

A seguir, são enfatizados os processos de obtenção de distâncias e diferenças de nível com uso de taqueômetros associados às miras verticais (em Taqueometria) e do uso dos MEDs.

Taqueometria

a) Distância horizontal: plano horizontal

O princípio de construção está ilustrado na Fig. 2.11, onde:

$$\frac{AC}{AF} = \frac{BC}{EF} \qquad (01)$$

$$\frac{AC}{AF} = \frac{CD}{FG} \qquad (02)$$

$$\frac{AC}{AF} = \frac{BC+CD}{EF+FG} = \frac{BD}{EG} \qquad (03)$$

sendo

AC → distância a ser determinada (D)

AF → distância focal (f)

BD → leitura estadimétrica (m) (Fs – Fi)

EG → altura dos fios do retículo (h)

$$\frac{D}{f} = \frac{m}{h} \therefore D = \frac{m \cdot f}{h} \qquad (04)$$

$\frac{f}{h} = g$ (constante)

> **» DEFINIÇÃO**
> A **taqueometria**, do grego *takhys* (rápido) + *metrum* (medida), é a parte da Topografia que se ocupa da medida indireta das distâncias horizontais e das diferenças de nível, quer por meios ópticos, quer por meios mecânicos, empregando-se instrumentos denominados **taqueômetros**.

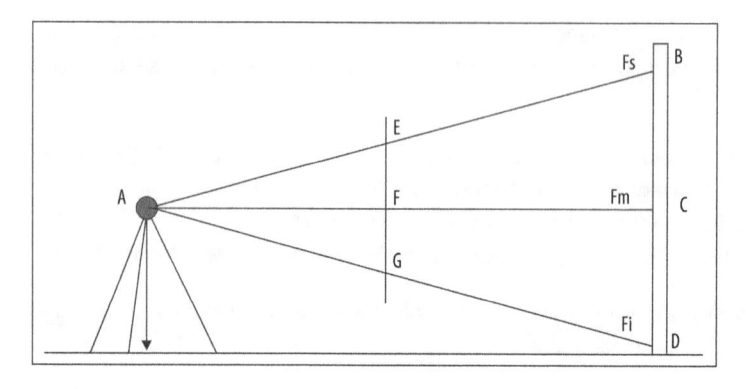

Figura 2.11   Distância horizontal estadimétrica I.

$D = m \cdot g,$

onde

$D \rightarrow$ distância horizontal

$m \rightarrow$ leitura estadimétrica: $m = Fs - Fi$

onde $Fs \rightarrow$ fio superior do retículo

$Fi \rightarrow$ fio inferior do retículo

$Fm \rightarrow$ fio médio do retículo

$g \rightarrow$ constante do aparelho. Na maioria dos casos, $g = 100$.

Há ainda a seguinte relação:

$2 \cdot Fm \cong Fs + Fi.$

Obs.: Muitas vezes, é considerada a igualdade em vez da aproximação da igualdade.

Na Figura 2.12 há exemplos de visadas à mira. Essas leituras também são aplicadas ao nivelamento geométrico, conforme discutiremos no Capítulo 3.

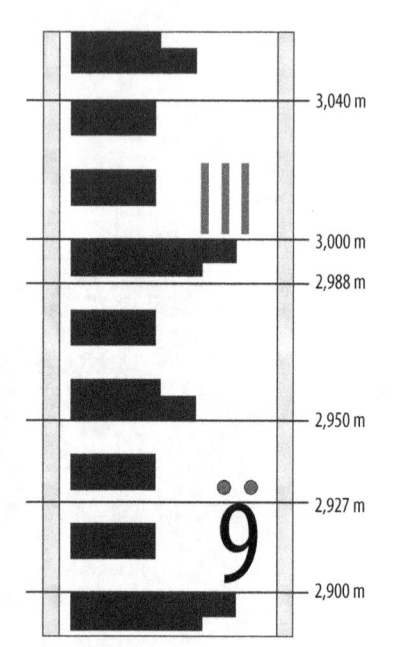

Figura 2.12   Exemplos de leituras na mira.

(3,040 m; 3,000 m; 2,988 m; 2,950 m; 2,927 m; 2,900 m)

Exemplo 2.21 *Dados os fios Fs, Fi e g, calcule o Fm e a distância (Fig. 2.13):*

Solução:

$Fs = 2,800$ m; $Fi = 1,200$ m

$g = 100$

$2 \cdot Fm \cong (Fs + Fi) \rightarrow 2 \cdot 2,000 = (2,800 + 1,200)$

$\rightarrow 4,000 = 4,000$ **OK!**

$m = Fs - Fi = 2,800 - 1,200 = 1,600$ m

$D = m \cdot g = 1,600 \cdot 100 = 160$ m

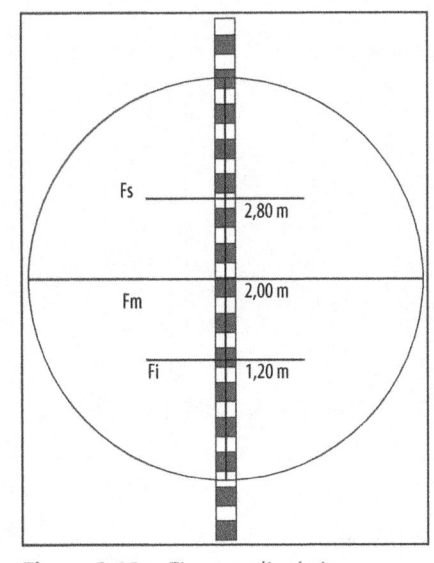

Figura 2.13 Fios estadimétricos.

Em alguns taqueômetros, a luneta pode coincidir com o centro do instrumento (**analática**) ou não coincidir (**alática**) (Fig. 2.14). No caso da luneta alática, para determinação das distâncias horizontal e vertical, deve-se considerar a constante "c" mais a distância focal "f". A maioria das lunetas dos taqueômetros no mercado é analática.

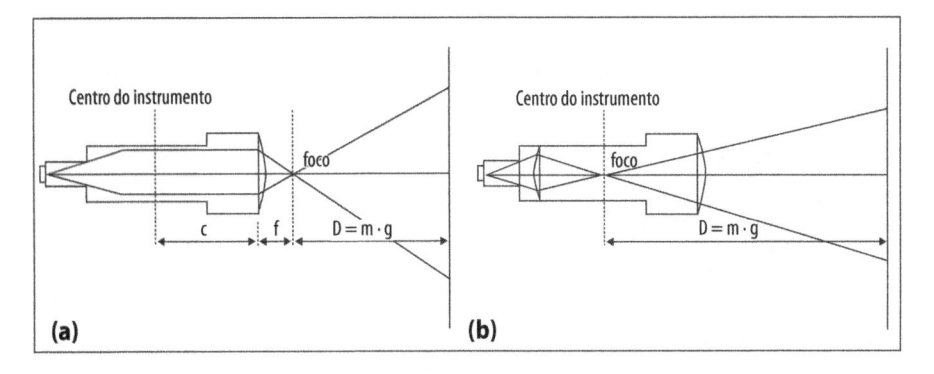

Figura 2.14 Tipos de luneta: (a) alática e (b) analática.

b) Distância horizontal: plano inclinado

Considere o plano inclinado da Fig. 2.15.

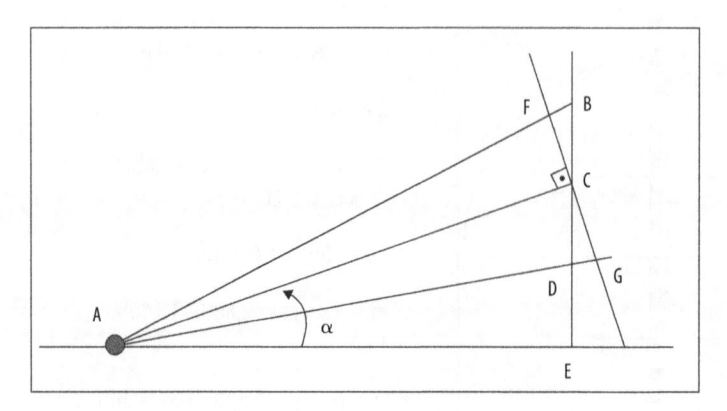

Figura 2.15 Distância horizontal estadimétrica II.

$BD = m \rightarrow$ leitura estadimétrica com a mira na vertical

$FG = n \rightarrow$ leitura estadimétrica com a mira normal à visada

$\alpha \rightarrow$ ângulo de inclinação da visada

$AC = n \cdot g$ \hfill (05)

$AE = AC \cdot \cos \alpha$ \hfill (06)

$AE = n \cdot g \cdot \cos \alpha$ \hfill (07)

Dos triângulos FBC e DCG (considerando serem retângulos semelhantes ao triângulo ACE), os ângulos:

$F\bar{C}B = D\bar{C}G = C\bar{A}E = \alpha$ \hfill (08)

$\cos \alpha = \dfrac{\dfrac{n}{2}}{\dfrac{m}{2}} \therefore \cos \alpha = \dfrac{n}{2} \cdot \dfrac{2}{m}$

$\cos \alpha = \dfrac{n}{m} \therefore n = m \cdot \cos \alpha$

$n = m \cdot \cos \alpha$ \hfill (09)

(09 em 07)

$D = m \cdot g \cdot \cos \alpha \cdot \cos \alpha$ \hfill (10)

$D = m \cdot g \cdot \cos^2 \alpha$

Obs.: Se o ângulo vertical corresponder ao ângulo zenital (ângulo com origem no zênite – Goniologia), a fórmula estadimétrica será:

$$D = m \cdot g \cdot \operatorname{sen}^2 Z \tag{11}$$

c) Diferença de nível

Considere a Figura 2.16 para avaliar a diferença de nível FG, ou seja, a distância vertical entre o ponto F e a projeção do ponto A.

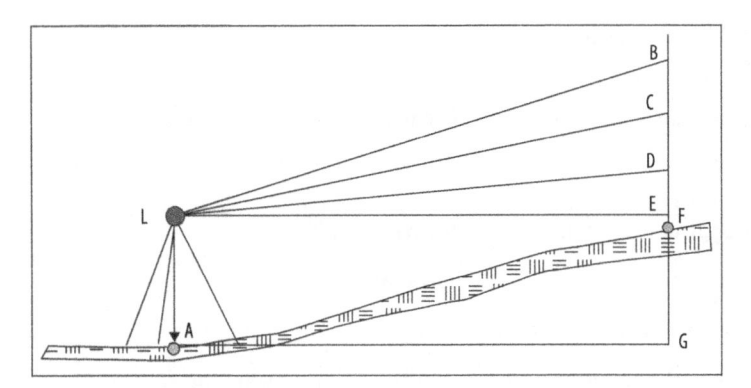

Figura 2.16   Diferença de nível estadimétrica.

BD → leitura estadimétrica – m

FG → diferença de nível

LE → $D = m \cdot g \cdot \cos^2 \alpha$ (12)

CF → leitura feita na mira com o fio médio – alvo

EG → i – altura do instrumento

Definição:

$FG = CG - CF$ (13)

$CG = CE + EG$ (14)

(14) em (13)

$FG = CE + EG - CF$ (15)

$CE = LE \cdot \operatorname{tg} \alpha$ (16)

(16) em (15)

$FG = LE \cdot \operatorname{tg} \alpha + EG - CF$ (17)

Fazendo um rearranjo na expressão, temos:

$$dn = m \cdot g \cdot \cos^2\alpha \cdot tg\alpha + i - alvo \qquad (18)$$

$$dn = \left[m \cdot g \cdot \frac{sen(2 \cdot Z)}{2} \right] + i - alvo$$

Obs.: Se o ângulo vertical corresponder ao ângulo zenital (ângulo com origem no zênite – Goniologia), a fórmula taqueométrica será:

$$dn = \left[m \cdot g \cdot \frac{sen(2 \cdot Z)}{2} \right] + i - alvo$$

No Quadro 2.5, há um resumo das equações taqueométricas para avaliar distâncias horizontais e diferenças de nível.

Quadro 2.5   Resumo das equações estadimétricas

	Analítica
Plano horizontal – Distância horizontal	$D = m \cdot g$
Plano inclinado – Distância horizontal	$D = m \cdot g \cdot \cos^2\alpha$ $D = m \cdot g \cdot sen^2 Z$
Plano inclinado – Diferença de nível	$dn = \left[m \cdot g \cdot \frac{sen(2 \cdot \alpha)}{2} \right] + i - alvo$ $dn = \left[m \cdot g \cdot \frac{sen(2 \cdot Z)}{2} \right] + i - alvo$

Assim como na medida direta de uma distância, ao avaliar indiretamente uma distância por taqueometria, alguns cuidados devem ser considerados para evitar erros como:

- Leitura errônea da mira: distância imprópria, capacidade de aumento focal da luneta, desvios causados pela refração atmosférica, erros grosseiros na leitura
- Erros nas constantes c, f, g
- Falta de verticalidade da mira
- Erro na medição do ângulo de inclinação (α ou Z)
- Erro na medição da altura do instrumento

d) Distâncias máximas e mínimas

Nos exemplos a seguir, demonstramos as distâncias máximas e mínimas que podem ser obtidas pela taqueometria. Elas podem ser avaliadas pelo aspecto teórico, ou seja, matematicamente, ou pelo aspecto prático, ou seja, a real distância que se pode obter pelo taqueômetro.

Na consideração teórica, estão em questão o tamanho da mira e sua menor subdivisão, bem como o valor da constante g. A prática depende diretamente do foco do instrumento, sendo que a distâncias superiores a 150 m e inferiores a aproximadamente 5 m a imagem do objeto começa a ficar prejudicada.

Exemplo 2.22 *Considerando os dados abaixo, calcule a máxima distância teórica com conferência (Fig. 2.17) e sem conferência (Fig. 2.18).*

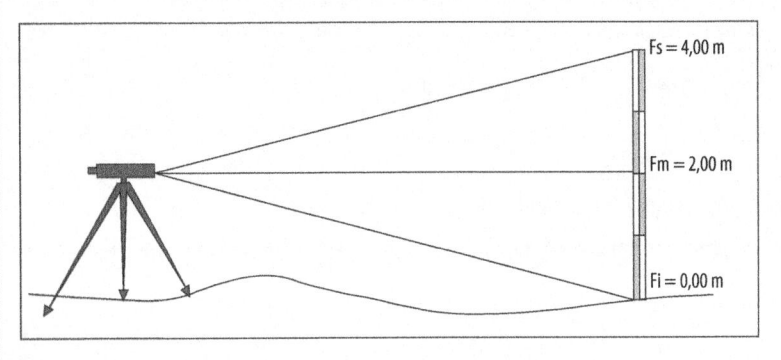

Figura 2.17 Máxima distância teórica com conferência.

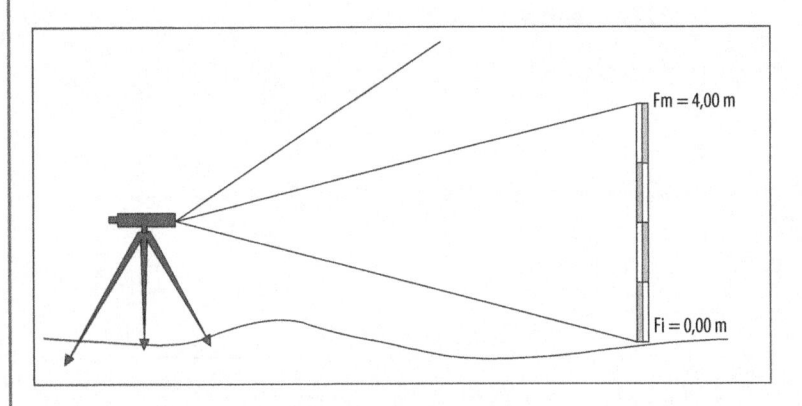

Figura 2.18 Máxima distância teórica sem conferência.

Dados:

L (tamanho da mira) = 4,000 m; g = 100

Solução:

Obs.: A máxima distância entre dois pontos é aquela tomada na horizontal, logo:

Exemplo 2.22 *Continuação*

$D = m \cdot g$

$m = Fs - Fi$

$m = 4{,}000 - 0{,}000 = 4{,}000 \text{ m}$

$D = 4{,}000 \times 100 = \mathbf{400\ m}$ (com conferência)

Obs.: Para determinar a distância máxima sem conferência, um dos fios (superior ou inferior) está impossibilitado de ser lido, logo, deve ser calculado pela fórmula:

$Fm = \dfrac{Fs + Fi}{2} \therefore 4{,}000\,m = \dfrac{Fs + 0{,}000}{2} \therefore Fs = 8{,}000\,m$

$m = 8{,}000 - 0{,}00 = 8{,}000 \text{ m}$

$D = 8{,}000 \times 100 = \mathbf{800\ m}$ (sem conferência)

Exemplo 2.23 *Considerando os dados abaixo, calcule a mínima distância teórica com conferência (Fig. 2.19).*

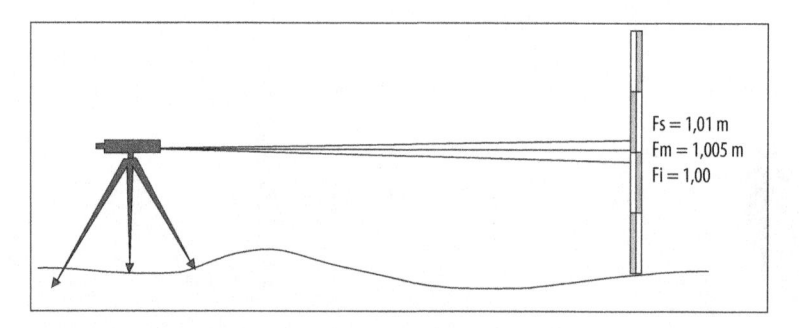

$Fs = 1{,}01$ m
$Fm = 1{,}005$ m
$Fi = 1{,}00$

Figura 2.19 Mínima distância teórica com conferência.

Dados:

menor subdivisão $= 0{,}010$ m

$g = 100$

Solução:

$D = m \cdot g$

$m = 1{,}010 - 1{,}000 = 0{,}010 \text{ m}$

$D = 0{,}010 \times 100 = \mathbf{1{,}000\ m}$ (com conferência)

Exemplo 2.24 *Durante as operações topográficas, a maioria das medidas de distâncias é tomada considerando um plano inclinado. A partir dos dados abaixo e das fórmulas do Quadro 2.5, calcule a distância horizontal e a diferença de nível entre os dois pontos (Fig. 2.20).*

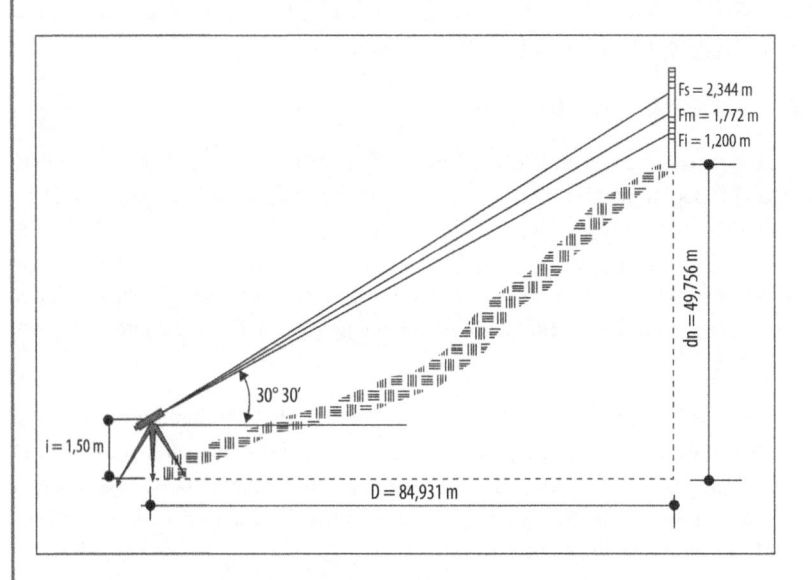

Figura 2.20 Distância horizontal e diferença de nível pelo processo estadimétrico.

Dados:

Fs = 2,344 m; Fi = 1,200 m; Fm = 1,772 m

g = 100; α = 30° 30'; i = 1,5 m

Solução:

a) Distância horizontal

$D = m \cdot g \cdot \cos^2$

$D = (Fs - Fi) \cdot 100 \cdot \cos^2(30° 30')$

$D = (2,344 - 1,200) \cdot 100 \cdot \cos^2(30,5°) = 1,144 \cdot 100 \cdot 0,74240 = 84,931$ m

b) Diferença de nível

$dn = m \cdot g \cdot \dfrac{\text{sen}(2 \cdot \alpha)}{2} + i - \text{alvo} \therefore dn = (Fs - Fi) \cdot 100 \cdot \dfrac{\text{sen}(2 \cdot 30° 30')}{2} + 1,500 - 1,772$

$dn = 1,144 \cdot 100 \cdot \dfrac{\text{sen}(2 \cdot 30,5°)}{2} + 1,500 - 1,772$

$dn = (1,144 \cdot 100 \cdot 0,43730) + 1,500 - 1,772 = 49,756$ m

Observe, pelos Exemplos 2.23 e 2.24, que, considerando a menor divisão da mira igual a 1 cm, temos uma precisão na ordem de 1 metro para a obtenção das distâncias. Essa precisão é muito baixa para várias aplicações da Topografia, resultando em levantamento com precisão relativa, geralmente na ordem de 1/1.000. Porém, caso sejam estimados milímetros na leitura da mira, pode-se melhorar essa técnica, embora ela permaneça ainda muito abaixo das expectativas de muitas aplicações topográficas. Por esse motivo, essa técnica vem sendo substituída pela poligonação eletrônica, com uso das estações totais.

Medidores eletrônicos de distâncias (MEDs)

Com o advento e a recente popularização dos MEDs, houve um aumento significativo de produção nas medições topográficas. Considerando as duas grandezas básicas da Topografia (ângulos e distâncias), a obtenção das distâncias era o "grande obstáculo" para se atingirem níveis de tolerâncias estabelecidos em algumas práticas topográficas. Com esses equipamentos, podem-se atingir alcances de 15 a 20 km com precisões milimétricas (de acordo com o modelo do equipamento). Apesar desse alcance, as distâncias obtidas nos levantamentos topográficos rotineiros não superam os 1000 metros.

O princípio físico dos MEDs consiste na emissão e na recepção de sinais luminosos ou de micro-ondas. Esses sinais são emitidos pelo equipamento (distanciômetro) e serão rebatidos por um anteparo (prisma refletor). A distância será calculada em função do tempo gasto nesse percurso. Como variáveis do processo, o comprimento da onda, a frequência e a velocidade de sua propagação deverão ser conhecidos.

O **distanciômetro** (Fig 2.21) é um instrumento que permite avaliar distâncias inclinadas, sendo reduzidas ao horizonte por meio da medição do ângulo vertical. Também permite obter a diferença de nível, como será discutido no Capítulo 3, na prática do nivelamento trigonométrico. Trata-se de um equipamento exclusivo para se obter a distância; para se obter o ângulo, ele precisa estar acoplado a um teodolito.

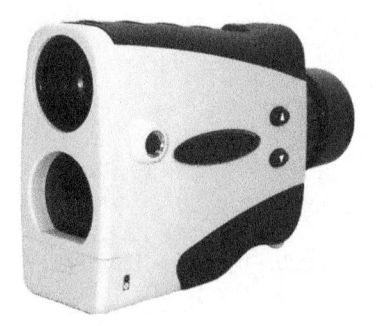

Figura 2.21 Distanciômetro de uso isolado.

O anteparo mais utilizado pelos distanciômetros é o **prisma**, um espelho circular que permite a reflexão do sinal emitido (Fig. 2.22(a)). Ele é sustentado por um **bastão** graduado (Fig. 2.22(b)), que permite avaliar a distância do alvo até o ponto topográfico. Auxiliando a verticalidade desse conjunto prisma-bastão, há um nível de cantoneira acoplado. Também é possível adaptar um tripé ou bipé para garantir a verticalidade do bastão.

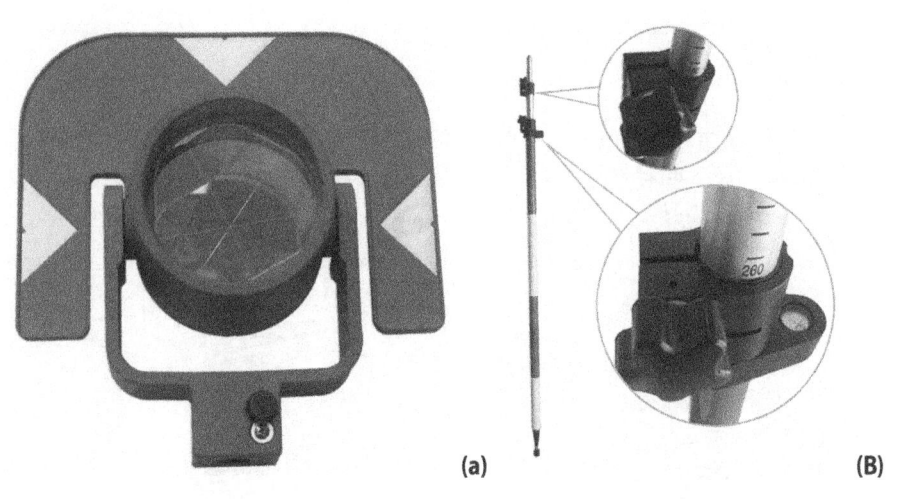

Figura 2.22 (a) Prisma e (b) bastão – detalhe do encaixe e do nível de cantoneira.

Uma recente inovação são os MEDs que operam sem necessidade de um anteparo refletor, denominados **estações totais sem prisma** (similar às trenas eletrônicas).

Atualmente, um dos equipamentos de Topografia mais frequentes nas obras são as **estações totais**. Como já vimos, trata-se da combinação dos recursos de teodolito digital e de um distanciômetro eletrônico em um único aparelho, "comandado" por um microprocessador e um sistema de armazenamento dos dados (Figs. 2.24 e 2.25).

Além de medirem o ângulo e a distância de forma eletrônica, alguns modelos disponibilizam informações sobre as condições de nivelamento da base de apoio, a altura de instalação do instrumento e outras opções. Além da obtenção das grandezas citadas, algumas rotinas internas permitem medir alturas de pontos inacessíveis, calcular a cota da estação com a leitura de pontos conhecidos, áreas de pontos visados e outras.

Os valores obtidos no levantamento podem ser anotados ou armazenados em coletores de dados (externos ou internos). Tais informações podem ser "descarregadas" posteriormente (via cabo ou *bluetooth*) e tratadas em *software* específico de Topografia.

Figura 2.23 Estação total.
Fonte: ©kalasek/iStockphoto.com.

Outra funcionalidade atual são as **estações dotadas de servomotor (robóticas)**, que permitem a visada ao prisma sem um operador. Elas podem ser utilizadas para controle de estruturas em que se fornece uma repetição das visadas, pré-programadas em escritório. No caso de acoplar um sistema de comunicação via rádio, pode-se convertê-la em uma estação remota, ou seja, comanda-lá pelo computador à distância (Fig. 2.25).

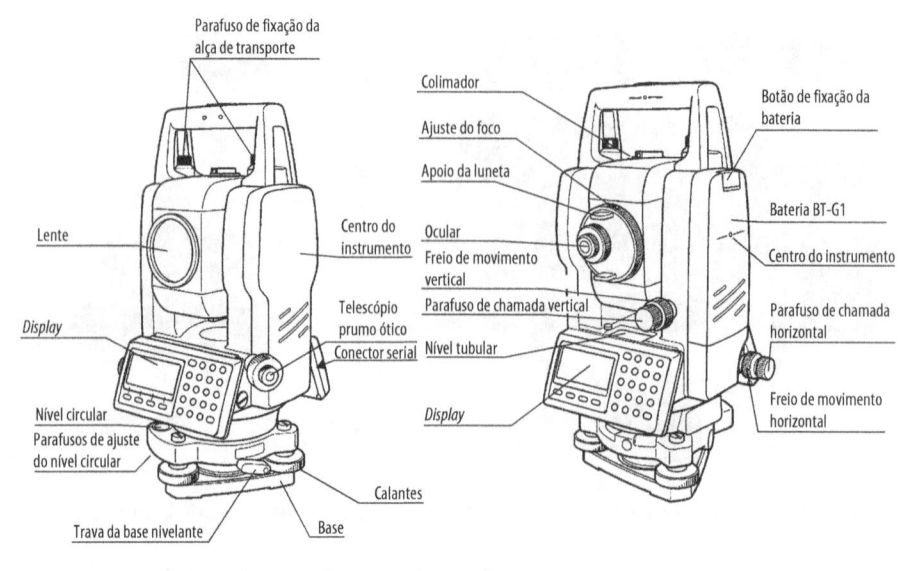

Figura 2.24 Nomenclatura e funções de parafusos em uma estação total.

>> **NO SITE**
Acesse o ambiente virtual de aprendizagem (www.bookman.com.br/tekne) para conferir esta e outras imagens coloridas do livro.

Figura 2.25 Estação total robótica.
Fonte: ©Bermrunner/iStockphoto.com.

>> Goniologia

A **Goniologia** estuda os processos e instrumentos necessários para avaliar um ângulo. Para seu estudo, alguns autores a dividem em:

• **Goniografia:** estuda os processos de representação gráfica dos ângulos.
• **Goniometria:** estuda os processos e instrumentos necessários para a medição dos ângulos em campo.

A Figura 2.26 mostra os vários tipos de ângulos utilizados na Topografia, comentados nas seções a seguir. Os instrumentos utilizados para medir esses ângulos em campo (e no escritório) são denominados **goniômetros**. O **teodolito** é um goniômetro que tem limbos vertical e horizontal (internos ou externos). O **limbo** é a parte específica do goniômetro que permite fazer a avaliação numérica dos ângulos. É constituído de uma coroa graduada, podendo ter os seguintes sistemas de graduação:

• Sexagesimal (grau)   • Centesimal (grado)

Atualmente, observa-se no mercado quase exclusivamente o uso do **teodolito eletrônico** (ou digital), de limbo interno e medição sexagesimal Fig. 2.27. As precisões podem variar de 30" a 1" na avaliação dos ângulos, podendo ocorrer até décimos de segundos. Esses equipamentos vêm sendo substituídos pelas estações totais pois, além da possibilidade de medição dos ângulos, elas permitem avaliar as distâncias de forma eletrônica.

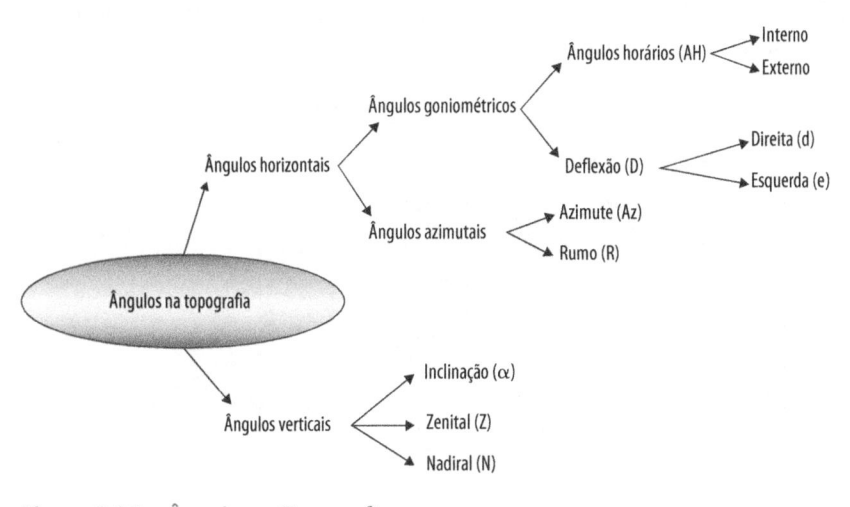

Figura 2.26 Ângulos na Topografia.

Figura 2.27 Teodolito eletrônico.
Fonte: ©Lutkasz Laska/iStockphoto.com.

» Ângulos horizontais

O **ângulo horizontal** é definido como o ângulo formado pelo afastamento de dois planos verticais, considerando um eixo (Fig. 2.28). Os ângulos horizontais, de acordo com a direção ou o alinhamento de origem, podem ser azimutais ou goniométricos.

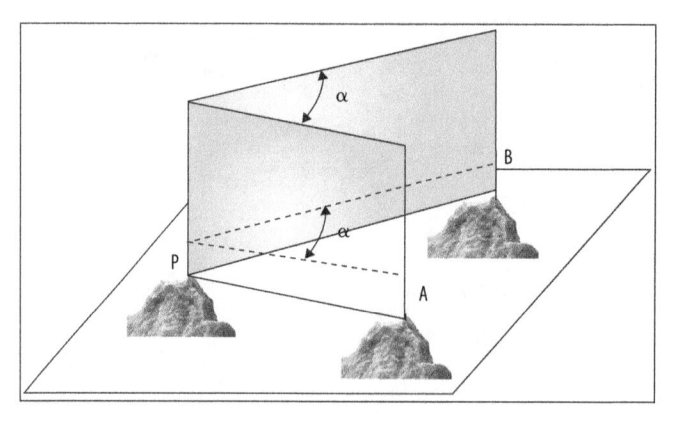

Figura 2.28 Ângulo horizontal.

Ângulos azimutais

Os **ângulos horizontais azimutais** têm como origem a direção norte-sul, sendo denominados azimutes e rumos.

a) Azimutes

É o ângulo horizontal formado entre a direção norte-sul (meridiano que passa pelos pontos) e um alinhamento, tendo como origem o sentido do norte e variável entre 0° e 360° (Fig. 2.29). Na seção "Orientação para trabalhos topográficos", a seguir, serão apresentados os meridianos magnético, verdadeiro e de quadrícula.

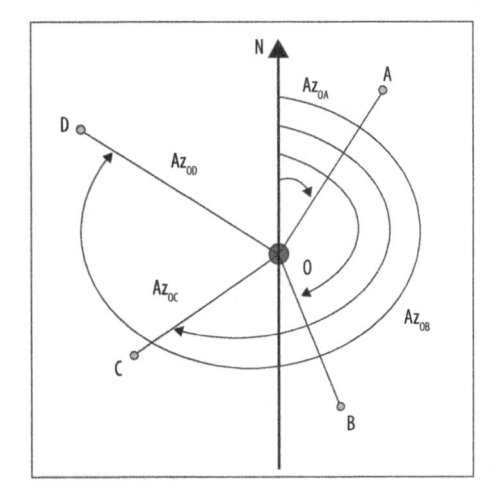

Figura 2.29 Medição de azimutes.

O azimute recíproco de um alinhamento A→B (vante) é o azimute deste alinhamento em sentido contrário (contra-azimute), isto é, o azimute de B→A (ré), os quais diferem de 180° (Fig. 2.30).

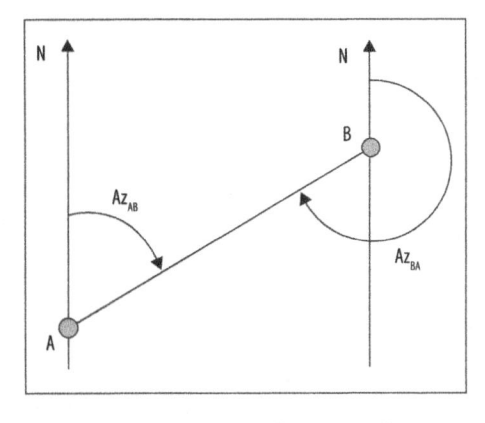

Figura 2.30 Azimutes de vante e de ré.

$$AZ_{BA} = AZ_{AB} + 180° \qquad (19)$$

b) Rumos

É o menor ângulo formado entre a direção norte-sul e um alinhamento, tendo como origem a direção norte ou sul, ou seja, com grandeza variável entre 0° e 90° (Fig. 2.31). Essa modalidade de ângulo é muito aplicada na área de mineração.

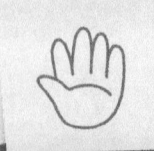

> **ATENÇÃO**
> No Brasil, em geral ainda se refere aos pontos cardeais na nomenclatura em inglês: N (North – setentrional ou boreal), S (South – meridional ou austral), W (West – ocidental ou poente), E (East – oriente, nascente ou levante).

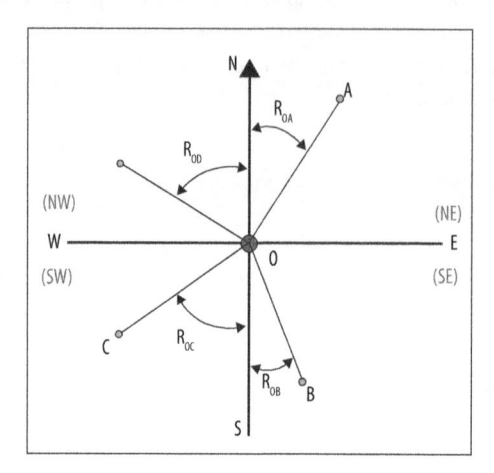

Figura 2.31 Medição dos rumos.

c) Conversão de rumo em azimute

Algumas vezes, avalia-se em campo o valor do azimute, e esse deve ser transformado em rumo para cálculos posteriores. Logo, como os rumos e os azimutes são referidos a uma mesma direção, eles podem ser convertidos entre si (Fig. 2.32).

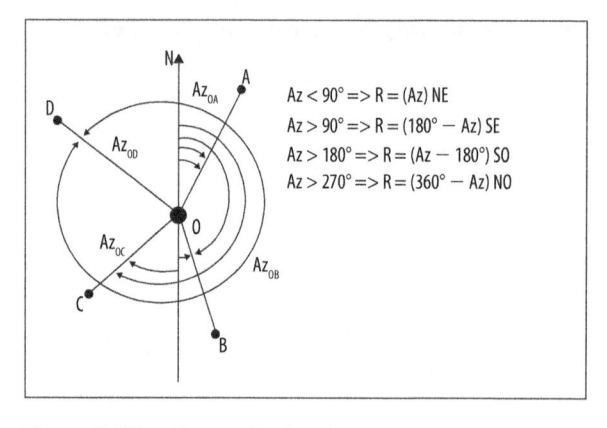

$$Az < 90° \Rightarrow R = (Az)\ NE$$
$$Az > 90° \Rightarrow R = (180° - Az)\ SE$$
$$Az > 180° \Rightarrow R = (Az - 180°)\ SO$$
$$Az > 270° \Rightarrow R = (360° - Az)\ NO$$

Figura 2.32 Conversão de azimutes em rumos.

Ângulos goniométricos

Os **ângulos horizontais goniométricos** são medidos com relação a um alinhamento qualquer, sendo denominados ângulos entre alinhamentos (interno ou externo) e deflexões.

a) Ângulos horários internos e externos

É o ângulo formado entre dois alinhamentos, contado no sentido horário e variável de 0° a 360°, internamente ou externamente ao polígono (Fig. 2.33).

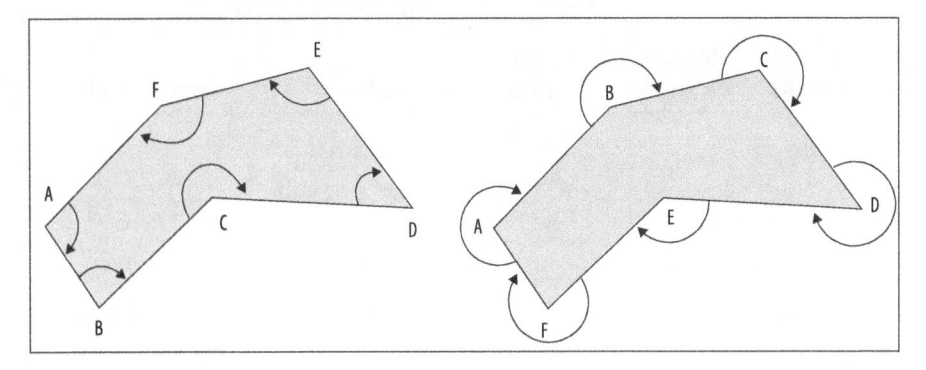

Figura 2.33 Medição de ângulos horários internos e externos.

É o formato de ângulo mais adotado nas poligonações. Conforme será apresentado na seção "Poligonal Topográfica", as classes de levantamento citam a execução de medição do ângulo horizontal horário pelo método das direções.

O **método das direções** consiste na medição do ângulo horizontal (e vertical) nas duas posições do limbo (PD – Posição Direta e PI – Posição Inversa). O conjunto de uma medição, nas posições PD e PI, é denominado **leituras conjugadas**.

Na prática de campo, a partir de uma direção de origem (visada a um ponto de ré) para uma direção de destino (visada a um ponto de vante), no qual se procura avaliar esse ângulo, faz-se o giro da luneta na **posição direta** de ré para vante e de volta na **posição inversa**. O valor do ângulo medido será a média das posições PD e PI.

Exemplo 2.25 *A ABNT (1994) estabelece a classe IV P para um levantamento topográfico (veja o final da seção "Poligonal Topográfica"). Logo, nesta medição angular, solicita-se o uso do método das direções. A partir da caderneta de campo a seguir, calcule o ângulo horizontal horário final lido.*

Caderneta de campo

Estação	Ponto visado	Ângulo horário – método das direções			
		Posições da luneta	Ângulos lidos	Redução	Ângulo final
P_0	P_6	PD	0° 00' 00"	$\alpha_1 = 74° 32' 50"$	$A_{médio} = 74° 32' 35"$
	P_1		74° 32' 50"		
	P_6	PI	180° 00' 20"	$\alpha_2 = 74° 32' 20"$	
	P_1		254° 32' 40"		

Solução:

$\alpha_1 = PD_{vante} - PD_{ré}$

$\alpha_2 = PI_{vante} - PI_{ré}$

$\alpha_{médio} = \dfrac{\alpha_1 + \alpha_2}{2}$

b) Ângulos de deflexão

É o ângulo formado entre o prolongamento do alinhamento anterior e o alinhamento em estudo, contado para a direita ou para a esquerda e com sua grandeza limitada entre 0° e 180° (Fig. 2.35). Essa modalidade de ângulo é muito aplicada na área de estradas.

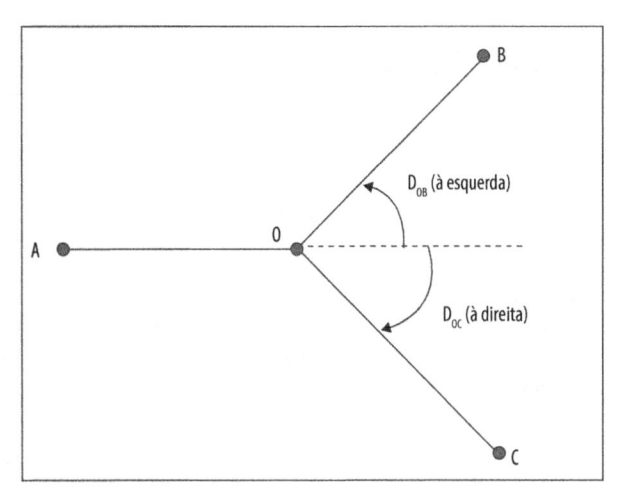

Figura 2.34 Medição dos ângulos de deflexão.

Azimutes calculados

Em um levantamento topográfico, geralmente determina-se o **azimute inicial** no primeiro alinhamento da poligonal com o objetivo de orientar o levantamento. A seguir, são utilizados outros métodos para medição dos próximos ângulos em campo, podendo utilizar o rumo, o ângulo horário (interno ou externo) ou a deflexão. Dessa forma, às vezes, é necessário calcular os demais azimutes de cada alinhamento. Veja os exemplos a seguir.

Exemplo 2.26 *Calcule o azimute B→C a partir do rumo dado B→C.*

Dados:

$Az_{A-B} = 100° 20' 25''$;
$Rumo_{B-C} = 50° 30' 30'' SO$

Solução:

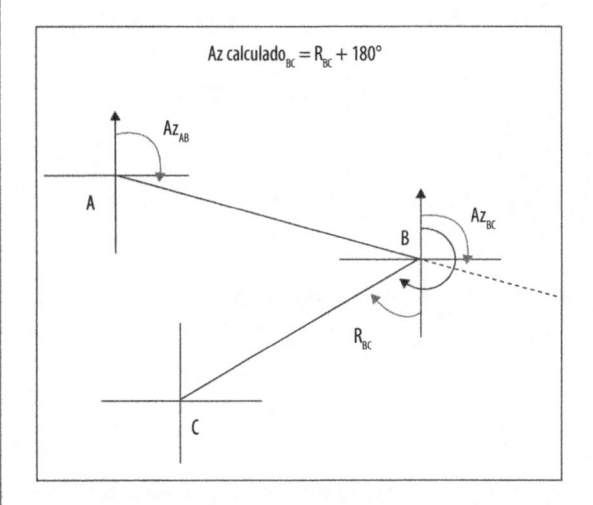

$Az_{B-C} = 50° 30' 30'' + 180° = 230° 30' 30''$

Figura 2.35 Azimute calculado a partir do rumo.

Exemplo 2.27 *Calcule o azimute a partir da deflexão.*

Az calculado$_{BC}$ = Az$_{AB}$ + Deflexão à direita

Dados:

Az$_{A-B}$ = 110° 15′ 18″;
Deflexão$_{B-C}$ = 113° 12′ 34″ D

Solução:

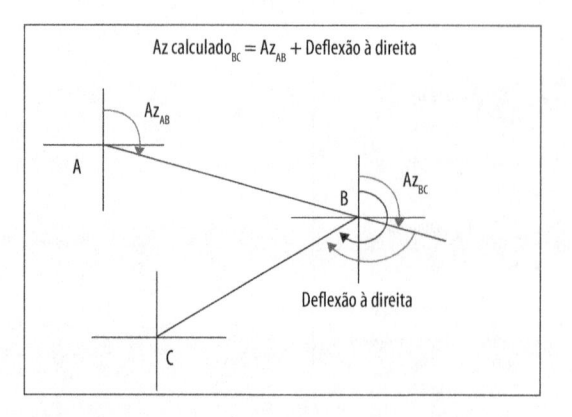

Az$_{B-C}$ = 110° 15′ 18″ + 113° 12′ 34″ = 223° 27′ 52″

Figura 2.36 Azimute calculado a partir da deflexão.

Exemplo 2.28 *Calcule o azimute a partir do ângulo horário dado.*

Az calculado$_{BC}$ = Az$_{AB}$ + ângulo externo − 180°

Dados:

Az$_{A-B}$ = 100° 09′ 15″;
ângulo horário$_{b-c}$ = 320° 18′ 35″

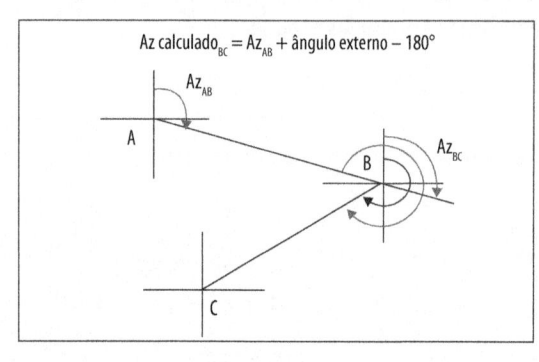

Az$_{B-C}$ = 100° 09′ 15″ + 320° 18′ 35″ − 180° = 240° 27′ 50″

Figura 2.37 Azimute calculado a partir do ângulo horário.

❯❯ Ângulos verticais

O **ângulo vertical** é definido como o ângulo formado pelo afastamento de dois planos horizontais, considerando um eixo. De acordo com a origem para medição do ângulo, ele pode ser **de inclinação** ou **zenital**. A transformação entre tais grandezas, às vezes, é necessária, podendo ser visualizada na Figura 2.38.

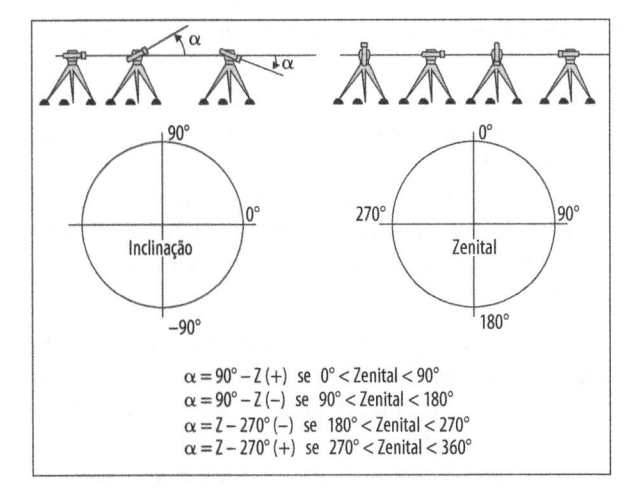

Figura 2.38 Ângulos de inclinação e zenital.

Na medição em campo, caso siga-se a orientação da ABNT (1994), também é solicitada a execução do método das direções, ou seja, visadas na Posição Direta (PD) e Posição Inversa (PI) da luneta, conforme apresentado no Exemplo 2.25.

Ângulo de inclinação

Fornece ângulo vertical entre a linha do horizonte e o alinhamento do ponto considerado (Fig. 2.38).

Ângulo zenital

Fornece ângulo vertical entre a linha do zênite (linha que acompanha a vertical do ponto neste local), com origem no sentido contrário ao centro de massa da terra e o alinhamento do ponto considerado (Fig. 2.38).

Embora as estações totais permitam a configuração da forma de medição e a visualização do ângulo vertical, o formato mais comum é o do ângulo zenital.

» Orientação para trabalhos topográficos

Eis os três passos indispensáveis para representação de uma porção qualquer da superfície terrestre:

a) A **adoção de escala** (geralmente de redução), associada a um modelo de projeção – no caso, o campo topográfico.
b) A **identificação da posição** (coordenadas) de um dos pontos, referenciada ao modelo adotado (coordenadas arbitradas no plano topográfico, geodésicas ou UTM, p. ex.), para que se evite a translação da representação.
c) A **orientação da representação**, geralmente materializando o meridiano e/ou determinado o ângulo que esse meridiano forma com uma direção perfeitamente definida no campo (azimute da mira), para que se evite a rotação da representação.

Por muito tempo, essa orientação de trabalhos topográficos foi realizada com a materialização da meridiana magnética, utilizando principalmente a bússola (e declinatória), definindo-se assim o azimute magnético do 1º alinhamento. A orientação dos trabalhos geodésicos dava-se pela determinação do azimute astronômico da mira, ou da linha de base entre dois marcos geodésicos, por processos astronômicos. A orientação magnética, em razão do movimento "relativamente aleatório" dos polos magnéticos, sendo esses definidores da direção norte-sul magnética, trazia inconvenientes em sua materialização e aviventação futura.

Considerando que o posicionamento torna-se cada vez mais de cunho global, impulsionado, principalmente, pelo rastreio de satélites, a orientação com base na meridiana magnética tornou-se cada vez mais obsoleta por ser local (varia no tempo e no espaço). Além disso, os equipamentos modernos (estações totais e receptores por satélites, p. ex.) não são portadores de bússolas.

A determinação do azimute astronômico, por meio de observações astronômicas, requeriam equipamentos de precisão, cobertura do céu visível e tempo de medição considerável, sem obter uma precisão compatível com algumas aplicações topográficas. A prática se tornava "custosa", e também acabou caindo em desuso.

Considerando os vários sistemas de referência da Topografia e da Geodésia, em função dos diferentes modelos de projeção, as meridianas têm características específicas. Qualquer ângulo tomado em relação à meridiana será denominado **azimute**. Ainda, esses ângulos assumem a nomenclatura característica da "meridiana de origem". Por exemplo, se a meridiana de referência é a verdadeira, tem-se um azimute verdadeiro.

Define-se como meridiano de um ponto A a linha que une os polos e passa por este ponto A (ver definição de plano meridiano no Capítulo 1). Considerando outro ponto B, o ângulo formado entre este meridiano, de A→B, será denominado azimute de A para B. A seguir, apresentamos uma descrição sucinta de quatro meridianos adotados em Topografia e Geodésia (magnético, verdadeiro, geodésico de quadrícula), abordando brevemente a técnica de sua materialização.

» Meridiano magnético

Considerando que a Terra tem propriedades de um grande "magneto", as extremidades da agulha de uma bússola são atraídas por duas forças atuando em dois pontos diametralmente opostos, que são os polos magnéticos da Terra, os quais não coincidem com os polos geográficos.

A linha que une os polos magnéticos é denominada **meridiano magnética**. O goniômetro utilizado para materializar a linha norte-sul magnética é a bússola, e o azimute obtido é denominado **azimute magnético**.

» Meridiano verdadeiro, astronômico ou geográfico

Este meridiano é definido pelos polos norte-sul verdadeiros, astronômicos ou geográficos e considera a figura do geoide. Sua determinação pode ser executada com as seguintes técnicas:

- Em função da distância zenital absoluta de um astro (Sol ou estrela) e cálculos da astronomia de campo.
- Giroscópio: equipamento fundamentado no princípio inercial, permitindo a obtenção do norte verdadeiro.
- Determinando o azimute magnético e conhecendo a declinação magnética.
- Determinando o azimute de quadrícula e conhecendo a convergência meridiana (simplificação, adotando azimute verdadeiro igual ao geodésico).
- A partir de dois pontos de coordenadas astronômicas conhecidas.

O azimute obtido é denominado **azimute verdadeiro** ou **azimute astronômico**.

» Meridiano geodésico ou elipsóidico

O meridiano geodésico é definido pelos polos norte-sul geodésicos ou elipsóidicos, considerando a figura do elipsoide. Sua determinação pode ser executada com as seguintes técnicas:

- Determinando o azimute astronômico e associando esse ao geodésico (simplificação).
- A partir das medições das coordenadas geodésicas de dois pontos; por exemplo, pelo rastreio por satélites GPS (cálculo indireto da Geodésia).
- Conhecendo a posição do meridiano de quadrícula e a convergência meridiana.

O azimute obtido é denominado **azimute geodésico**.

» Meridiano de quadrícula ou plano

É definido pelos polos considerando a projeção cartográfica adotada. Considerando a projeção UTM, sua determinação pode ser executada com as seguintes técnicas:

- Por meio do meridiano de quadrícula de uma carta UTM (p. ex., paralelo ao meridiano central do fuso UTM).
- A partir das medições das coordenadas UTM de dois pontos; por exemplo, pelo rastreio por satélites GPS (cálculo indireto da Geodésia).
- Conhecendo a posição do meridiano verdadeiro e a convergência meridiana (simplificação).

O azimute obtido é denominado **azimute de quadrícula** ou **azimute plano**.

» Relações angulares entre os meridianos

Como visto, os azimutes são definidos em função do meridiano no qual se deu a origem. Existem algumas relações entre esses meridianos, como:

- Declinação magnética
- Convergência meridiana

Declinação magnética

A **declinação magnética** é o ângulo formado entre o meridiano magnético e o meridiano verdadeiro (ou geográfico). Com relação à posição dos meridianos, a declinação magnética pode ser (Fig. 2.39):

- **Ocidental:** meridiano magnético à esquerda do meridiano verdadeiro.
- **Oriental:** meridiano magnético à direita do meridiano verdadeiro.
- **Nula:** coincidência entre os dois meridianos.

Atualmente, no Brasil, a declinação é **ocidental**.

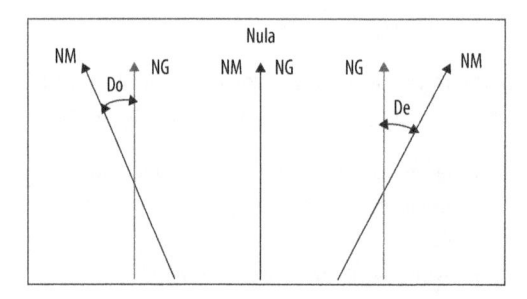

Figura 2.39 Declinação magnética.

O valor da declinação magnética é variável, podendo ocorrer tanto no espaço (variações geográficas) quanto no tempo (variações diurnas, mensais, anuais e seculares), além de acidental.

Os processos de determinação da declinação magnética podem ser por métodos da astronomia de campo por magnetômetros e pelos mapas isogônicos e isopóricos.

Considerando os mapas isogônicos e isopóricos, há:

- Linhas isogônicas: linhas que têm o mesmo valor de declinação magnética.
- Linhas isopóricas: linhas que têm o mesmo valor de variação anual desta declinação.

O cálculo da declinação magnética, por meio da carta isogônica/isopórica, pode ser dado pela seguinte expressão:

$$DM = C_{ig} + [(A + F_a) \cdot (C_{ip})], \tag{20}$$

onde

$DM \rightarrow$ declinação magnética
$C_{ig} \rightarrow$ curva isogônica (valor angular interpolado)
$C_{ip} \rightarrow$ curva isopórica (valor angular interpolado)
$A \rightarrow$ diferença entre o ano de construção da carta e o ano da observação (p. ex., 1980 para 1982 = 02);
$F_a \rightarrow$ fração do ano.

A fração do ano pode ser dividida por período de dias no mês, por exemplo:

01 jan – 19 jan – 0,0
20 jan – 24 fev – 0,1
25 fev – 01 abr – 0,2
02 abr – 07 maio – 0,3
08 maio – 13 jun – 0,4
14 jun – 19 jul – 0,5

20 jul – 25 ago – 0,6
26 ago – 30 set – 0,7
01 out – 06 nov – 0,8
07 nov – 12 dez – 0,9
13 dez – 31 dez – 1,0

Exemplo 2.29 *Calcule a declinação magnética para São Luís (MA) em 01 de julho de 2012. Considere a $C_{ig} = -19°\ 45'$, carta de 1980 e $C_{ip} = -5,2'$/ano.*

Solução:

$DM = -19°\ 45' + [(32 + 0,5) \cdot (-5,2')]$

$DM = -19°\ 45' - 169'$

$DM = -22°\ 34'$ (ou 22° 34' ocidental ou 22° 34'W)

Exemplo 2.30 *Calcule a declinação magnética para Belo Horizonte em 30 de outubro de 2012.*

Solução:

Isogônicas (interpolação)

1 cm → 1°
0,4 cm → x°

$$x° = \frac{0,4\text{ cm} \cdot 1°}{1\text{ cm}} = 0,4°$$

Isopóricas (interpolação)

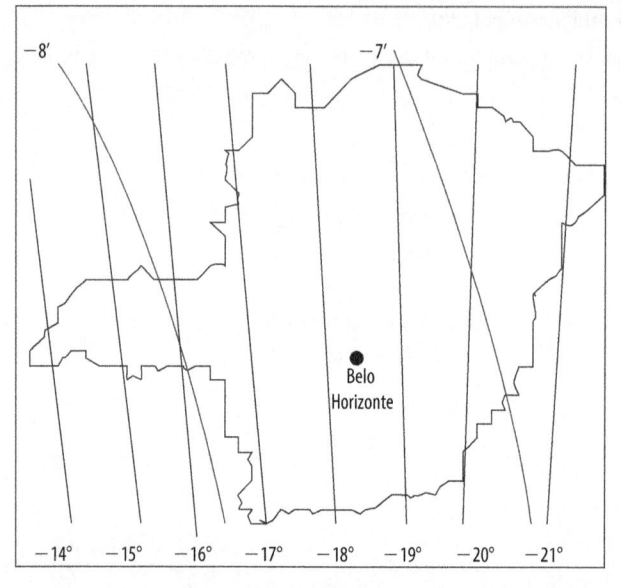

4,5 cm → 1'
2,0 cm → x'

$$x' = \frac{2,0\text{ cm} \cdot 1'}{4,5\text{ cm}} = 0,44'$$

Figura 2.40 Simulação de cálculo da declinação para BH – mapa de 1980.

$DM = C_{ig} + [\,(A + F_a) \cdot (C_{ip})\,]$

$DM = -18,4° + [\,(32 + 0,8) \cdot (-7,44')\,]$

$DM = -18,4° - 244,03'$

$DM = -18°\,24' - 4°\,04'\,02'' = -22°\,28'\,02''$ ($22°\,28'\,02''$ W – ocidental)

Exemplo 2.31 *Considere o azimute magnético A-B = 40° 30' em 1980. Qual será o valor desse azimute magnético A-B e o valor do azimute verdadeiro em 30/10/2012 em Belo Horizonte?*

Solução:

Azimute magnético A-B no ano 2012,8 = 40° 30' + 4° 04' 02" = 44° 34' 02"

Azimute verdadeiro A-B no ano 2012,8 = 40° 30' − 18° 24' = 22° 06'

ou

Azimute verdadeiro A-B no ano 2012,8 = 44° 34' 02" − 22° 28' 02" = 22° 06'

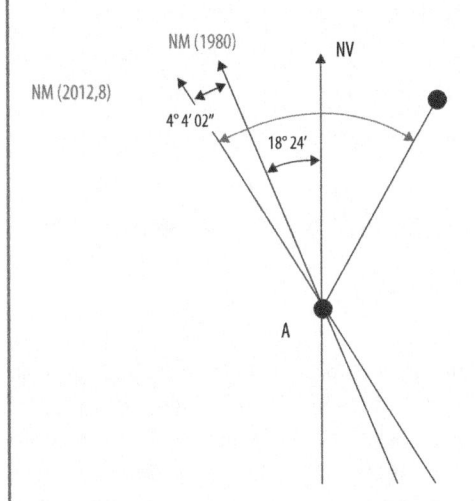

Figura 2.41 Azimutes magnético e verdadeiro.

Há formas de predição do valor da declinação magnética para determinada posição geográfica, que pode ser calculada com *software* encontrados na Internet, como:

• Modelo do International Geomagnetic Reference Field (IGRF), no site do Observatório Nacional.
• Modelo do International Geomagnetic Reference Field (IGRF), no site do National Geophysical Data Center (NGDC).
• Modelo do International Geomagnetic Reference Field (IGRF) e download do programa DMAG, escrito por Luiz Ricardo Mattos, pelo site da Revista *A Mira*.

>> **NO SITE**
Visite o ambiente virtual de aprendizagem para ter acesso aos links.

> **Exemplo 2.32** *Calcule a declinação magnética para Belo Horizonte em 02 de outubro de 2012.*
>
> *Dados:*
>
> *Coordenadas Belo Horizonte, CEFET/MG:*
> $\phi = 19°\,55'\,48''\,S$
> $\lambda = 43°\,58'\,38''\,W$
> *Datum WGS-84*
> *Altitude* $= 890\,m$
>
> *Solução:*
>
> Declinação magnética $= -22{,}32°$, ou seja, $-22°\,19'\,12''$, pelo *software* do Observatório Nacional;
>
> Declinação magnética $= -22°\,19'\,30''$, pelo *software* DMAG.

Observe que, pela carta (Exemplo 2.31), temos um valor diferente em razão de possível erro na interpolação das isogônicas/isopóricas.

Convergência meridiana

A **convergência meridiana** é o ângulo (C) que, em determinado ponto P, é formado pela tangente ao meridiano desse; e, à paralela, ao meridiano central. Simplificando, a convergência meridiana é o ângulo formado entre o norte verdadeiro e o norte de quadrícula. A convergência meridiana é utilizada para transformar o azimute verdadeiro, determinando, por exemplo, por via astronômica, em azimute plano (norte de quadrícula), e vice-versa. O azimute plano é utilizado, em Geodésia, no cálculo do transporte de coordenadas planas sistema UTM (E, N).

O sentido da convergência meridiana pode estar nas seguintes posições, considerando o hemisfério terrestre e a posição relativa ao meridiano central (Fig. 2.42):

• C com valor positivo:
  • no hemisfério sul – lado oeste do MC
  • no hemisfério norte – lado leste do MC

• C com valor negativo:
  • no hemisfério sul – lado leste do MC
  • no hemisfério norte – lado oeste do MC

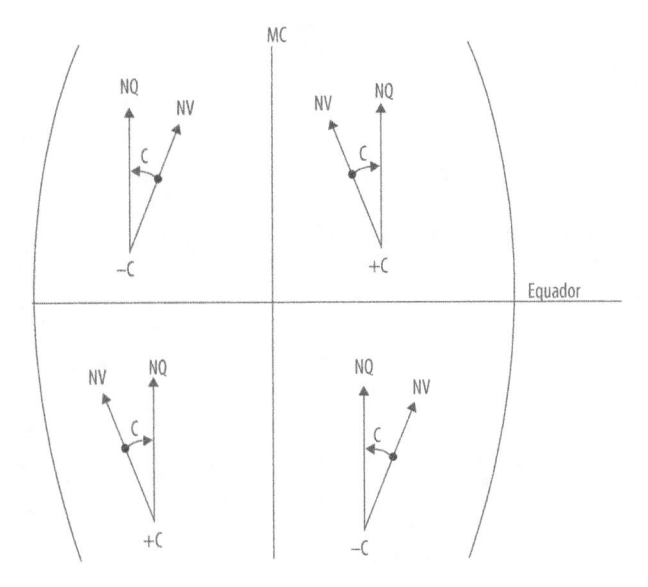

Figura 2.42 Sinal da convergência meridiana.

Atualmente, com o uso dos receptores por satélites GPS, há a possibilidade de obter as coordenadas UTM (ou geodésicas) com certa facilidade. Dessa forma, calcula-se o azimute de quadrícula de uma base (dois pontos considerados) e, de posse da convergência meridiana, determina-se a posição do norte verdadeiro.

O azimute plano (ou de quadrícula) entre dois pontos pode ser dado pela seguinte expressão:

$AzQ_{A \rightarrow B} = atg\ [(E_B - E_A) / (N_B - N_A)]$.

O formulário de cálculo da convergência não será apresentado aqui, porém seu cálculo pode ser obtido por diversas rotinas encontradas gratuitamente na Internet. O programa DMAG, citado anteriormente, possibilita esse cálculo.

Exemplo 2.33 *Considerando dois pontos de coordenadas UTM, calcule o azimute de quadrícula deste alinhamento, a convergência meridiana e o azimute verdadeiro.*

Coordenadas Belo Horizonte-MG, CEFET/MG:
Ponto A
$E = 606.935\ m$
$N = 7.795.930\ m$
Ponto B
$E = 607.089\ m$
$N = 7.795.960\ m$

Exemplo 2.33 *Continuação*

Solução:

Azimute de quadrícula = $AzQ_{A \to B}$ = atan $[(E_B - E_A) / (N_B - N_A)]$ = 78° 58' 36";

Convergência meridiana = −0° 20' 56" (com o programa DMAG);

Azimute verdadeiro = −78° 37' 40".

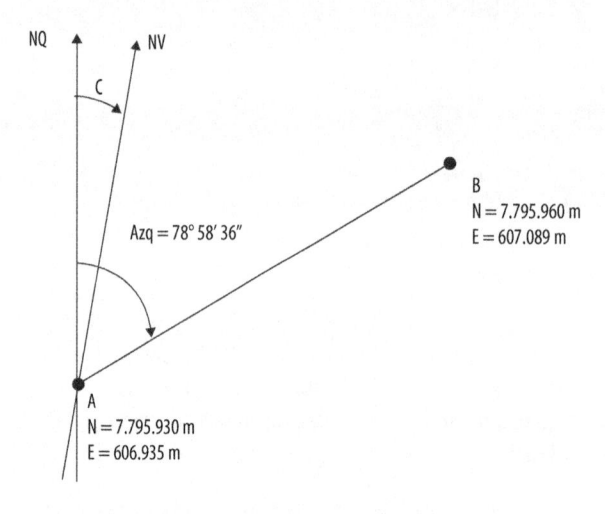

Figura 2.43 Cálculo da convergência.

Apesar das várias opções de técnicas de orientação apresentadas anteriormente, observa-se, nas práticas topográficas corriqueiras, a seguinte metodologia para se orientar poligonais e plantas topográficas:

a) Implantar dois pontos de coordenadas geodésicas (ou UTM), sendo um desses como referência de partida da poligonação.
b) Calcular o azimute de quadrícula dessa referência.
c) Calcular a convergência meridiana dessa referência e calcular o azimute geodésico/verdadeiro.
d) Determinar, caso necessário, a posição da meridiana magnética.

❯❯ Métodos de levantamento planimétrico

O conjunto de processos e operações realizado para obtenção de medidas no terreno (ângulos e distâncias) capaz de definir um trecho da superfície terrestre, com objetivo de representá-lo em planta, denomina-se **levantamento topográfico**.

Segundo a ABNT (1994) – Execução de Levantamento Topográfico, o levantamento topográfico, em qualquer de suas finalidades, deve ter, no mínimo, as seguintes fases:

a) Planejamento e seleção de métodos e aparelhagem
b) Apoio topográfico
c) Levantamento de detalhes
d) Cálculos e ajustes
e) Original topográfico
f) Desenho topográfico final
g) Relatório técnico

A norma explicita que, ao final de todo e qualquer levantamento topográfico ou serviço de Topografia, o relatório técnico deve conter, no mínimo, os seguintes tópicos:

a) Objeto
b) Finalidade
c) Período de execução
d) Localização
e) Origem (Datum)
f) Precisões obtidas
g) Quantidades realizadas
h) Relação da aparelhagem utilizada
i) Equipe técnica e identificação do responsável técnico
j) Documentos produzidos
k) Memórias de cálculo, destacando-se
   • Planilhas de cálculo das poligonais
   • Planilhas das linhas de nivelamento

Quando o levantamento se destinar à identificação dominial do imóvel, são necessários outros elementos complementares, como: perícia técnico-judicial, memorial descritivo, etc.

O **memorial descritivo** de uma propriedade é um documento solicitado pelo Cartório de Registro de Imóveis e contém a descrição do imóvel, como:

- Nome da propriedade e do proprietário
- Perímetro limítrofe, descrevendo os ângulos horizontais e as distâncias que definem a área
- Endereço e nome dos confrontantes
- Área, perímetro, nome do profissional, registro de classe

A Figura 2.44 apresenta o modelo de memorial descritivo, sugerido pelo Incra, e título de Georreferenciamento de imóveis rurais. Observe, neste modelo, o seguinte cabeçalho sugerido:

Modelo de memorial descritivo.

MEMORIAL DESCRITIVO

Imóvel: Comarca:
Proprietário:
Munícipio: U.F:
Matrícula: Código Incra:
Área (ha):   Perímetro (m):

Inicia-se a descrição deste perímetro no vértice MHJ-M-0001, de coordenadas N 8.259.340,39m e E 196.606,83m, situado no limite da faixa de domínio da Estrada Municipal, que liga Carimbo a Pirapora e nos limite da Fazenda Santa Rita, código Incra...; deste, segue confrontando com a Fazenda Santa Rita, com os seguintes azimutes e distancias: 96°24'17" e 48,05 m até o vértice MHJ-M-0002, de coordenadas N 8.259.335,03m e E 196.654,58m; 90°44'06" e de 25,72 m até o vértice MHJ-M-0003, de coordenadas N 8.259.334,70m e E 196.680,30m; 98°40'35" e 79,35 m até o vértice MHJ-M-0004, de coordenadas N 8.259.334,70m e E 196.680,30m; 98°40'39" e 32,41 m até o vértice MHJ-M-0005, de coordenadas 8.259.317,84m e E 196.790,78m, situado na margem esquerda do córrego da Palha; deste, segue pelo referido córrego a montante, com os seguintes azimutes e distancias: 167°39'33" e 10,57 m até o vértice MHJ-P-0001, de coordenadas N 8.259.307,51m e E 196.793,04m; 170°58'05" e 10,06 m até o vértice MHJ-P-0002, de coordenadas N 8.259.297,57m e E 196.794,62m; 180°32'08" e 9,63 m até o vértice MHJ-P-0003, de coordenadas N 8.259.285,39m e E 196.794,08m; 199°50'29" e 9,66 m até o vértice MHJ-P-0004 de coordenadas N 8.259.276,30m e E 196.790,80m; 208°30'56" e 10,12 m até o vértice MHJ-P-0005, de coordenadas N 8.259.267,41m e E 196.785,97m; 209°06'51" e 10,26 m até o vértice MHJ-P-0006 de coordenadas N 8.259.258,45m e E 196.780,98m; 201°49'21" e 10,06 m até o vértice MHJ-P-0007 de coordenadas N 8.259.249,11m e E 196.777,24m; 188°11'44" e 9,89 m até o vértice MHJ-M-0006 de coordenadas 8.259.239,32m e 196.775,83m, situado na margem esquerda do córrego da Palha e divisa da Fazenda São José, código Incra...; deste, segue confrontando com a Fazenda São José com os seguintes Azimutes e distâncias: 276°11'31" e 30,32 m até o vértice MHJ-M-0007 de coordenadas N 8.259.242,59m e E 196.145,69m; 282°03'45" e 152,17 m até o MHJ-M-0008 de coordenadas N 8.259.274,39m e E 196.596,88m, situado da divisa da Fazenda São José e limite da faixa de domínio da estrada municipal que liga Carimbó a Pirapora; deste, segue pela limite da faixa de domínio da Estrada Municipal, com os seguintes azimutes e distâncias: 347°08'31" e 17,93 m até o vértice MHJ-P-0008 de coordenadas N 8.259.291,87m e E 196.592,89m; 02°56'12" e 15,03 m até o vértice MHJ-P-0009 de coordenadas N 8.259.306,88m e E 196.593,66m; 25°49'11" e 12,03 m até o vértice MHJ-P-0010 de coordenadas N 8.259.317,71m e E 196.598,90m; 19°16'19" e 24,03 m até o vértice MHJ-M-0001, ponto inicial da descrição deste perímetro. Todas as coordenadas aqui descritas estão georreferenciadas ao Sistema Geodésico Brasileiro, a partir da estação ativa da RBMC de Brasília, de coordenadas E... e N..., e encontram-se representadas no Sistema UTM, referenciadas ao Meridiano Central nº 45 WGr, tendo como datum o SAD-69. Todos os azimutes e distâncias, área e perímetro foram calculados no plano de projeção UTM.

Brasília,   de   de 2003

Resp. Técnico   Eng. Agrimensor CREA...
Código Credenciamento...   ART...

Figura 2.44   Modelo de memorial descritivo.
Fonte: Instituto Nacional de Colonização e Reforma Agrária (c2012).

1. Imóvel
2. Proprietário
3. Município
4. Matrícula do imóvel
5. Área (ha)
6. Comarca
7. Unidade federativa
8. Código do imóvel (CCIR) no Incra
9. Perímetro (m)

O levantamento topográfico está diretamente relacionado aos dados a serem coletados em campo e à sua representação, podendo ser:

• **Planimétrico:** são coletados ângulos horizontais e verticais e distâncias horizontais, onde esses são projetados em um mesmo plano horizontal.
• **Altimétrico:** são coletados elementos para definir as diferenças de nível entre os pontos, projetados em um plano vertical (perfil) (Capítulo 3).
• **Planialtimétrico:** são coletados dados planimétricos e altimétricos com objetivo de representá-los (Capítulo 4).

Ainda, em conformidade com as circunstâncias em que se opera no campo e seu objetivo, o levantamento pode ser classificado em:

• **Expedito:** uso de instrumentos de baixa precisão. Sua execução é fácil e rápida.
• **Comum:** uso de instrumental mais aprimorado e de métodos de medições mais rigorosos.
• **De precisão:** uso de instrumentos de alta precisão, propiciando maior aperfeiçoamento nas medições.

Tendo em vista a sistematização do estudo dos métodos de levantamento planimétrico, que são baseados em princípios matemáticos diversos, e considerando a importância e a precisão, os métodos podem ser classificados como **principais** e **secundários**.

» Métodos principais e secundários

Métodos principais

Os métodos definidos como principais estão relacionados com a maior utilização de métodos em campo, servindo geralmente para implantação de pontos de apoio para o levantamento topográfico e, consequentemente, solicitando maiores rigidez e controle. São exemplos de métodos principais:

a) Triangulação

O processo de triangulação é o método baseado em uma série de interseções sucessivas ou encadeadas, em que se mede uma única distância (base) e todos os ângulos dos triângulos formados (Fig. 2.45). É considerado um método muito preciso e foi utilizado para densificar a rede geodésica nacional. A triangulação privilegia a obtenção dos ângulos em detrimento das distâncias de um triângulo. Atualmente, este método é pouco utilizado em práticas topográficas.

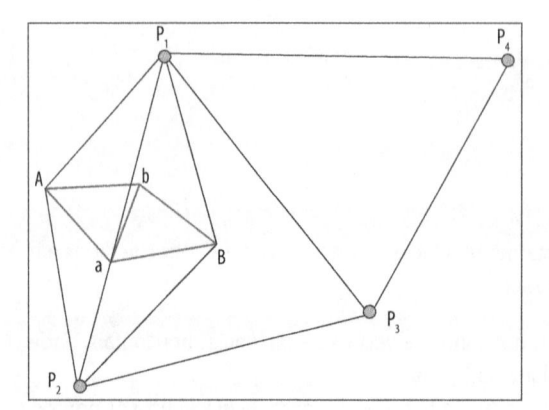

Figura 2.45 Levantamento por triangulação.

b) **Caminhamento (ou poligonação)**

Consiste na medição de ângulos e distâncias resultando em uma sucessão de alinhamentos. Na Figura 2.46, há um exemplo de um caminhamento, em que são avaliados os ângulos horários e as distâncias (pelo processo direto ou indireto). Esta poligonação pode partir de um ponto e retornar a esse mesmo ponto (poligonal em *looping*) ou partir de um ponto e chegar a outro ponto (poligonal aberta). É o método mais utilizado para levantamentos topográficos, com uso de teodolito e da estação total.

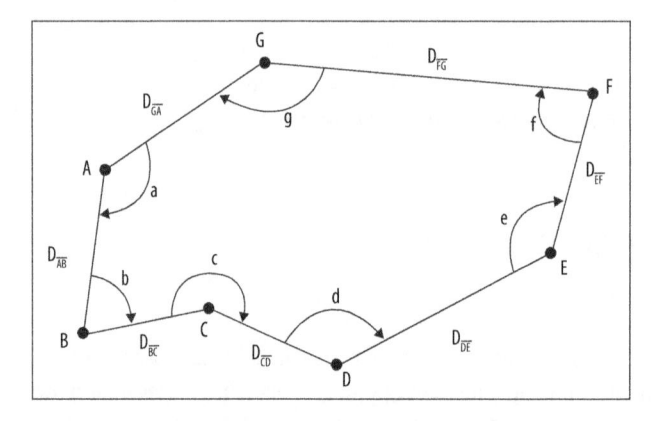

Figura 2.46 Levantamento por caminhamento.

c) **Interseção (ângulos e distâncias)**

Este processo desenvolve-se pela interseção de ângulos ou de distâncias. É um método utilizado em situações em que haja apenas três elementos de um triângulo e os outros três a determinar. Para tal, considere o exemplo de duas distâncias e um ângulo medidos em campo e os demais ângulos e distância a determinar. Geralmente, é utilizado para determinar pontos inacessíveis, como será apresentado em um exemplo mais adiante.

• **Interseção de ângulos**

A posição do ponto C é definida pela medição dos ângulos a e b e pela distância do lado AB (Fig. 2.47). Os elementos podem ser calculados utilizando a fórmula do somatório dos ângulos de um polígono e a lei dos senos.

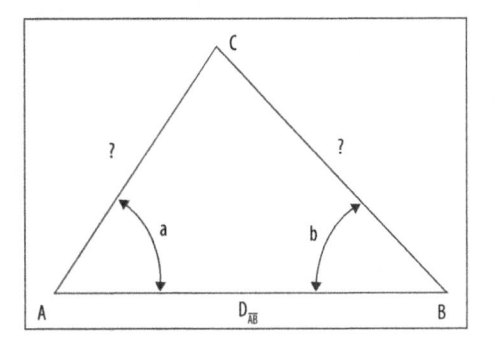

Figura 2.47 Levantamento por interseção de ângulos.

As seguintes fórmulas são aplicadas à técnica:

Somatório dos ângulos: $\sum \text{ângulos} = 180° \cdot (n \pm 2)$ \hfill (21)

Lei dos senos: $\dfrac{\text{sen a}}{D_{BC}} = \dfrac{\text{sen b}}{D_{AC}} = \dfrac{\text{sen c}}{D_{AB}}$ \hfill (22)

• **Interseção de distâncias**

A posição do ponto C é definida pela medição de dois lados e pelo ângulo formado entre esses. Seus elementos podem ser determinados pela fórmula do cosseno (Fig. 2.48).

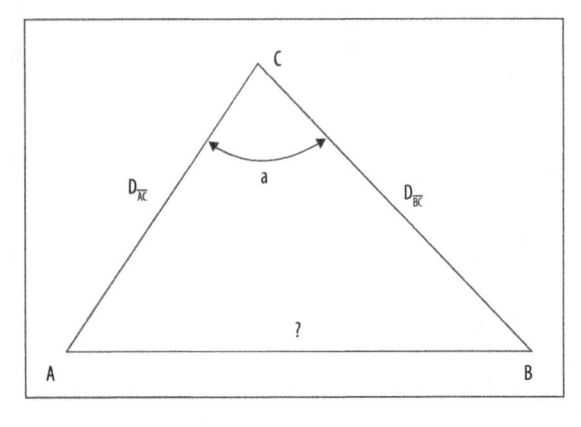

Figura 2.48 Levantamento por interseção de distâncias.

Fórmula do cosseno:

$$\overline{AB}^2 = \overline{AC}^2 + \overline{BC}^2 - 2 \cdot \overline{AC} \cdot \overline{BC} \cdot \cos \alpha \qquad (23)$$

Exemplo 2.34 *Dados a distância da base P_0-P_1 e os ângulos formados a dois pontos inacessíveis A e B, e considerando os métodos de interseção de lados e de distância e suas respectivas fórmulas, calcule a distância AB (Fig. 2.49).*

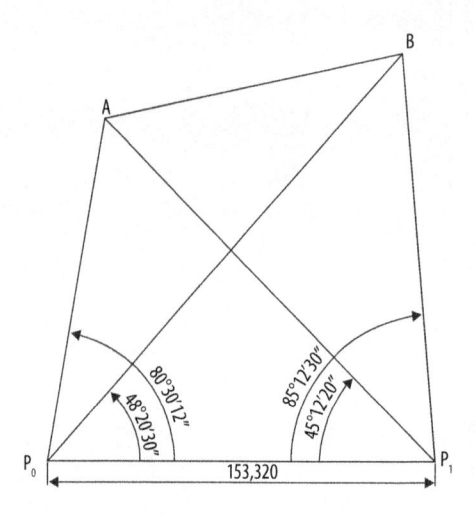

Figura 2.49 Pontos inacessíveis.

Solução:

1. Cálculo das distâncias $\overline{P_0A}$ e $\overline{P_1A}$ (Lei dos senos) (Fig. 2.50):

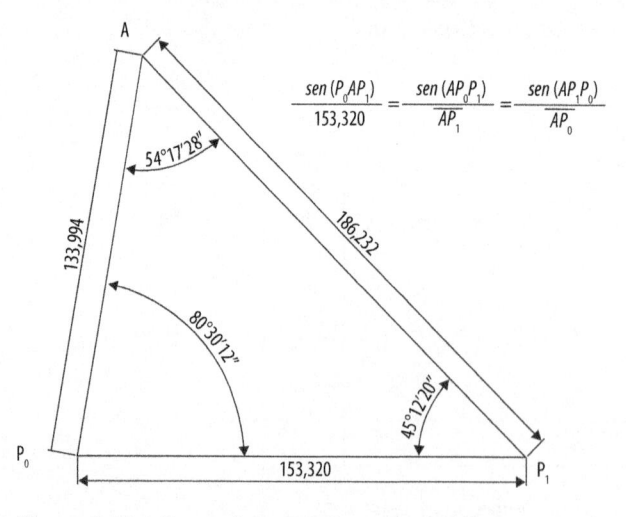

$$\frac{\operatorname{sen}(P_0AP_1)}{153,320} = \frac{\operatorname{sen}(AP_0P_1)}{\overline{AP_1}} = \frac{\operatorname{sen}(AP_1P_0)}{\overline{AP_0}}$$

Figura 2.50 Pontos inacessíveis – solução I.

2. Cálculo das distâncias $\overline{P_0B}$ e $\overline{P_1B}$ (Lei dos senos) (Fig. 2.51):

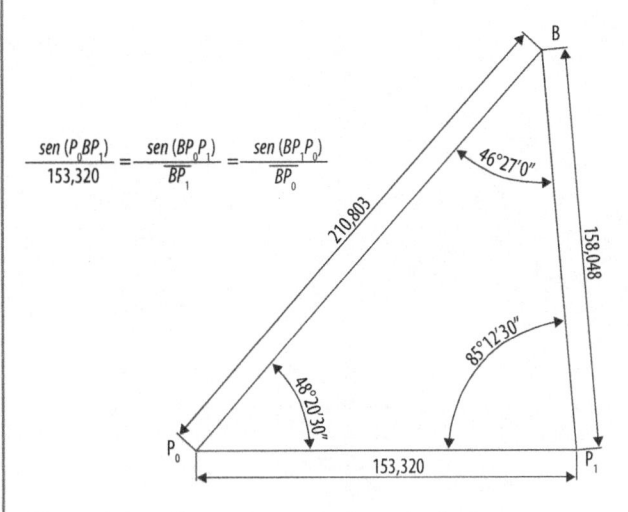

$$\frac{sen\,(P_0BP_1)}{153{,}320} = \frac{sen\,(BP_0P_1)}{\overline{BP_1}} = \frac{sen\,(BP_1P_0)}{\overline{BP_0}}$$

Figura 2.51 Pontos inacessíveis – solução II.

3. Cálculo da distância A-B (Fórmula do cosseno) (Fig. 2.52):

$$\overline{AB} = \sqrt{\left(\overline{P_0A}\right)^2 + \left(\overline{P_0B}\right)^2 - 2\cdot\overline{P_0A}\cdot\overline{P_0B}\cdot\cos(AP_0B)} = 120{,}700\text{ m}$$

ou

$$\overline{AB} = \sqrt{\left(\overline{P_1A}\right)^2 + \left(\overline{P_1B}\right)^2 - 2\cdot\overline{P_1A}\cdot\overline{P_1B}\cdot\cos(AP_1B)} = 120{,}700\text{ m}$$

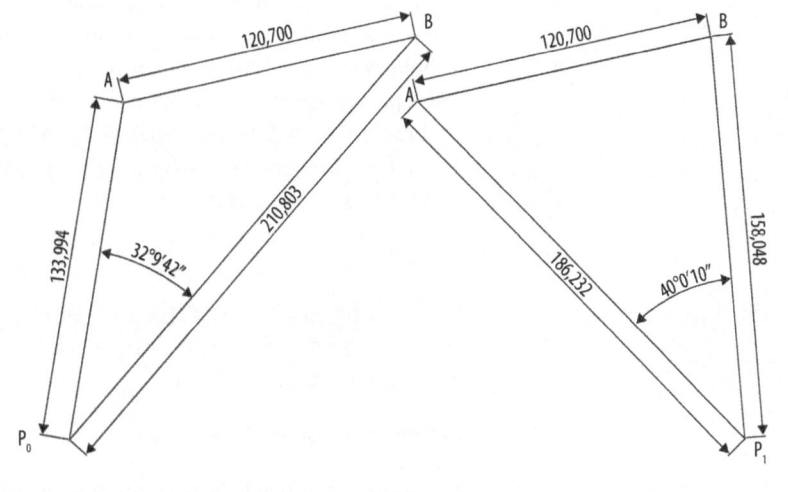

Figura 2.52 Pontos inacessíveis – solução III.

Exemplo 2.34 *Continuação*

4. Resumo de cálculo (Fig. 2.53)

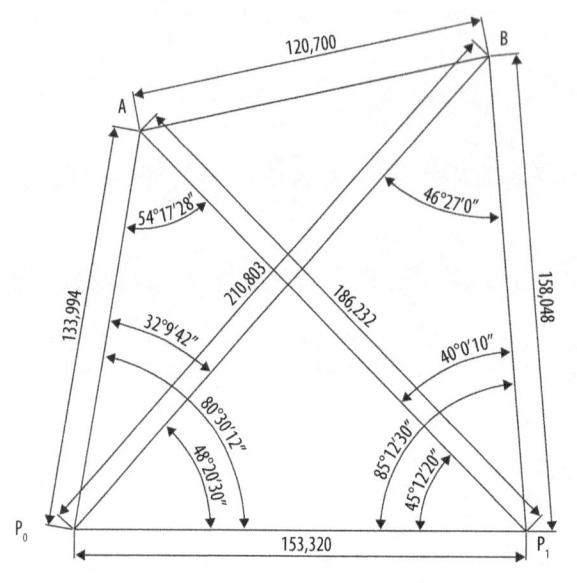

Figura 2.53 Pontos inacessíveis – solução IV.

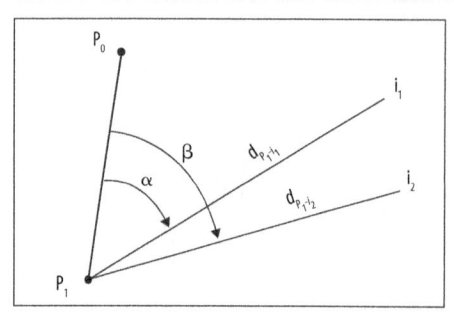

Figura 2.54 Levantamento por irradiação.

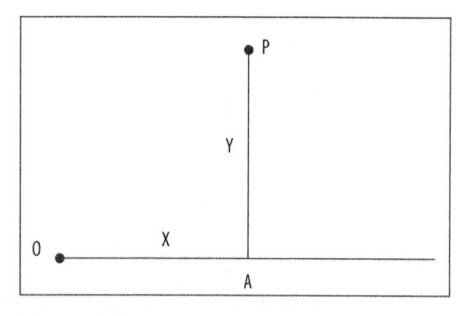

Figura 2.55 Levantamento por coordenadas retangulares.

Métodos secundários

Os métodos definidos como secundários são aqueles utilizados eventualmente durante um levantamento topográfico. Geralmente são aplicados para levantar aspectos naturais e artificiais, "amarrando" as informações à poligonal principal, a qual foi concebida pelos métodos principais já apresentados. Pode-se citar:

a) Irradiação

A posição dos pontos irradiados é determinada por um ângulo e uma distância a partir de um ponto da poligonal principal (Fig. 2.54).

b) Coordenadas retangulares

A posição do ponto P é definida por duas distâncias perpendiculares (abscissa e ordenada) a partir de um ponto da poligonal (Fig. 2.55).

» Poligonal topográfica

Uma poligonal topográfica é uma sucessão de alinhamentos topográficos. Quando tem caráter de representar o arcabouço do levantamento de uma área, é denominada **poligonal básica** ou **principal**. Para materialização da poligonal principal são utilizados os métodos principais vistos anteriormente, sendo mais utilizado o **processo por caminhamento** ou **poligonação**.

A partir de pontos da poligonal principal, todos os elementos naturais e artificiais que são de interesse ao cadastro são levantados utilizando métodos secundários, principalmente o uso do processo por **irradiação**.

Caso a localidade a ser representada, seja urbana ou rural, tenha dimensões excessivas ou obstáculos nas visadas aos elementos de interesse, pode-se materializar poligonais secundárias criadas a partir de pontos da poligonal principal. Para perfeita rigidez e controle dos erros de fechamento angular e linear, é interessante que a poligonal comece e termine em pontos da poligonal principal. Essas poligonais são denominadas **poligonais internas secundárias** ou **auxiliares**.

Conforme a ABNT (1994), a poligonal principal determina os **pontos do apoio** topográfico de primeira ordem. Uma poligonal secundária é aquela que, apoiada nos vértices da poligonal principal, determina pontos de apoio topográfico de segunda ordem. A poligonal auxiliar é aquela que, baseada nos pontos de apoio planimétrico, tem seus vértices distribuídos na área ou faixa a ser levantada, de forma que seja possível coletar, direta ou indiretamente, por irradiação, interseção ou por ordenadas sobre uma linha-base, os pontos de detalhe julgados importantes, que devem ser estabelecidos pela escala ou pelo nível de detalhamento do levantamento (Fig. 2.56).

> **» DEFINIÇÃO**
> **Pontos de apoio** são pontos, convenientemente distribuídos, que amarram o levantamento topográfico ao terreno e que, por isso, devem ser materializados por estacas, piquetes, marcos de concreto, pinos de metal, tinta, dependendo da sua importância e permanência.

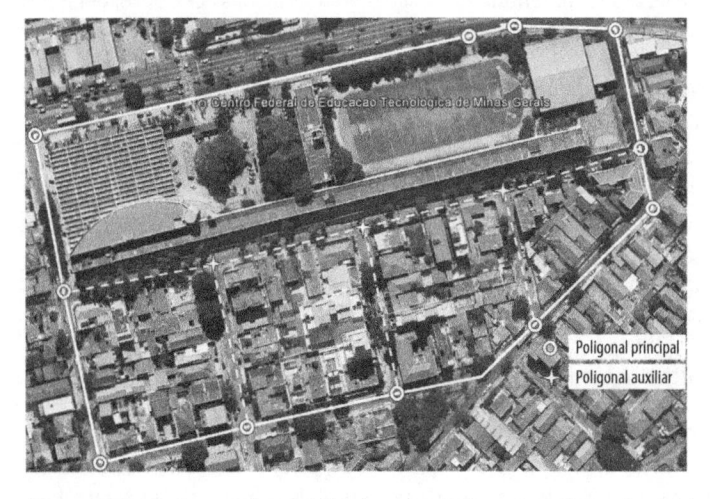

Figura 2.56 Croqui da posição de pontos de uma poligonal principal e poligonais auxiliares.
Fonte: Google (c2013).

Todos os pontos da poligonal topográfica (sejam principais, secundários ou irradiados) são denominados **pontos topográficos**. Esses pontos definem a área levantada topograficamente, podendo ser:

• Naturais: são pontos que já existiam no terreno e foram objetos de levantamento (torre de igreja, árvores, postes, pontes, prédios, etc.)
• Artificiais: são pontos implantados ou assinalados no terreno especificamente para execução do levantamento topográfico (piquetes, marcas de tinta, marcos geodésicos, referências de nível (RNs), etc.).

Na demarcação desses pontos (Fig. 2.57) há:

• Piquetes: geralmente fabricados de madeira, são utilizados para demarcar o ponto topográfico.
• Estacas testemunhas: também de madeira, geralmente são colocadas ao lado do piquete, para auxiliar na localização e na identificação do ponto topográfico, ou em obras de terraplenagem, com indicação de alturas de corte/aterro.
• Marcos: têm função similar à dos piquetes, mas são mais resistentes às intempéries. A instrução técnica NS. DGC-Nº29/88 do IBGE apresenta a padronização dos marcos geodésicos.

Em alguns pontos de apoio, no caso de usos futuros, constrói-se a "monografia do ponto", a qual apresenta algumas informações: coordenadas do ponto, croqui de localização, data de levantamento, foto do ponto, etc. A Figura 2.58 apresenta um formulário padrão do Incra para monografia de um ponto, para serviços de georreferenciamento.

Para implantação da poligonal topográfica, além dos instrumentos principais necessários à avaliação de ângulos e distâncias (teodolitos e trena ou estação totais, já ilustrados anteriormente), são utilizados alguns acessórios, definidos a seguir e apresentados na Figura 2.59.

• Nível de cantoneira: aparelho em forma de cantoneira e dotado de bolha circular que permite a verticalidade da baliza ou do prisma. Pode ser conjugado ou livre, à baliza ou bastão.
• Balizas: hastes de aço (metalon, p. ex.) ou de madeira (pouco usual), de comprimento igual a 2 metros. Geralmente são arredondadas e pintadas com cores contrastantes (vermelho e branco, a cada 5 metros) para visualização nos meios urbano e rural. Têm uma ponteira (geralmente de aço) para apoiar no ponto topográfico. Para garantir a verticalidade, pode-se fazer uso do nível de cantoneira.

São utilizadas para materialização vertical do ponto topográfico.

• Bastões: hastes de aço com a função de fixar o prisma refletor da estação total. Há no mercado alturas distintas destes bastões (entre 2,60 a 4,70 metros, ou até maiores). Pode-se conjugar ao bastão o nível de cantoneira. Para sua perfeita verticalidade, pode-se utilizar um bipé ou tripé.

> **» IMPORTANTE**
> Em locais onde a cravação de piquetes é inviabilizada (pisos asfálticos e de concreto, pátios industriais e peças mecânicas, etc.), recorre-se à cravação de pinos metálicos ou à gravação dos pontos com pintura (uso de marcador industrial, p. ex.). No caso de pintura, é importante evitar uma "pichação" excessiva (poluição visual) de logradouros e dos locais das medições.

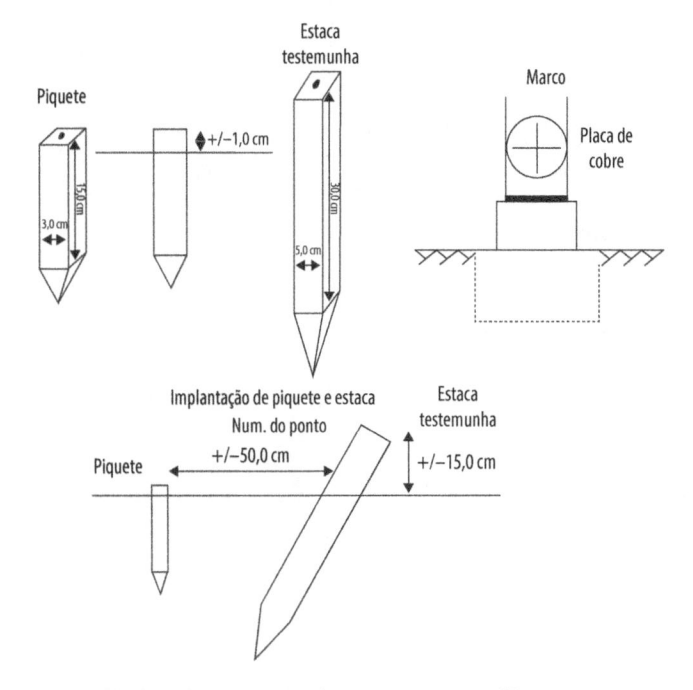

Figura 2.57 Demarcação dos pontos topográficos.

- Tripés (e bipés): fabricados em madeira ou aço (metalon), com função de fixação dos equipamentos (níveis, teodolitos, estações totais, etc.). Têm um parafuso de fixação universal para todos os equipamentos citados.
- Prisma: conjunto de espelhos que, acoplado na extremidade do bastão, permite o retorno do sinal da estação total. O modelo geralmente acompanha as especificações do modelo da estação total (como já citado, algumas estações totais permitem a visada sem o prisma).
- Miras: réguas graduadas em centímetros, com tamanhos de 2 a 4 metros. Podem ser de madeira ou aço (mais comuns) e auxiliam principalmente nas práticas de nivelamento (medição das alturas relativas entre pontos) e de estadimetria (obtenção de distâncias horizontais e verticais).

Alguns dos equipamentos listados e seus acessórios devem estar de acordo com o método e a respectiva precisão adotados para a implantação da poligonal.

Com relação ao seu desenvolvimento, a poligonal pode ainda ser classificada como poligonal **aberta** ou **fechada** (Figura 2.60). Na poligonal aberta, o ponto topográfico inicial não coincide com o final (trecho de uma estrada, trecho de um córrego, linha de transmissão de energia elétrica, trecho de um sistema de esgoto, etc.). O ponto final pode (ou não) ter coordenadas conhecidas. Quando conhecidas, será denominada poligonal aberta com controle. Na poligonal fechada, o ponto topográfico inicial coincide com o final. Também é denominada poligonal em *looping* (construção de plantas para loteamento, representação de uma bacia hidrográfica, definição de uma área urbana ou rural, etc.).

DESCRIÇÃO DA ESTAÇÃO POLIGONAL				
RESP. TÉCNICO	PROPRIETÁRIO			
	IMÓVEL/FAZENDA		POLIGONAL	MARCO/ESTAÇÃO
CÓDIGO GEOMENSOR	CÓDIGO DO IMÓVEL	MATRÍCULA DO IMÓVEL	FONTE	DATUM
E -	N -	MC -	Lat. -	Long. -

DESCRIÇÃO DO ITINERÁRIO E DA ESTAÇÃO

ESBOÇO	OBSERVAÇÕES	
	LOCAL	DATA

Figura 2.58 Exemplo de descrição de ponto de apoio – modelo Incra.
Fonte: INCRA (2010).

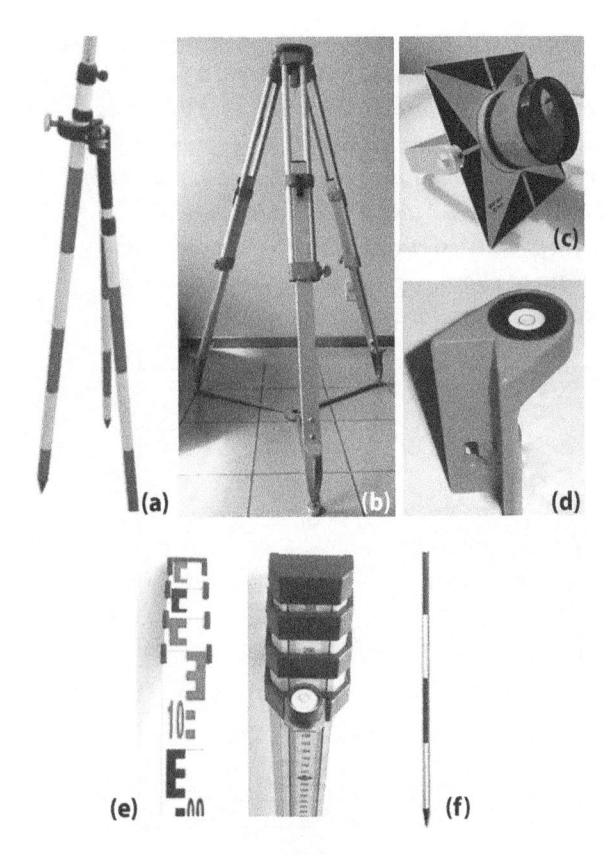

Figura 2.59 Alguns equipamentos acessórios: (a) bastão e bipé; (b) tripé; (c) prisma e suporte; (d) nível de cantoneira; (e) miras; (f) baliza.

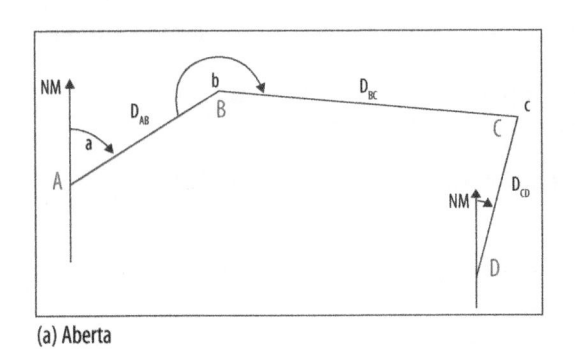

(a) Aberta

(b) Fechada

Figura 2.60 Poligonais topográficas.

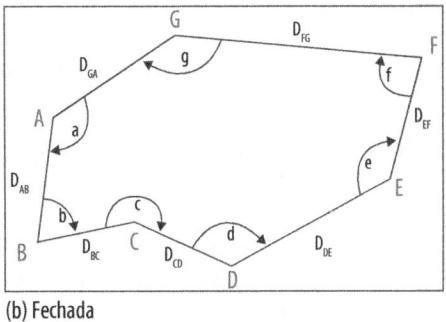

Exemplo 2.35 *Na Figura 2.61, temos uma área que foi levantada e representada em escala apropriada. Os pontos 00 a 09 são os pontos topográficos da poligonal principal, desenvolvida em looping. O córrego e a estrada foram levantados por poligonais internas auxiliares, abertas. A lagoa localizada à direita foi levantada pelo processo de irradiação. As dimensões da benfeitoria, à esquerda, foram levantadas e "amarradas" à estrada pelo processo de coordenadas retangulares.*

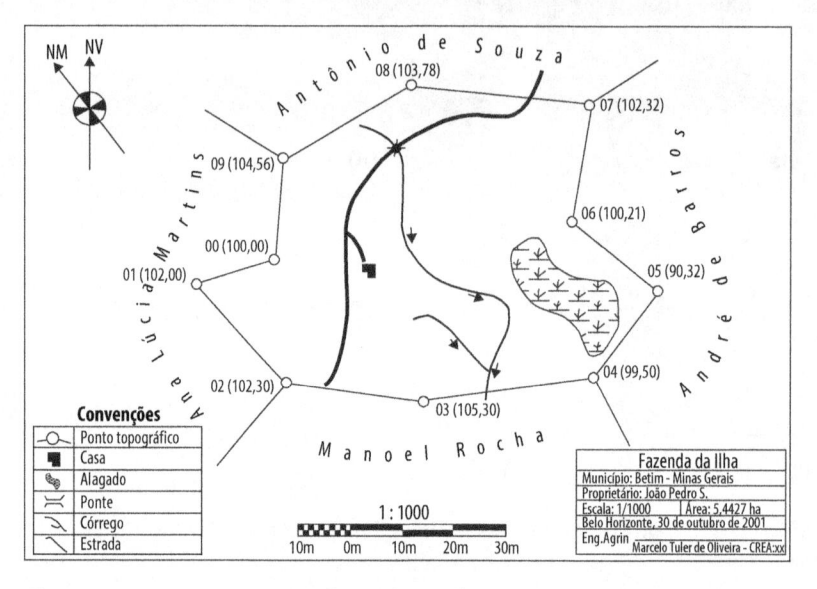

Figura 2.61 Levantamento planimétrico de uma propriedade.

Considerando a aparelhagem, os procedimentos, os desenvolvimentos e a materialização, a ABNT (1994) classifica as poligonais planimétricas em 5 classes:

1. **Classe I P.** Adensamento da rede geodésica (transporte de coordenadas).

   Medição
   • Angular: método das direções com três séries de leituras conjugadas direta e inversa, horizontal e vertical. Teodolito classe 3.
   • Linear: leituras recíprocas (vante e ré) com distanciômetro eletrônico classe 2. Correção de temperatura e pressão.

   Desenvolvimento
   • Extensão máxima (L): 50 km
   • Lado: mínimo ($D_{mín}$) → 1 km
       médio ($D_{méd}$) → ≥ 1,5 km
   • Número máximo de vértices: 11

Materialização
- Marcos de concreto ou pinos.

2. **Classe II P.** Apoio topográfico para projetos básicos, executivos, como executado, e obras de engenharia.

Medição
- Angular: método das direções com três séries de leituras conjugadas direta e inversa, horizontal e vertical. Teodolito classe 3.
- Linear: leituras recíprocas (vante e ré) com distanciômetro eletrônico classe 1. Correção de temperatura e pressão.

Desenvolvimento
- Extensão máxima (L): 15 km
- Lado: mínimo ($D_{mín}$) → 100 m
  máximo ($D_{máx}$) → ≥ 190 m
- Número máximo de vértices: 31

Materialização
- Marcos de concreto ou pinos.

3. **Classe III P.** Adensamento do apoio topográfico para projetos básicos, executivos, como executado, e obras de engenharia.

Medição
- Angular: método das direções com duas séries de leituras conjugadas direta e inversa, horizontal e vertical. Teodolito classe 2.
- Linear: leituras recíprocas (vante e ré) com distanciômetro eletrônico classe 1 ou medidas com trena de aço aferida com correções de dilatação, tensão, catenária e redução ao horizonte.

Desenvolvimento
- Extensão máxima (L): 10 km
- Lado: mínimo ($D_{mín}$) → 50 m
  máximo ($D_{máx}$) → ≥ 170 m
- Número máximo de vértices: 41

Materialização
- Marcos de concreto ou pinos no apoio topográfico. Pinos ou piquetes nas poligonais auxiliares.

4. **Classe IV P.** Adensamento do apoio topográfico para poligonais III P. Levantamentos topográficos para estudos de viabilidade em projetos de engenharia.

Medição
- Angular: método das direções com uma série de leituras conjugadas direta e inversa, horizontal e vertical. Teodolito classe 2.

- Linear: leituras recíprocas (vante e ré) com distanciômetro eletrônico classe 1 ou medidas com trena de aço aferida e controle taqueométrico com leitura dos três fios ou equivalente (teodolitos autorredutores).

Desenvolvimento
- Extensão máxima (L): 7 km
- Lado: mínimo ($D_{mín}$) $\rightarrow$ 30 m
    máximo ($D_{máx}$) $\rightarrow \geqslant$ 160 m
- Número máximo de vértices: 41

Materialização
- Pinos ou piquetes.

5. **Classe V P.** Levantamentos topográficos para estudos expeditos.

Medição
- Angular: leitura em uma só posição da luneta, horizontal e vertical, com correções de colimação, PZ (ou de índice). Teodolito classe 1.
- Linear: observações taqueométricas (vante e ré) em miras centimétricas previamente aferidas, providas de nível esférico com leitura dos três fios ou equivalente (teodolitos autorredutores).

Desenvolvimento
- Extensão máxima (L): 5 km (P – poligonal principal); 2 km (S – poligonal secundária); 1 km (A – auxiliar)
- Lado: mínimo ($D_{mín}$) $\rightarrow$ 30 m
    máximo ($D_{máx}$) $\rightarrow$ 90 m
- Número máximo de vértices: 41 (P); 21 (S); 12 (A)

Materialização
- Pinos ou piquetes

A decisão de qual classe adotar é do contratante e depende do objetivo a que se destina o levantamento.

Com relação às classes de teodolitos, distanciômetros (MED) e estações totais, citadas anteriormente, segundo a mesma norma, temos:

Teodolitos
- **Classe I.** Precisão baixa e desvio-padrão/precisão angular $\leqslant \pm\ 30''$
- **Classe II.** Precisão média e desvio-padrão/precisão angular $\leqslant \pm\ 07''$
- **Classe III.** Precisão alta e desvio-padrão/precisão angular $\leqslant \pm\ 02''$

Distânciômetros (MED)
- **Classe I.** Precisão baixa e desvio-padrão $\pm$ (10 mm + 10 ppm $\times$ D)
- **Classe II.** Precisão média e desvio-padrão $\pm$ (5 mm + 5 ppm $\times$ D)
- **Classe III.** Precisão alta e desvio-padrão $\pm$ (3 mm + 2 ppm $\times$ D)

Estações Totais
- **Classe I.** Precisão baixa, desvio-padrão/precisão angular $\pm$ 30" e desvio-padrão $\pm$ (10 mm + 10 ppm $\times$ D)
- **Classe II.** Precisão média, desvio-padrão/precisão angular $\leq \pm$ 07" e desvio-padrão $\pm$ (5 mm + 5 ppm $\times$ D)
- **Classe III.** Precisão alta, desvio-padrão/precisão angular $\leq \pm$ 02" e desvio-padrão $\pm$ (3 mm + 2 ppm $\times$ D)

Observe que a técnica de **medição angular** impõe o uso do **método das direções** (apresentado na seção "Ângulos goniométricos" e no Exemplo 2.25). Para a medição linear, a ABNT (1994) impõe leituras recíprocas (vante e ré), caso do uso de **distanciômetro eletrônico**.

Conforme comentado sobre as fases de um levantamento topográfico (ABNT, 1994: Planejamento e seleção de métodos e aparelhagem; Apoio topográfico; Levantamento de detalhes, etc.), após a medição de campo, parte-se para os cálculos e ajustes a fim de construir o **original topográfico**. Assim, encerram-se neste momento os trabalhos de campo e iniciam-se os de escritório.

» Planilha de coordenadas

A principal finalidade da coleta dos elementos naturais e artificiais por meio do levantamento topográfico em campo é a construção da **planta topográfica**. Como a planta topográfica é o objetivo final da Topografia, os conceitos e procedimentos para sua construção "merecem" outra disciplina, geralmente intitulada **desenho topográfico**.

Para o desenho dessa planta, há a possibilidade de dois processos distintos de representação: manual ou automatizado.

1. Pelo processo manual:
    - Coordenadas polares, em que, com auxílio de transferidor e escalímetro, transferem-se ângulos e distâncias tomados em campo.
    - Coordenadas retangulares, em que, com auxílio de escalímetro, transferem-se duas distâncias, considerando dois eixos cartesianos.
2. Pelo processo automatizado.

No uso de um CAD (*Computer Aided Design*), os dois processos equivalem ao processo manual, diferindo na precisão gráfica do produto final.

No entanto, com objetivo de uma representação mais precisa do terreno (seja manual ou digital), com a distribuição de erros, faz-se a transformação dos dados da caderneta de campo (coordenadas polares) para coordenadas retangulares. Nessa operação, geralmente, há as seguintes etapas:

1. Calcular o fechamento angular e de sua distribuição
2. Calcular os azimutes de todos os alinhamentos
3. Calcular as coordenadas relativas (não corrigidas)
4. Calcular o erro de fechamento linear e de sua distribuição
5. Calcular as coordenadas relativas (corrigidas)
6. Calcular as coordenadas absolutas

O cálculo de uma planilha de coordenadas pode ser manual, porém, possivelmente ele será automatizado por meio de uma planilha eletrônica (p. ex., Excel) ou de *software* específicos de Topografia (Topograph, Posição, TopoEVN, DataGeosis, TopoCAD, SurveCE, GeoOffice, entre outros).

A automação desse cálculo facilitou as atividades de escritório, porém, deve-se atentar para os algoritmos e métodos aplicados a cada um dos *software*. Um exemplo é na distribuição dos erros de campo, em que os resultados podem apresentar discrepâncias significativas em função do método de cálculo ou de ajustamento adotados.

> **ATENÇÃO**
> Para o cálculo das **irradiações**, não é necessário envolver as etapas 1, 4, 5.

» Cálculo do fechamento angular

Quando se executa uma medida, sempre se estará sujeito a erros de campo (ver Capítulo 6). Com o erro detectado, a próxima etapa é verificar se ele é admissível ou tolerável, considerando, por exemplo, uma norma. Se for tolerável, faz-se a sua distribuição.

Determinação do erro angular

Para determinar o erro de fechamento angular de uma poligonal, primeiramente deve-se verificar se ela se desenvolveu de forma **aberta** ou **fechada** (veja a seção "Poligonal topográfica"), além do processo de medida do ângulo horizontal, ângulo horário (interno/externo) ou deflexão (veja a seção "Ângulos goniométricos").

a) Poligonal aberta

Para calcular o erro de fechamento de uma poligonal aberta, deve-se:
- Conhecer o azimute inicial
- Calcular/transportar os azimutes dos lados da poligonal
- Comparar o último azimute calculado/transportado com o último azimute conhecido

O erro será dado por:

Erro angular = azimute transportado − azimute conhecido.

Exemplo 2.36 *Considerando a poligonal fechada, desenvolvida por ângulos horários internos e sua respectiva caderneta de campo (Fig. 2.62), calcule o erro de fechamento angular.*

Caderneta de campo

Estação	Ponto visado	Ângulos	Distâncias (m)
1	2	70° 20′	100,00
2	3	192° 03′	90,00
3	4	71° 34′	150,00
4	5	95° 43′	76,00
5	1	110° 23′	80,00
Soma		540° 03′	

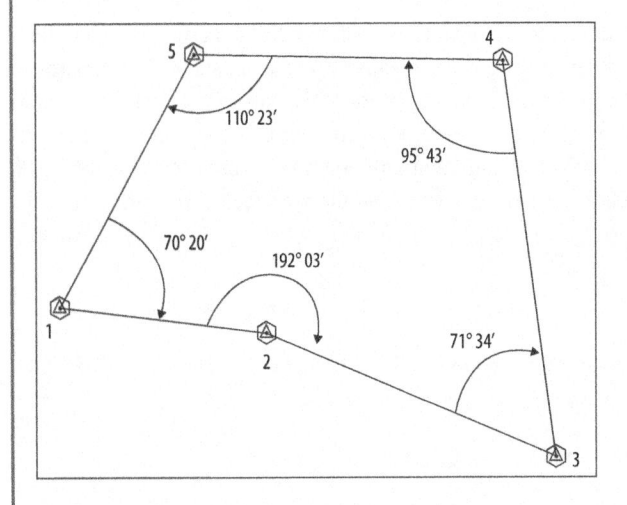

Figura 2.62 Erro de fechamento angular I.

Solução:

$$\sum \text{ângulos} = 180° \cdot (n \pm 2) = 180° \cdot (5 - 2) = 180° \cdot 3 = 540°$$

erro = 540° 03′ − 540° = + 03′ (**erro por excesso!**)

b) Poligonal fechada

Considerando que a poligonal fechada pode ser desenvolvida por meio da medida dos ângulos horários ou por deflexão, temos:

• **Por ângulos horários (interno/externo)**

O erro será determinado caso o somatório dos ângulos da poligonal não seja igual a:

$\sum ângulos = 180° \cdot (n \pm 2)$,

onde:

n representa o número de lados da poligonal

e $\pm$ significa: + ângulo horário externo
  – ângulo horário interno

• **Por deflexão**

O erro será detectado caso a igualdade abaixo não seja verdadeira:

$\left| \sum Deflexão\ direita - \sum Deflexão\ esquerda \right| = 360°$

Tolerância do erro angular

Após o cálculo do erro de fechamento angular, deve-se analisá-lo. Para estabelecer a **validade** de um levantamento topográfico, deve-se ter parâmetros de comparação para **aceitação** ou **rejeição** desse levantamento. Assim, inúmeras regras e fórmulas são aplicadas, algumas inclusive com base em fórmulas empíricas e outras nos conceitos do ajustamento de observações. Uma referência para validar um levantamento topográfico é estabelecida na ABNT-NBR 13.133. Por exemplo, para aplicações em geral, pode-se utilizar a seguinte relação:

Tolerância $= b \cdot \sqrt{n}$,

onde

b → depende das diferentes classes de poligonais (I P = 6"; II P = 15"; III P = 20"; IV P = 40" e V P = 180");

n → número de vértices da poligonal.

Exemplo 2.37 *Considerando a poligonal fechada, desenvolvida por deflexão, e sua respectiva caderneta de campo (Fig. 2.63), calcule o erro de fechamento angular.*

Caderneta de campo

Estação	Ponto visado	Deflexões Direita	Deflexões Esquerda	Distâncias (m)
1	2	–	100° 30'	100,00
2	3	10° 43'	–	90,00
3	4	–	120° 34'	150,00
4	5	–	74° 15'	76,00
5	1	–	75° 20'	80,00
Soma		10° 43'	370° 39'	

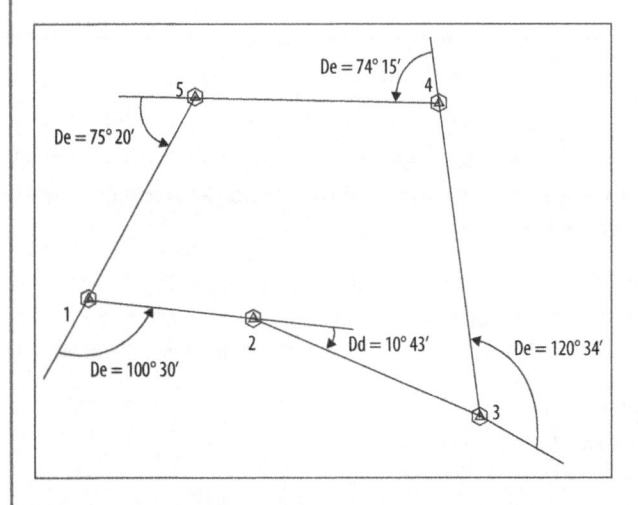

Figura 2.63 Erro de fechamento angular II.

Solução:

$\left| \sum \text{Deflexão direita} - \sum \text{Deflexão esquerda} \right| = 360°$

$\left| 10° 43' - 370° 39' \right| = 359° 56'$

erro $= 359° 56' - 360° = -04'$ (**erro por falta!**)

Exemplo 2.38 *Com base nos exemplos 2.36 e 2.37, e considerando os dados abaixo, calcule a tolerância angular.*

Dados:

b = 40" (Classe IV P)
b = 180" (Classe V P)
n = 5
Erro (do exemplo 2.36) = + 3'; erro (do exemplo 2.37) = − 4'

Solução:

Tolerância = b · $\sqrt{n}$

Tolerância (Classe IV P) = 40" · $\sqrt{5}$ = 89" = ± 1' 29"

Tolerância (Classe V P) = 180" · $\sqrt{5}$ = 402" = ± 6' 42"

Logo, os dois exemplos podem ser considerados dentro da tolerância apenas para a Classe V P.

Distribuição do erro angular

Considera-se que, se o erro angular cometido no levantamento for *menor* do que a *tolerância* estipulada inicialmente, a próxima etapa será a *distribuição* desse erro. Caso contrário, deve-se voltar a campo para uma nova medição.

Considerando que a possibilidade de erro na medida de qualquer ângulo da poligonal seja a mesma, já que são medidas nas mesmas condições (mesmo instrumento e operador), a correção pode ser dada pela divisão do erro angular pelo número total de lados da poligonal:

$$\text{Correção} = -\left(\frac{\text{Erro angular}}{\text{Número de lados}}\right)$$

Nesse cálculo, deve-se considerar o sinal do erro angular cometido (+, se por excesso; −, se por falta). Deve-se atentar ao fato de que a correção deve ter sinal contrário ao do erro cometido, de forma a obter os ângulos corrigidos.

Exemplo 2.39 *Com base no Exemplo 2.36, distribua o erro angular.*

Solução:

O erro angular calculado foi: $\sum$ ângulos $= 180° \cdot (n \pm 2) = 180° \cdot 3 = 540°$, ou seja,

erro $= 540° 03' - 540° = +03'$ (erro por excesso).

Como o erro foi por excesso, ou seja, ultrapassou o esperado em 3', o sinal da correção deve ser negativo.

Correção $= -\left(\dfrac{\text{Erro angular}}{\text{Número de lados}}\right) = \dfrac{-3'}{5} = -0,6' = -36''$ para cada ângulo do polígono.

As correções são apresentadas da caderneta a seguir.

Caderneta de campo

Estação	Ponto visado	Ângulos horários lidos	Correção	Ângulos horários corrigidos	Distância (m)
1	2	70° 20'	– 36"	70° 19' 24"	100,00
2	3	192° 03'	– 36"	192° 02' 24"	90,00
3	4	71° 34'	– 36"	71° 33' 24"	150,00
4	5	95° 43'	– 36"	95° 42' 24"	76,00
5	1	110° 23'	– 36"	110° 22' 24"	80,00
Soma		540° 03'	– 3'	540° 00' 00"	

Observe que o somatório das correções tem o mesmo valor do erro cometido, porém com sinal contrário.

Cálculo de azimutes

O levantamento pode utilizar ângulos horários ou por deflexão. Com isso, temos:

a) Ângulos por deflexão

O cálculo do azimute em função dos ângulos por deflexão obtidos em campo pode ser dado por:

Azimute calculado = Azimute anterior ± Deflexão

sendo: + F, se deflexão à direita
− F, se deflexão à esquerda.

Exemplo 2.40 *Dada a caderneta de campo a seguir, calcule os azimutes (Fig. 2.64).*

Solução:

$Az_{B-C} = Az_{A-B} + Dd = 100° + 120° = 220°$

$Az_{C-D} = Az_{B-C} - De = 220° + 110° = 110°$

Caderneta de campo

Alinhamentos	Azimute lido	Deflexão	Azimute calculado
A-B	100°	–	–
B-C	–	120° D	220°
C-D	–	110° E	110°

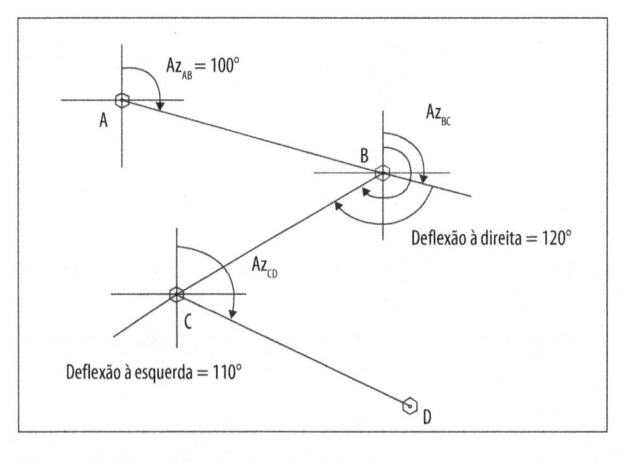

Figura 2.64 Cálculo de azimutes I.

b) Considerando ângulos horários

Os azimutes calculados serão dados pela expressão:

Azimute calculado = (Azimute anterior + Ângulo horário) ± 180° (ou − 540°)

sendo: + 180° F, se a soma entre parênteses for inferior a 180°

   − 180° F, se a soma entre parênteses for superior a 180° e inferior a 540°

   − 540° F, se a soma entre parênteses for superior a 540°.

Exemplo 2.41 *Dada a caderneta de campo abaixo, calcule os azimutes (Fig. 2.65).*

Solução:

$Az_{B-C} = Az_{A-B}$ + ângulo horário = 100° + 300° = 400°

(540° > soma > 180°, logo '" − 180° ") = 400° − 180° = 220°

$Az_{C-D} = Az_{BC}$ + ângulo horário = 220° + 70° = 290°

(540° > soma > 180°, logo '" − 180° ") = 290° − 180° = 110°

Caderneta de campo

Alinhamentos	Azimute lido	Ângulo horário	Azimute calculado
A-B	100°	–	–
B-C	–	300°	220°
C-D	–	70°	110°

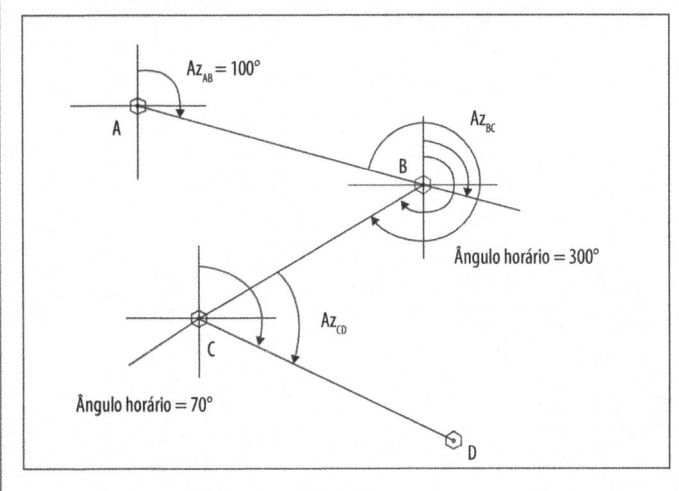

Figura 2.65   Cálculo de azimutes II.

» Cálculo das coordenadas relativas não corrigidas

O cálculo das coordenadas relativas ou parciais relaciona os **ângulos corrigidos** e as **distâncias** medidas em campo. Considerando que o levantamento topográfico está orientado com relação ao norte magnético, ou norte verdadeiro, impõe-se que essa direção coincida com o eixo das ordenadas Y. O eixo da abscissa X é perpendicular ao eixo das ordenadas Y, perfazendo o par de eixos cartesianos.

Dessa forma, utilizamos a trigonometria para calcular as coordenadas relativas pelas seguintes relações:

$x_{a\text{-}b} = d_{a\text{-}b} \cdot \text{sen}(\text{azimute}_{a\text{-}b})$ — (abscissa relativa)

$y_{a\text{-}b} = d_{a\text{-}b} \cdot \cos(\text{azimute}_{a\text{-}b})$ — (ordenada relativa)

Os sinais das coordenadas relativas devem ser considerados e estarão diretamente relacionados com o quadrante em que pertence o ponto topográfico.

Na Figura 2.66, observa-se que o sinal de abscissa positiva (x +) está no sentido a leste (o azimute é menor que 180° ou rumo nos quadrantes NE ou SE). Para o sinal de abscissa negativa (x –), temos os valores no sentido oeste (azimute é maior que 180° ou rumo nos quadrantes SO e NO).

Para as ordenadas, os valores positivos estão no sentido norte (azimute maior que 270° e menor que 90° ou rumo nos quadrantes NO e NE). As ordenadas negativas estão no sentido sul (azimute entre 90° e 270° ou rumo nos quadrantes SE e SO) (Fig. 2.66).

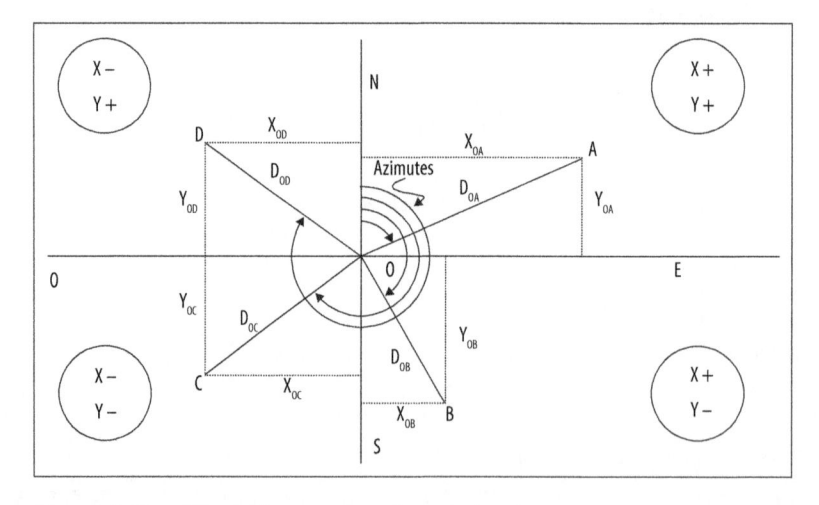

Figura 2.66 Cálculo das coordenadas relativas I.

Exemplo 2.42 *Considerando a Figura 2.67, calcule as coordenadas relativas.*

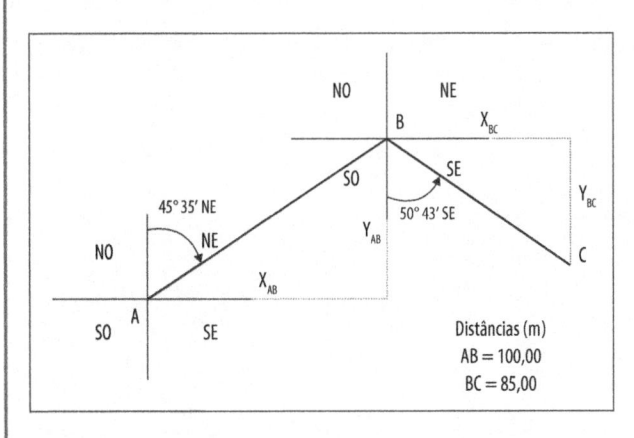

Figura 2.67 Cálculo das coordenadas relativas II.

Solução:

$x_{A-B} = D_{A-B} \cdot \text{sen Az}_{A-B} = 100 \cdot \text{sen } 45°35' = +71,427 \text{ m}$
$y_{A-B} = D_{A-B} \cdot Az_{A-B} - = 100 \cdot \cos 45°35' = +69,987 \text{ m}$
$x_{B-C} = D_{B-C} \cdot \text{sen Az}_{B-C} = 85 \cdot \text{sen } (180° - 50°43') = +65,792 \text{ m}$
$y_{B-C} = D_{B-C} \cdot \cos Az_{B-C} = 85 \cdot \cos (180° - 50°43') = -53,818 \text{ m}$

Cálculo do fechamento linear

O cálculo desta etapa será dividido em: determinação do erro e validação pela tolerância linear.

Determinação do erro linear

O cálculo do erro de fechamento linear é dado pelas seguintes expressões:

$E_l = \sqrt{e_x^2 + e_y^2}$
$e_x = \left| \Sigma x(+) \right| - \left| \Sigma x(-) \right|$
$e_y = \left| \Sigma y(+) \right| - \left| \Sigma y(-) \right|$,

onde

$E_l \rightarrow$ erro de fechamento linear
$\Sigma x (+)$ e $\Sigma x (-) \rightarrow$ somatório dos valores das abscissas (positivas e negativas)
$\Sigma y (+)$ e $\Sigma y (-) \rightarrow$ somatório dos valores das ordenadas (positivas e negativas)

$e_x \rightarrow$ erro de fechamento nas abscissas (considerar o sinal original)
$e_y \rightarrow$ erro de fechamento nas ordenadas (considerar o sinal original).

Como visto, o sinal dos erros em "x" e em "y" é definido pela diferença dos somatórios das coordenadas e definirá posteriormente o sentido das possíveis correções: se positivo (se o erro foi por excesso) ou negativo (se o erro foi por falta).

O erro relativo será dado por:

$$E_r = \frac{E_l}{L},$$

onde

$E_r \rightarrow$ erro relativo, em metros
$L \rightarrow$ perímetro, em metros
$E_l \rightarrow$ erro de fechamento linear.

O cálculo do erro relativo é uma indicação da precisão do levantamento – por exemplo, se o erro relativo é igual a 1/10.000 ($E_r = 1/10.000$), associa-se um erro de 1 m para 10 km, ou de 1 cm para 100 m; precisão razoável para várias aplicações da Topografia.

Tolerância do erro linear

Como comentado anteriormente, ao se cometer um erro, deve-se analisar se ele é **tolerável**. A tolerância, segundo a ABNT (1994), pode ser definida como:

$$T = d \cdot \sqrt{L(km)},$$

onde d é um coeficiente que expressa a tolerância para o erro de fechamento linear em "m/km" de desenvolvimento poligonal e depende do tipo da poligonal (I P = 0,10; II P = 0,30; III P = 0,42; IV P = 0,56; V P = 2,20; I PRC = 0,07; II PRC = 0,30); e L é o perímetro medido, expresso em quilômetros.

Caso o erro não seja tolerável, deve-se voltar ao campo e executar um novo levantamento topográfico.

» Cálculo das coordenadas relativas corrigidas

Para cálculo da correção das coordenadas relativas, há dois processos usualmente empregados:

• **Processo 1: Proporcional às distâncias**
Os erros são distribuídos proporcionalmente às **distâncias** medidas em campo, e se seguirá a seguinte sequência de cálculo:

a) Calcular os **fatores** de proporcionalidade em x e em y.

$$\text{fator}_x = \frac{e_x}{P} \qquad\qquad \text{fator}_y = \frac{e_y}{P}$$

sendo

$e_x \rightarrow$ erro de fechamento nas abscissas (considerar o sinal original do erro);
$e_y \rightarrow$ erro de fechamento nas ordenadas (considerar o sinal original do erro);
$P \rightarrow$ perímetro, em metros.

b) Determinar as **correções** em x e em y, multiplicando os fatores pelas respectivas distâncias.
Correção $x_{1\text{-}2} = -(\text{fator}_x \cdot \text{dist}_{1\text{-}2})$ \hspace{1cm} Correção $y_{1\text{-}2} = -(\text{fator}_y \cdot \text{dist}_{1\text{-}2})$.

• **Processo 2: Proporcional às coordenadas relativas**

Os erros são distribuídos proporcionalmente às **coordenadas relativas** calculadas, e se seguirá a seguinte sequência de cálculo:

a) Calcular os **fatores** de proporcionalidade em x e em y.

$$\text{fator}_x = \frac{e_x}{\Sigma|x|} \hspace{2cm} \text{fator}_y = \frac{e_y}{\Sigma|y|}$$

sendo

$e_x \rightarrow$ erro de fechamento nas abscissas (considerar o sinal);
$e_y \rightarrow$ erro de fechamento nas ordenadas (considerar o sinal);
$\Sigma|x| \rightarrow$ somatório dos valores de todas as abscissas (desconsiderar os sinais);
$\Sigma|y| \rightarrow$ somatório dos valores de todas as ordenadas (desconsiderar os sinais).

b) Determinar as **correções** em x e em y, multiplicando os **fatores** pelas respectivas coordenadas relativas.

Correção $x_{1\text{-}2} = -(\text{fator}_x \cdot x_{1\text{-}2})$ \hspace{1cm} Correção $y_{1\text{-}2} = -(\text{fator}_y \cdot y_{1\text{-}2})$

O sinal da correção deve ser contrário ao erro cometido.

Após determinar as correções, começa o processo de cálculo das coordenadas relativas corrigidas. A coordenada relativa corrigida será dada pela coordenada relativa com erro mais a correção calculada anteriormente (com seu respectivo sentido de correção):

Coordenada relativa corrigida = coordenada relativa com erro + correção

Nos levantamentos topográficos de áreas não muito extensas (até 100 ha), se sua precisão angular for semelhante à linear, utiliza-se o processo 1. Quando no levantamento a precisão angular é superior à linear, o processo 2 é mais indicado. Uma comparação dos resultados desses dois métodos é demonstrada no Exemplo 2.44.

>> **ATENÇÃO**
O sinal da correção deve ser contrário ao erro cometido.

» Cálculo das coordenadas absolutas

Por fim, deve-se determinar as coordenadas absolutas, ou seja, aquelas que realmente servirão à construção da planta topográfica. Para que o polígono se situe no primeiro quadrante (NE), atribuem-se no ponto de partida valores arbitrários positivos.

As coordenadas absolutas serão dadas pelas seguintes expressões:

$X_{n+1} = X_n + x_{n \to n+1}$ $\qquad\qquad Y_{n+1} = Y_n + y_{n \to n+1}$

Tais cálculos são demonstrados nos Exemplos 2.43 e 2.44.

>> Exemplos de cálculo de planilha de coordenadas

A seguir, serão apresentados dois exemplos de cálculo de planilha de coordenadas, conforme o que foi visto a partir da seção "Cálculo do fechamento angular".

Cada etapa de cálculo deve ser acompanhada com o embasamento teórico descrito anteriormente, principalmente no cálculo das coordenadas das **irradiações**. Segue ainda o desenho das plantas das respectivas cadernetas de campo para esclarecimento dos cálculos. No cálculo da correção linear (visto na seção "Cálculo das Coordenadas relativas corrigidas"), foram utilizados o processo 1 para o Exemplo 2.43 e os dois processos (1 e 2) no Exemplo 2.44.

Na caderneta de campo desses exemplos, as prescrições da norma ABNT (1994), Angular, Método das Direções; e Linear, Visadas recíprocas, não foram consideradas nas medições, adotando-se apenas as tolerâncias impostas para as classes em questão. No Capítulo 4, será apresentada uma caderneta de campo seguindo essas instruções de norma.

> **» ATENÇÃO**
> Na caderneta, todos os valores escritos em fonte normal são dados de campo, e os em **negrito** são valores calculados (Quadro 2.6).

Exemplo 2.43 *Com base nos dados de campo, foi elaborada uma poligonal topográfica da classe V P, obtendo-se a caderneta de campo e o croqui da área a seguir (Fig. 2.68). Pede-se:*

1. Cálculo do fechamento angular
2. Cálculo de azimutes
3. Cálculo das coordenadas relativas (não corrigidas)
4. Cálculo do fechamento linear
5. Cálculo das coordenadas relativas corrigidas
6. Cálculo das coordenadas absolutas

Valores para definição das tolerâncias:

Angular $\to b = 180'' = 3'$

Linear $\to d = 2,20$ m

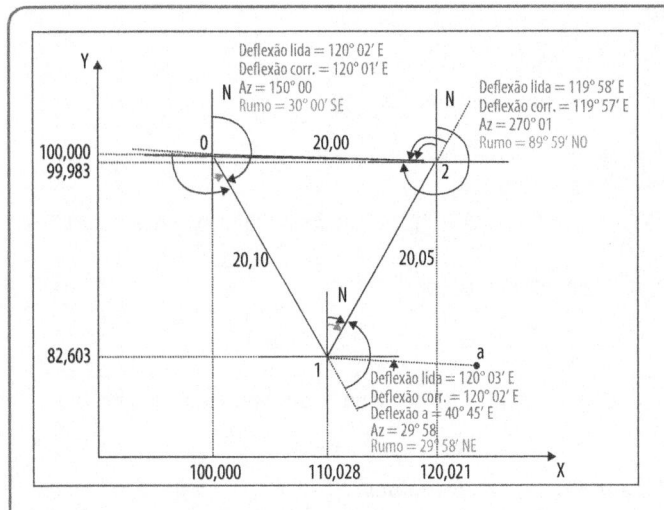

Figura 2.68 Poligonal topográfica I.

Solução:

1. Cálculo do fechamento angular

a) Cálculo do erro angular

$$\left| \sum \text{Deflexão direita} - \sum \text{Deflexão esquerda} \right| = 360°$$

$$= 360° \, 03' - 360° = +03'$$

Erro de 3' por excesso.

b) Cálculo da tolerância angular

Tolerância $= b \cdot \sqrt{n}$

Considerando: $b = 3'$ e $n = 3$, tem-se:

Tolerância $= 3' \cdot \sqrt{3} = \pm 5,196' \cong \pm 5'12''$

Erro ($+ 3'$) < Tolerância ($+ 5'12''$), ou seja, dentro da tolerância!

c) Cálculo da correção angular

$$\text{correção} = -\left(\frac{\text{Erro angular}}{\text{Número de lados}} \right) = \frac{-3'}{3} = -1' \text{ para cada lado.}$$

Resultados da correção da caderneta. Observe que a irradiação não sofre a correção.

2. Cálculo de azimutes

Azimute calculado = Azimute anterior $\pm$ Deflexão

Como a deflexão é à esquerda, temos:

Exemplo 2.43 *Continuação*

Azimute calculado = Azimute anterior − Deflexão Esquerda

$Az_{0-1} = 150°\,00'$ (obtido em campo, sem possibilidade de alteração)
$Az_{1-2} = Az_{0-1} - De = 150° - 120°\,02' = 29°\,58'$
$Az_{2-0} = Az_{1-2} - De = 29°\,58' - 119°\,57' = -89°\,59'$ (para não ficar negativo, somam-se 360°)
$\qquad\qquad\qquad\qquad\qquad -89°\,59' + 360° = 270°\,01'$
$Az_{0-1} = Az_{2-0} - De = 270°\,01' - 120°\,01' = 150°\,00'$

Irradiação:

$Az_{1-a} = Az_{0-1} - De = 150° - 40°\,45' = 109°\,15'$ (Observe que o adotado como anterior é o Az_{0-1})

3. Cálculo das coordenadas relativas não corrigidas

$x_{A-B} = D_{A-B} \cdot \text{sen Azimute}_{A-B}$ (abscissa relativa)
$y_{A-B} = D_{A-B} \cdot \cos \text{Azimute}_{A-B}$ (ordenada relativa)
$x_{0-1} = D_{0-1} \cdot \text{sen } Az_{0-1} = 20{,}100 \cdot \text{sen } 150°\,00' = +10{,}050\text{ m}$
$x_{1-2} = D_{1-2} \cdot \text{sen } Az_{1-2} = 20{,}050 \cdot \text{sen } 29°\,58' = +10{,}015\text{ m}$
$x_{2-0} = D_{2-0} \cdot \text{sen } Az_{2-0} = 20{,}000 \cdot \text{sen } 270°\,01' = -20{,}000\text{ m}$
$y_{0-1} = D_{0-1} \cdot \cos Az_{0-1} = 20{,}100 \cdot \cos 150°\,00' = -17{,}407\text{ m}$
$y_{1-2} = D_{1-2} \cdot \cos Az_{1-2} = 20{,}050 \cdot \cos 29°\,58' = +17{,}370\text{ m}$
$y_{2-0} = D_{2-0} \cdot \cos Az_{2-0} = 20{,}000 \cdot \cos 270°\,01' = +0{,}006\text{ m}$

Irradiação:

$x_{1-a} = D_{1-a} \cdot \text{sen } Az_{1-a} = 10{,}000 \cdot \text{sen } 109°\,15' = +9{,}441\text{ m}$
$y_{1-a} = D_{1-a} \cdot \cos Az_{1-a} = 10{,}000 \cdot \cos 109°\,15' = -3{,}297\text{ m}$

4. Cálculo do fechamento linear

a) Cálculo do erro linear

$E_l = \sqrt{e_x^2 + e_y^2}$

$e_x = \left|\sum x(+)\right| - \left|\sum x(-)\right|$

$e_y = \left|\sum y(+)\right| - \left|\sum y(-)\right|$

$e_x = \left|\sum x(+)\right| - \left|\sum x(-)\right| = (10{,}050 + 10{,}015) - (20{,}000) = +0{,}065\text{ m}$

$e_y = \left|\sum y(+)\right| - \left|\sum y(-)\right| = (17{,}370 + 0{,}006) - (17{,}407) = -0{,}031\text{ m}$

$E_l = \sqrt{0{,}065^2 + (-0{,}031)^2} = \pm 0{,}072\text{ m}$

b) Cálculo da tolerância linear

$T = d \cdot \sqrt{L\,(km)}$

Considerando d = 2,20 m

e

L = 0,0601 km (soma dos lados, em quilômetros) temos:

$T = 2,20 \cdot \sqrt{0,0601} = \pm 0,539\,m$

Erro (0,072 m) < Tolerância (0,539 m), ou seja, dentro da tolerância!

c) Cálculo do erro relativo linear

O erro relativo é dado por:

$E_r = \dfrac{E_l}{L} = \dfrac{0,072}{60,15} = \dfrac{1}{835} \cong \dfrac{1}{800}$

sendo E_l e L em metros.

ou seja, projeta-se um erro de 1 cm a cada 8 m, uma precisão ruim para algumas aplicações topográficas.

5. Cálculo das coordenadas relativas corrigidas

Será utilizado o processo 1 (proporcional às distâncias) para a correção das coordenadas.

a) Cálculo dos fatores em x e em y

$fator_x = \dfrac{e_x}{P} = \dfrac{+0,065}{60,150} = +1,08063 \cdot 10^{-3}$

$fator_y = \dfrac{e_y}{P} = \dfrac{-0,031}{60,150} = -5,15378 \cdot 10^{-4}$

em que P é o perímetro, em metros.

b) Cálculo da correção em x e em y

Deve-se observar que o sinal da correção seja contrário ao do erro.

Correção $x = -(fator_x \cdot dist)$;   Correção $y = -(fator_y \cdot dist)$

Corr $x_{0-1} = fator_x \cdot dist_{0-1} = -(1,08063 \cdot 10^{-3} \cdot 20,100) = -0,022$ m
Corr $x_{1-2} = fator_x \cdot dist_{1-2} = -(1,08063 \cdot 10^{-3} \cdot 20,050) = -0,022$ m
Corr $x_{2-0} = fator_x \cdot dist_{2-0} = -(1,08063 \cdot 10^{-3} \cdot 20,000) = -0,021$ m
Corr $y_{0-1} = fator_y \cdot dist_{0-1} = -(-5,15378 \cdot 10^{-4} \cdot 20,100) = +0,010$ m
Corr $y_{1-2} = fator_y \cdot dist_{1-2} = -(-5,15378 \cdot 10^{-4} \cdot 20,050) = +0,010$ m
Corr $y_{2-0} = fator_y \cdot dist_{2-0} = -(-5,15378 \cdot 10^{-4} \cdot 20,000) = +0,011$ m

A irradiação não sofre correção.

Exemplo 2.43 *Continuação*

c) Coordenada relativa corrigida

Basta somar a correção obtida no item b pela coordenada relativa não corrigida:

$$x_{0\text{-}1(corrigido)} = x_{0\text{-}1(com\ erro)} + \text{correção } x_{0\text{-}1} = +10{,}050 + (-0{,}022) = +10{,}028 \text{ m}$$

$$y_{0\text{-}1(corrigido)} = y_{0\text{-}1(com\ erro)} + \text{correção } y_{0\text{-}1} = -17{,}407 + (+0{,}010) = -17{,}397 \text{ m}$$

>> **ATENÇÃO**
O restante dos cálculos está na planilha.

6. Cálculo das coordenadas absolutas

Para determinação das coordenadas absolutas, adotaram-se os seguintes valores para as coordenadas X e Y iniciais (ponto 0):

$X_0 = 100{,}000$ m
$Y_0 = 100{,}000$ m

Observe na caderneta que as coordenadas estão escritas na linha do ponto visado 0, ou seja, as coordenadas absolutas correspondem aos respectivos pontos visados.

A partir desta coordenada inicial, temos:

$X_1 = X_0 + x_{0\pm1} = 100{,}000 + 10{,}028 = 110{,}028$ m
$X_2 = X_1 + x_{1\text{-}2} = 110{,}028 + 9{,}993 = 120{,}021$ m
$X_0 = X_2 + x_{2\text{-}0} = 120{,}021 + (-20{,}021) = 100{,}000$ m
$Y_1 = Y_0 + y_{0\text{-}1} = 100{,}000 + (-17{,}397) = 82{,}603$ m
$Y_2 = Y_1 + y_{1\text{-}2} = 82{,}603 + 17{,}380 = 99{,}983$ m
$Y_0 = Y_2 + y_{2\text{-}0} = 99{,}983 + 0{,}017 = 100{,}000$ m

Irradiação:

Como a irradiação foi visada a partir da estação 1, temos:

$X_a = X_1 + x_{1\text{-}a} = 110{,}028 + 9{,}441 = 119{,}469$ m
$Y_a = Y_1 + y_{1\text{-}a} = 82{,}603 + (-3{,}297) = 79{,}306$ m

Quadro 2.6 — Planilha de cálculo de coordenadas

Estação	Ponto visado	Deflexão Lida	Deflexão Corr.	Deflexão Corrigida	Azimutes	Distâncias (m)	Coordenadas parciais não corrigidas (m) $x = D \cdot \operatorname{sen} Az$	Coordenadas parciais não corrigidas (m) $y = D \cdot \cos Az$	Correções (m) Cx	Correções (m) Cy	Coordenadas parciais corrigidas (m) x	Coordenadas parciais corrigidas (m) y	Coordenadas totais (m) X	Coordenadas totais (m) Y
0	1	120° 02′ E	−1′	120° 01′ E	150° 00′ (lido)	20,100	+10,050	−17,407	−0,022	+0,010	+10,028	−17,397	110,028	82,603
1	2	120° 03′ E	−1′	120° 02′ E	29° 58′	20,050	+10,015	+17,370	−0,022	+0,010	+9,993	+17,380	120,021	99,983
1	a	40° 45′ E	–	40° 45′ E	109° 15′	10,000	+9,441	−3,297	–	–	+9,441	−3,297	119,469	79,306
2	0	119° 58′ E	−1′	119° 57′ E	270° 01′	20,000	−20,000	+0,006	−0,021	+0,011	−20,021	+0,017	100,000	100,000
Σ		360° 03′		360° 00′		60,150	+0,065	−0,031	−0,065	+0,031	0,000	0,000		

capítulo 2 » Planimetria

Quadro 2.7 Planilha de cálculo de coordenadas

Estação	Ponto visado	Ângulo horário Lido	Correção	Corrigido	Azimutes	Dist. (m)	Coordenadas parciais (m) $x = D \cdot \text{sen Az}$	$x = D \cdot \cos Az$	Correções (m) Cx_1	Cy_1	Cx_2	Cy_2	Coordenadas parciais corr. (m) x	y	Coordenadas totais (metros) X	Y
0	1	62° 35' 20"	−05"	62° 35' 15"	60° 00' 00"	411,340	+356,231	+205,670	+0,055	+0,039	+0,075	+0,035	+356,286	+205,709	1.356,286	1.205,709
1	2	230° 45' 30"	−05"	230° 45' 25"	110° 45' 25"	339,230	+317,211	−120,225	+0,045	+0,032	+0,067	+0,020	+317,256	−120,193	1.673,542	1.085,516
2	3	65° 15' 40"	−05"	65° 15' 35"	356° 01' 00"	408,500	−28,377	+407,513	+0,054	+0,039	+0,006	+0,069	−28,323	+407,552	1.645,219	1.493,068
2	i₁	90° 30' 00"	–	90° 30' 00"	21° 15' 25"	100,300	+36,364	+93,476	–	–	–	–	+36,364	+93,476	1.709,906	1.178,992
3	4	88° 12' 40"	−05"	88° 12' 35"	264° 13' 35"	530,330	−527,640	−53,350	+0,070	+0,051	+0,111	+0,009	−527,570	−53,299	1.117,649	1.439,769
3	i2	70° 20' 00"	–	70° 20' 00"	246° 21' 00"	100,200	−91,785	−40,195	–	–	–	–	−91,785	−40,195	1.553,434	1.452,873
3	i3	100° 40' 00"	–	100° 40' 00"	276° 41' 00"	90,100	−89,488	+10,486	–	–	–	–	−89,488	+10,486	1.555,731	1.503,554
4	5	126° 10' 30"	−05"	126° 10' 25"	210° 24' 00"	252,450	−127,748	−217,742	+0,033	+0,024	+0,027	+0,037	−127,715	−217,718	989,934	1.222,051
5	0	147° 00' 50"	−05"	147° 00' 45"	177° 24' 45"	222,300	+10,036	−222,073	+0,030	+0,022	+0,001	+0,037	+10,066	−222,051	1.000,000	1.000,000
Σ		720° 00' 30"	−30"	720° 00' 00"		2.164,150	−0,287	−0,207	+0,287	+0,207	+0,287	+0,207	0,000	0,000		

Exemplo 2.44 *Elaborada uma poligonal topográfica da classe IV P com sua caderneta de campo e o croqui da área (Fig. 2.69), pede-se:*

1. Cálculo do fechamento angular
2. Cálculo de azimutes
3. Cálculo das coordenadas relativas (não corrigidas)
4. Cálculo do fechamento linear
5. Cálculo das coordenadas relativas corrigidas
6. Cálculo das coordenadas absolutas

Valores para definição das tolerâncias:

Angular $\rightarrow b = 40''$

Linear $\rightarrow d = 0{,}56$ m

>> **ATENÇÃO**
Na caderneta, todos os valores escritos em fonte normal são dados de campo, e os em **negrito** são valores calculados (Quadro 2.7).

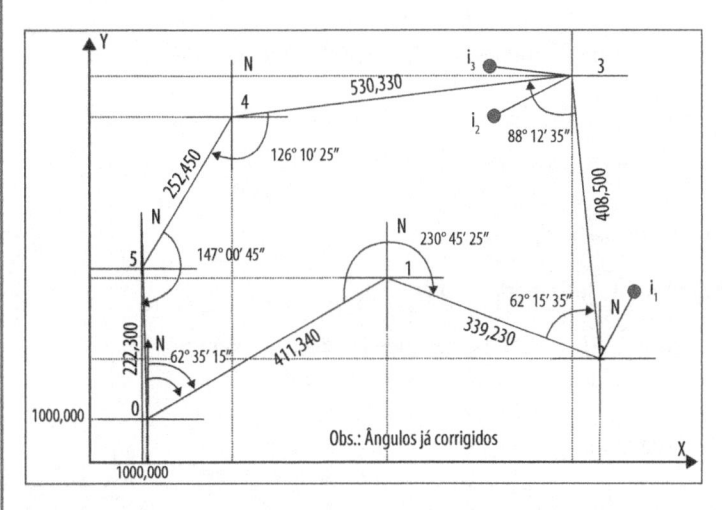

Figura 2.69 Poligonal topográfica II.

Solução:

1. Cálculo do fechamento angular

a) Cálculo do erro angular

$\sum$ ângulos $= 180° \cdot (n \pm 2)$; sendo $n = 6$ e ângulos horários internos, temos:

$\sum$ ângulos $= 180° \cdot (6-2) = 720°$

$\sum$ ângulos (de campo) $= 720°\ 00'\ 30''$ $\quad \therefore \quad 720°\ 00'\ 30'' - 720° = +0°\ 00'\ 30''$

ou seja, erro de 30" por excesso.

Exemplo 2.44 *Continuação*

b) Cálculo da tolerância angular

Tolerância = b · $\sqrt{n}$
Considerando: b = 40" (Classe IV P) e n = 6, temos:
Tolerância = 40" · $\sqrt{6}$ = ± 97,979" ≅ ± 1' 38"

Erro (+ 30") < Tolerância (+ 1'38"), ou seja, erro menor do que a tolerância!

c) Distribuição do erro angular

correção = $-\left(\dfrac{\text{Erro angular}}{\text{Número de lados}}\right) = \dfrac{-30"}{6} = -5"$ para cada lado

Observe na caderneta que as **irradiações** não sofreram correções.

2. Cálculo de azimutes

Azimute calculado = (Azimute anterior + ângulo horário) ± 180° (ou − 540°)

Resumo:

Se (soma < 180°)   F (soma + 180°)
Se (540° > soma > 180°)   F (soma − 180°)
Se (soma > 540°)   F (soma − 540°)

Onde soma = (Azimute anterior + ângulo horário).

Az_{0-1} = 60° 00' 00" (Este é obtido em campo, sem possibilidade de alteração)
Az_{1-2} = (Az_{0-1} + Ângulo horário$_{1-2}$) = 60° 00' 00" + 230° 45' 25" =
            = 290° 45' 25" − 180° = 110° 45' 25"
Az_{2-3} = (Az_{1-2} + Ângulo horário$_{2-3}$) = 110° 45' 25" + 65° 15' 35" =
            = 176° 01' 00" + 180° = 356° 01' 00"
Az_{3-4} = (Az_{2-3} + Ângulo horário$_{3-4}$) = 356° 01' 00" + 88° 12' 35" =
            = 444° 13' 35" − 180° = 264° 13' 35"
Az_{4-5} = (Az_{3-4} + Ângulo horário$_{4-5}$) = 264° 13' 35" + 126° 10' 25" =
            = 390° 24' 00" − 180° = 210° 24' 00"
Az_{5-0} = (Az_{4-5} + Ângulo horário$_{5-0}$) = 210° 24' 00" + 147° 00' 45" =
            = 357° 24' 45" − 180° = 177° 24' 45"
Az_{0-1} = (Az_{5-0} + Ângulo horário$_{0-1}$) = 177° 24' 45" + 62° 35' 15" =
            = 240° 00' 00" − 180° = 60° 00' 00"

Irradiações:

Az_{2-i_1} = (Az_{1-2} + Ângulo horário$_{2-i_1}$) = 110° 45' 25" + 90° 30' 00" =
            = 201° 15' 25" − 180° = 21° 15' 25"
Az_{3-i_2} = (Az_{2-3} + Ângulo horário$_{3-i_2}$) = 356° 01' 00" + 70° 20' 00" =
            = 426° 21' 00" − 180° = 246° 21' 00"
Az_{3-i_3} = (Az_{2-3} + Ângulo horário$_{3-i_3}$) = 356° 01' 00" + 100° 40' 00" =
            = 456° 41' 00" − 180° = 276° 41' 00"

3. Cálculo das coordenadas relativas (não corrigidas)

Obs.: Serão feitos apenas alguns cálculos demonstrativos, sendo o restante a cargo do leitor. Os resultados constam na planilha de cálculo.

$x_{A-B} = D_{A-B} \cdot \text{sen}(\text{Azimute}_{A-B})$ (abscissa relativa)
$y_{A-B} = D_{A-B} \cdot \cos(\text{Azimute}_{A-B})$ (ordenada relativa)
$x_{0-1} = D_{0-1} \cdot \text{sen Az}_{0-1} = 411,340 \cdot \text{sen } 60°00'00'' = +356,231 \text{ m}$
$x_{1-2} = D_{1-2} \cdot \text{sen Az}_{1-2} = 339,230 \cdot \text{sen } 110°45'25'' = +317,211 \text{ m}$
....

$x_{5-0} = D_{5-0} \cdot \text{sen Az}_{5-0} = 222,300 \cdot \text{sen } 177°24'45'' = +10,036 \text{ m}$
$y_{0-1} = D_{0-1} \cdot \cos \text{Az}_{0-1} = 411,340 \cdot \cos 60°00'00'' = +205,670 \text{ m}$
$y_{1-2} = D_{1-2} \cdot \cos \text{Az}_{1-2} = 339,230 \cdot \cos 110°45'25'' = -120,240 \text{ m}$
....

$y_{5-0} = D_{5-0} \cdot \cos \text{Az}_{5-0} = 222,300 \cdot \cos 177°24'45'' = -222,073 \text{ m}$

Irradiação:

$x_{2-i_1} = D_{2-i_1} \cdot \text{sen Az}_{2-i_1} = 100,300 \cdot \text{sen } 21°15'25'' = +36,364 \text{ m}$
$y_{2-i_1} = D_{2-i_1} \cdot \cos \text{Az}_{2-i_1} = 100,300 \cdot \cos 21°15'25'' = +93,476 \text{ m}$
....

4. Cálculo do fechamento linear

a) Cálculo do erro linear

$E_l = \sqrt{e_x^2 + e_y^2}$

$e_x = \left| \sum x(+) \right| - \left| \sum x(-) \right|$

$e_y = \left| \sum y(+) \right| - \left| \sum y(-) \right|$

$e_x = \left| \sum x(+) \right| - \left| \sum x(-) \right| = (683,478) - (683,765) = -0,287 \text{ m}$

$e_y = \left| \sum y(+) \right| - \left| \sum y(-) \right| = (613,183) - (613,390) = -0,207 \text{ m}$

$E_l = \sqrt{(-0,287)^2 + (-0,207)^2} = \sqrt{0,125} = \pm 0,354 \text{ m}$

b) Cálculo da tolerância linear

$T = d \cdot \sqrt{L(km)}$

Considerando $d = 0,56$ m e $L = 2,16415$ (em quilômetros), temos:

$T = 0,56 \cdot \sqrt{2,16415} = \pm 0,824 \text{ m}$

Erro (0,354 m) < Tolerância (0,824 m), ou seja, menor do que a tolerância!

Exemplo 2.44 *Continuação*

c) **Cálculo do erro relativo linear**

$$E_r = \frac{E_l}{L} = \frac{0,354}{2.164,150} = \frac{1}{6.113,418} \cong \frac{1}{6.000}$$

ou seja, projeta um erro de 1 cm a aproximadamente 60 m, uma precisão boa para algumas aplicações topográficas.

5. Cálculo das coordenadas relativas corrigidas

Serão utilizados os dois processos (proporcional às distâncias e às coordenadas relativas), apenas para exercitá-los e compará-los. Serão feitos apenas alguns cálculos demonstrativos, sendo o restante a cargo do leitor. Os resultados constam na planilha de cálculo.

Processo 1 – Proporcional às distâncias

a) **Cálculo dos fatores de proporção em x e em y**

$$\text{fator}_x = \frac{e_x}{P} = \frac{-0,287}{2.164,150} = -1,32615 \cdot 10^{-4}$$

$$\text{fator}_y = \frac{e_y}{P} = \frac{-0,207}{2.164,150} = -9,56496 \cdot 10^{-5}$$

sendo P o perímetro, em metros.

b) **Cálculo da correção em x e em y**

Deve-se observar que o **sinal** da correção deve ser **contrário** ao do erro.

Correção $x_{A-B} = -(\text{fator}_x \cdot \text{dist}_{A-B})$;   Correção $y_{A-B} = -(\text{fator}_y \cdot \text{dist}_{A-B})$

Correção $x_{0-1} = -(\text{fator}_x \cdot \text{dist}_{0-1}) = -(-1,32615 \cdot 10^{-4} \cdot 411,340) = +0,055$ m

....

Correção $x_{5-0} = -(\text{fator}_x \cdot \text{dist}_{5-0}) = -(-1,32615 \cdot 10^{-4} \cdot 222,300) = +0,029$ m

Correção $y_{0-1} = -(\text{fator}_y \cdot \text{dist}_{0-1}) = -(-9,56495 \cdot 10^{-5} \cdot 411,340) = +0,039$ m

....

Correção $y_{5-0} = -(\text{fator}_y \cdot \text{dist}_{5-0}) = -(-9,56495 \cdot 10^{-5} \cdot 222,300) = +0,021$ m

Processo 2 – Proporcional às coordenadas relativas

a) **Cálculo dos fatores em x e em y**

$$\text{fator}_x = \frac{e_x}{\Sigma |x|} = \frac{-0,287}{1.367,243} = -2,09911 \cdot 10^{-4}$$

$$\text{fator}_y = \frac{e_y}{\Sigma |y|} = \frac{-0,207}{1.226,573} = -1,68763 \cdot 10^{-4}$$

b) **Cálculo da correção em x e em y**

Deve-se observar que o **sinal** da correção deve ser **contrário** ao do erro.

Correção $x = -(\text{fator}_x \cdot \text{dist})$; Correção $y = -(\text{fator}_y \cdot \text{dist})$

Correção $x_{0-1} = \text{fator}_x \cdot x_{0-1} = -(-2,09911 \cdot 10^{-4} \cdot 356,231) = +0,075$ m

....

Correção x_{5-0} = fator$_x$ · x_{5-0} = − (−2,09911 · 10^{-4} · 10,036) = + 0,002 m
Correção y_{0-1} = fator$_y$ · y_{0-1} = − (−1,68763 · 10^{-4} · 205,670) = + 0,035 m
....
Correção y_{5-0} = fator$_y$ · y_{5-0} = − (−1,68763 · 10^{-5} · 222,073) = + 0,037 m

O restante dos cálculos está na planilha de cálculo. Por fim, as coordenadas relativas corrigidas serão dadas pela coordenada relativa não corrigida mais a correção. Observe que as correções diferem em função do método adotado de distribuição, conforme discutido na seção "Cálculo das Coordenadas relativas corrigidas". Neste exemplo, utilizaram-se apenas as correções calculadas pelo processo 1.

$x_{1-2(corrigida)}$ = $x_{1-2(erro)}$ − Correção x_{1-2} = + 356,231 + 0,055 = + 356,286 m
....
$x_{5-0(corrigida)}$ = $x_{5-0(erro)}$ + Correção x_{5-0} = + 10,036 + 0,030 = + 10,066 m
$y_{1-2(corrigida)}$ = $y_{1-2(erro)}$ + Correção y_{1-2} = + 205,670 + 0,039 = + 205,709 m
....
$y_{5-0(corrigida)}$ = $y_{5-0(erro)}$ + Correção y_{5-0} = − 222,073 + 0,022 = − 222,051 m

Obs.: As irradiações não sofreram correção. O restante dos cálculos está na caderneta.

6. Cálculo das coordenadas absolutas

Para determinar as coordenadas absolutas, foram adotados valores para as coordenadas X e Y iniciais (ponto 0), iguais a:

X_0 = 1.000,000 m
Y_0 = 1.000,000 m

Observe na caderneta que a coordenada do ponto refere-se à linha de cada ponto visado.

$X_1 = X_0 + x_{0-1}$ = 1.000,000 + 356,286 = 1.356,286 m
$X_2 = X_1 + x_{1-2}$ = 1.356,286 + 317,256 = 1.673,542 m
....
$X_0 = X_5 + x_{5-0}$ = 989,934 − 10,066 = 1.000,000 m
$Y_1 = Y_0 + y_{0-1}$ = 1.000,000 + 205,709 = 1.205,709 m
$Y_2 = Y_1 + y_{1-2}$ = 1.205,709 − 120,193 = 1.085,516 m
....
$Y_0 = Y_5 + y_{5-0}$ = 1.222,051 − 222,051 = 1.000,000 m

Irradiação:

$X_{i_1} = X_2 + x_{2-i_1}$ = 1.673,542 + 36,364 = 1.709,906 m
....
$Y_{i_1} = Y_2 + y_{2-i_1}$ = 1.085,516 + 93,476 = 1.178,992 m
....

>> Cálculo de áreas planas

A medição da área plana, ou projetada horizontalmente, de uma localidade é importante para a maioria dos problemas de engenharia, principalmente quando envolve estudos de custos e orçamentos.

As técnicas geométricas e analíticas para quantificar as áreas (e volumes) são relativamente simples, porém, muito "custosas" quando realizadas manualmente. A utilização de *software* a partir da rotina do método de Gauss possibilita um cálculo mais preciso e ágil. Entre as aplicações para a determinação da área, pode-se citar:

• **Construção de loteamentos e cadastro urbano.** Dimensionamento da quantidade de lotes, cálculo de impostos e indenizações, inventário e titulação de terras, áreas dos limites para o georreferenciamento de imóveis rurais, delimitação das regiões impostas como Reserva Legal, delimitação e cadastro de lotes urbanos, etc.
• **Construção de vias urbanas e rurais.** Medição de áreas a serem desapropriadas e pagamento de indenizações, estimativas de volumes de materiais para construção de cortes e aterros, análise de custos para transporte de material de corte e aterro (terraplenagem), previsão de tempo para execução da obra em função do volume a ser retirado ou depositado, cálculo de volumes de material para pavimentos (asfalto ou concreto) em função da área e espessura de cada camada, etc.
• **Construção de barragens, canais e hidrovias.** Medição de áreas a serem desapropriadas, determinação da área e volume de bacias hidrográficas, avaliação da capacidade hídrica do reservatório, dimensionamento da altura da barragem, cálculo de volumes de materiais, por meio da área de perfis de sondagem batimétrica, estimativas do volume para predição do tempo e de custos entre dragagens de um canal, etc.
• **Edificações e obras em geral.** Construção de estacionamentos, pátios para depósitos em geral, regiões de manobras para implantação de sistemas de transportes em geral, dimensionamento da capacidade de aterros sanitários, etc.

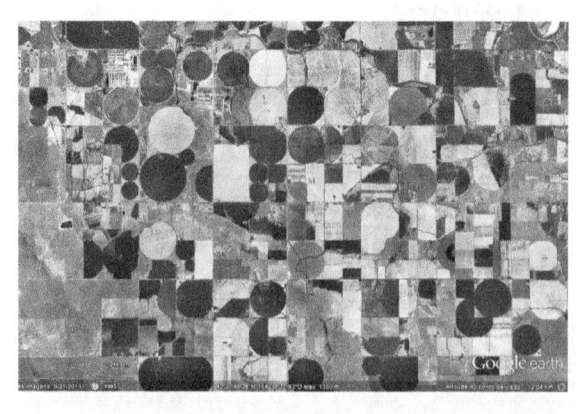

Figura 2.70 Cálculo de áreas para previsão de safras.
Fonte: Google (c2013).

- **Agricultura, engenharia agrícola e florestal.** Dimensionamento da área de lavouras, cálculo de área de bacias de acumulação, dimensionamento de projetos de irrigação e drenagem, previsão e controle de safras, etc. (Fig. 2.70);
- **Transportes e logística.** Dimensionamento de pátios de armazenagem, distribuição dos locais em função do volume dos equipamentos, regiões de manobras (Fig. 2.71);

Figura 2.71 Cálculo de áreas para transportes.

- **Construção de túneis e na mineração.** Avaliação de jazidas (áreas e volumes), análise de custo de transporte de material, demarcação das frentes de lavra, dimensionamento de pátios de estocagem, cálculo de volumes de bacias de sedimentação, cálculo de volume de desmonte de maciços rochosos, etc.

Na determinação de uma área, os procedimentos são normalmente aplicados:

- diretamente, por meio das coordenadas dos pontos obtidas pelas medições, sendo a área calculada analiticamente;
- indiretamente, por meio do desenho da região de interesse, com aplicação da escala em questão.

Uma vez que se utilizam os dados originais que definem os limites de uma localidade, o processo **direto** é o mais preciso. No caso do processo **indireto**, a precisão estará relacionada à escala de representação, com exceção para desenhos criados com as coordenadas originais, em um *software* do tipo CAD.

Há cinco métodos para esses dois processos:

1. Métodos analíticos
   - Fórmula de Gauss.

2. Métodos geométricos (ou gráficos)
   - Método de Garceau e método de Collignon
   - Métodos de decomposição: decomposição em polígonos
   - Métodos mecânicos (ou digital): planímetro polar (Fig. 2.72)
   - Métodos de comparação: quadrícula

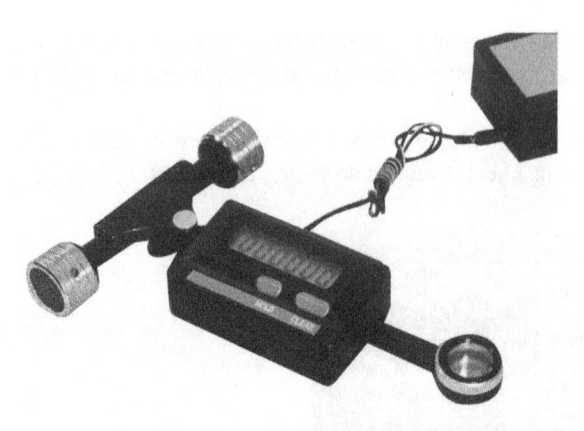

Figura 2.72 Planímetro digital.

A seguir, apresentaremos o método analítico pela fórmula de Gauss e os métodos gráficos de decomposição em polígonos e de comparação por quadrículas.

» Método analítico pela fórmula de Gauss

É possível fazer o cálculo por processo analítico da área de uma poligonal conhecendo as coordenadas **relativas** e **absolutas** dos vértices, ou apenas das absolutas.

Para isso, aplica-se a fórmula de Gauss para cálculo de áreas, com base na fórmula do trapézio (Fig. 2.74). Este método é considerado o mais preciso para cálculo de áreas de poligonais topográficas.

Descrevendo o método, seja a Figura 2.73 o polígono ABC e suas projeções relativas e absolutas segundo os eixos x e y, tem-se que a área do polígono pode ser avaliada como (Fig. 2.75):

Figura 2.74 Carl Friedrich Gauss.
Fonte: ©Georgios/Dreamstime.com.

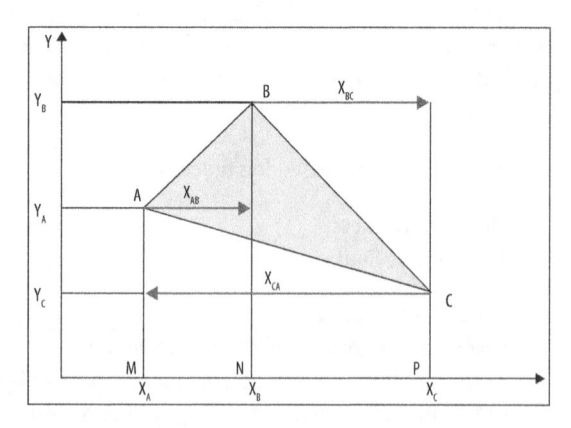

Figura 2.73 Cálculo de área I.

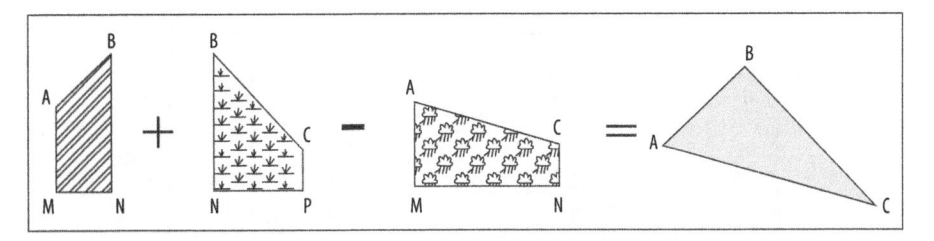

Figura 2.75   Cálculo de área II.

Área polígono $\overline{MABNM}$ + Área polígono $\overline{NBCPN}$ − Área polígono $\overline{MACPM}$ = Área do polígono

Considerando as **ordenadas absolutas** Y_A, Y_B e Y_C e as **abscissas relativas** x_{A-B}, x_{B-C} e x_{C-A}, pode-se escrever:

$$\frac{(Y_A+Y_B)\cdot x_{A-B}}{2}+\frac{(Y_B+Y_C)\cdot x_{B-C}}{2}+\frac{(Y_C+Y_A)\cdot x_{C-A}}{2}=\text{área do polígono}.$$

Observe que o terceiro polígono deve ser subtraído dos dois primeiros. Essa operação será automática, pois o sinal do terceiro fator da expressão acima, $(Y_C+Y_A)\cdot x_{C-A}/2$, será negativo em função do valor da coordenada parcial x_{C-A}.

Rearranjando a expressão:

$(Y_A+Y_B)\cdot x_{A-B}+(Y_B+Y_C)\cdot x_{B-C}+(Y_C+Y_A)\cdot x_{C-A}=2\times\text{área do polígono}$.

Então, a soma binária das ordenadas absolutas pelas abscissas relativas corrigidas **será igual a duas vezes a área do polígono (área dupla)**.

Da mesma maneira, pode-se considerar o outro eixo de projeção, que teria como a área dupla da área a soma binária das abscissas absolutas pelas ordenadas relativas.

Logo:

$(X_A+X_B)\cdot y_{AB}-(X_B+X_C)\cdot y_{BC}+(X_C+X_A)\cdot y_{CA}=2\times\text{área}$.

Para exemplificar, considere os dados das planilhas de cálculo dos Exemplos 2.43 e 2.44 vistos na seção "Exemplos de cálculo de planilha de coordenadas". Observe o preenchimento da planilha de cálculo de áreas, bem como sua solução.

No caso de conhecer apenas as coordenadas absolutas dos pontos, por desenvolvimento da expressão a seguir, temos:

$(Y_A+Y_B)\cdot x_{A-B}+(Y_B+Y_C)\cdot x_{B-C}+(Y_C+Y_A)\cdot x_{C-A}=2\times\text{área do polígono}$

$(Y_A+Y_B)\cdot(X_B-X_A)+(Y_B+Y_C)\cdot(X_C-X_B)+(Y_C+Y_A)\cdot(X_A-X_C)=2\times\text{área do polígono}$

$(Y_AX_B-Y_AX_A+Y_BX_B-Y_BX_A)+(Y_BX_C-Y_BX_B+Y_CX_C-Y_CX_B)+(Y_CX_A-Y_CX_C+Y_AX_A-Y_AX_C)=2\times\text{área}$

$(Y_AX_B-Y_AX_A+Y_BX_B-Y_BX_A)+(Y_BX_C-Y_BX_B+Y_CX_C-Y_CX_B)+(Y_CX_A-Y_CX_C+Y_AX_A-Y_AX_C)=2\times\text{área}$

$\left|(Y_AX_B+Y_BX_C+Y_CX_A)-(Y_BX_A+Y_CX_B+Y_AX_C)\right|=2\times\text{área}$

Exemplo 2.45 *Com base na planilha de coordenadas do Exemplo 2.43, calcule a área da poligonal topográfica.*

Solução:

Estação	Ponto visado	Coordenadas relativas		Coordenadas absolutas		ΣX	ΣY	Áreas duplas x · ΣY		Áreas duplas y · ΣX	
		x	y	X	Y			+	−	+	−
0	1	+ 10,028	− 17,397	110,028	82,603	210,028	182,603	1.831,143			3.653,857
1	2	+ 9,993	+ 17,380	120,021	99,983	230,049	182,586	1.824,582		3.998,252	
2	0	− 20,021	+ 0,017	100,000	100,000	220,021	199,983		4.003,860	3,740	
							Soma	❶ = 3.655,725	❷ = 4.003,860	❸ = 4.001,992	❹ = 3.653,857
							Área (2·S)	2·S = ❶ − ❷ = − 348,135		2·S = ❸ − ❹ = 348,135	
							Área (S)	S = 174,067 m² = 0,0174 (ha)			

Exemplo 2.46 *Com base na planilha de coordenadas do Exemplo 2.44, calcule a área da poligonal topográfica.*

Solução:

Estação	Ponto visado	Coordenadas relativas		Coordenadas absolutas		ΣX	ΣY	Áreas duplas x · ΣY		Áreas duplas y · ΣX	
		x	y	X	Y			+	–	+	–
0	1	+ 356,286	+ 205,709	1.356,286	1.205,709	2.356,286	2.205,709	785.863,237		484.709,237	
1	2	+ 317,256	– 120,193	1.673,542	1.085,516	3.029,828	2.291,225	726.904,879			364.164,117
2	3	– 28,323	+ 407,552	1.645,219	1.493,068	3.318,761	2.578,584		73.033,235	1.352.567,683	
3	4	– 527,570	– 53,299	1.117,649	1.439,769	2.762,868	2.932,837		1.547.276,816		147.258,102
4	5	– 127,715	– 217,718	989,934	1.222,051	2.107,583	2.661,820		339.954,341		458.858,756
5	0	+ 10,066	– 222,051	1.000,000	1.000,000	1.989,934	2.222,051	22.367,165			441.866,835
						Soma		❶ = 1.535.135,281	❷ = 1.960.264,392	❸ = 1.837.276,920	❹ = 1.412.147,809
						Área (2·S)		2 · S = ❶ – ❷ = –425.129,111		2 · S = ❸ – ❹ = 425.129,111	
						Área (S)		S = 212.564,556 m2 = 21,2565 ha			

O quadro a seguir apresenta uma simplificação desse cálculo.

Quadro 2.8

Pontos	X	Y	1	2
A	X_A	Y_A		
B	X_B	Y_B	$X_A \cdot Y_B$	$X_B \cdot Y_A$
C	X_C	Y_C	$X_B \cdot Y_C$	$X_C \cdot Y_B$
A	X_A	Y_A	$X_C \cdot Y_A$	$X_A \cdot Y_C$
		Soma	?	??
			$\lvert ? - ?? \rvert = 2 \cdot$ Área	

Exemplo 2.47 *Para exercitar, considere novamente os dados das planilhas de cálculo dos Exemplos 2.43 e 2.44.*

a) Dados da planilha do Exemplo 2.43 com resultados

Pontos	X	Y	X · Y	Y · X
0	100,000	100,000		
1	110,028	82,603	8260,300	11002,800
2	120,021	99,983	11000,930	9914,095
0	100,000	100,000	12002,100	9998,300
		Soma	31263,330	30915,195
		Área	174,067	

b) Dados da planilha do Exemplo 2.44 com resultados

Pontos	X	Y	X · Y	Y · X
0	1000,000	1000,000		
1	1356,286	1205,709	1205709,000	1356286,000
2	1673,542	1085,516	1472270,154	2017804,651
3	1645,219	1493,068	2498712,007	1785911,548
4	1117,649	1439,769	2368735,314	1668725,957
5	989,934	1222,051	1365824,078	1425276,285
0	1000,000	1000,000	989934,000	1222051,000
		Soma	9901184,553	9476055,442
		Área	212564,556	

» Método gráfico pela decomposição em polígonos

Nos métodos gráficos, deve-se levar em consideração a **escala da representação**. Logo, os processos gráficos são métodos expeditos e podem "falsear" a avaliação da área, devendo ser evitados quando se requer precisão.

O método de decomposição em polígonos geralmente é aplicado em poligonais regulares, as quais permitem o traçado de alinhamentos que as atravessem. Para totalização da área, deve-se recorrer às expressões da geometria plana, que fornecem a área de figuras como triângulos, retângulos, trapézios e outros.

Exemplo 2.48 *Com base no desenho do Exemplo 2.44, calcule a área da poligonal topográfica da Figura 2.76:*

Solução:

Área 1 (trapézio) = (468 + 278) × 160 / 2 = 59.680 m²

Área 2 (trapézio) = (468 + 78) × 190 / 2 = 51.870 m²

Área 3 (triângulo) = (697 × 280) / 2 = 97.580 m²

Área 4 (triângulo) = (78 × 347) / 2 = 13.533 m²

Área total = 1 + 2 + 3 + 4 = 222.663,500 m²

Área correta = 212.564,555 → Erro de 10.098,945 m² (> 5 %), ou seja, precisão muito baixa em várias práticas de Topografia.

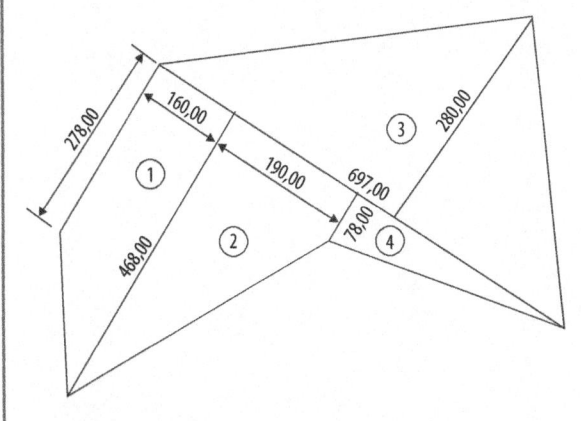

Figura 2.76 Cálculo de área III.

Outra decomposição em polígonos interessante é pela **triangulação**, ou seja, dividir toda a região da qual se deseja obter a área em diversos triângulos. Os triângulos podem ser calculados, conhecendo-se os seus lados, pela seguinte fórmula (Fig. 2.77):

$$\text{Área } \overline{ABC} = \sqrt{SP \cdot (SP - A) \cdot (SP - B) \cdot (SP - C)}$$

onde

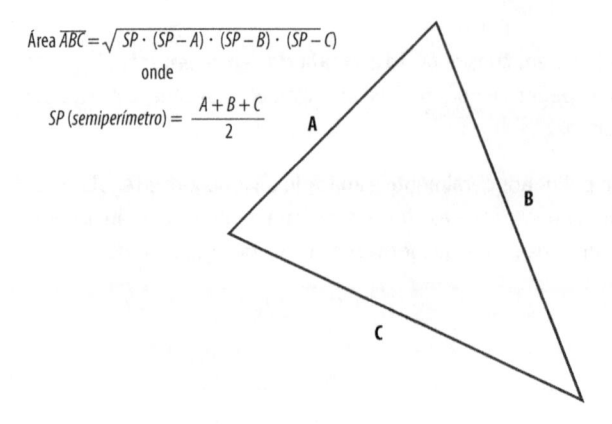

$$SP \text{ (semiperímetro)} = \frac{A + B + C}{2}$$

Figura 2.77 Cálculo de área IV.

>> Método de comparação por quadrículas

Este método consiste em determinar um padrão unitário de área e seu correspondente real, em função da escala da representação. Bastará contar quantas unidades do padrão se ajustam nos limites da propriedade e, assim, por simples "regra de três", obter o total da área.

A precisão do método está vinculada à estabilidade na reprodução do padrão (quadrícula), assim como ao seu tamanho.

Exemplo 2.49 *Calcule a área da poligonal extraída do software Google Earth, considerando o método por decomposição em triângulos (Fig. 2.78).*

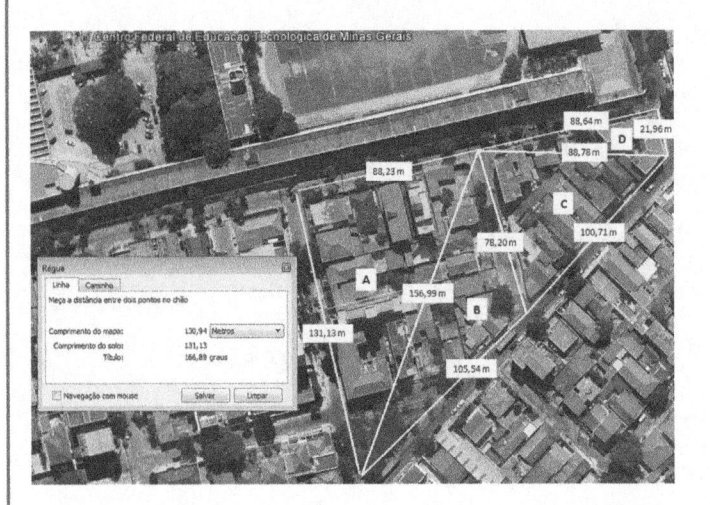

Figura 2.78 Cálculo de área V.
Fonte: Google (c2013).

Solução:

Triângulos	Lados	SP	Área
A	131,13		
	88,23	188,175	5.784,20
	156,99		
B	156,99		
	78,2	170,365	3.689,70
	105,54		
C	78,2		
	100,71	133,845	3.334,86
	88,78		
D	88,78		
	21,96	99,69	966,53
	88,64		
Total			13.775,28

Exemplo 2.50 *Com base no Exemplo 2.44, calcule a área da poligonal topográfica (Fig. 2.79).*

Área total = 226.250,000 m²

Área correta = 212.564,555 m²

Erro de 13.685,445 m² ($\cong$ 6 %), ou seja, precisão muito baixa para várias práticas topográficas.

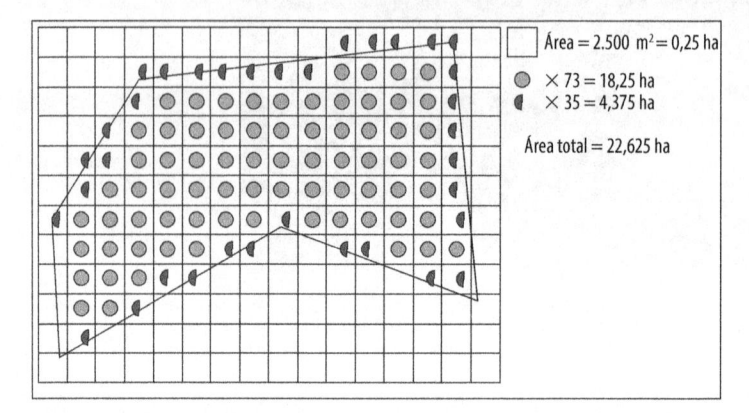

	Área = 2.500 m² = 0,25 ha
○	× 73 = 18,25 ha
◐	× 35 = 4,375 ha
	Área total = 22,625 ha

Figura 2.79 Cálculo de área VI.

» NO SITE

Acesse o ambiente virtual de aprendizagem e faça atividades para reforçar seu aprendizado.

capítulo 3

Altimetria

A altimetria destaca as irregularidades do relevo do terreno. Neste capítulo, apresentamos técnicas e equipamentos, cálculos e formas de representação desse relevo.

Objetivos

» Diferenciar as superfícies de referências de nível.

» Conhecer equipamentos e acessórios para o nivelamento.

» Conhecer itens da ABNT (1994), referente à altimetria.

» Conhecer os processos de nivelamento.

» Calcular planilhas de nivelamento.

» Conhecer as formas de representação altimétrica.

» Desenhar e interpretar perfis topográficos.

❱❱ Altimetria

A **altimetria** trata dos métodos e instrumentos topográficos empregados no estudo e na representação do relevo do terreno. Com esse objetivo, as medidas são efetuadas considerando um plano vertical, obtendo-se distâncias verticais ou diferenças de nível em campo.

As aplicações da altimetria se destacam em obras de terraplenagem, projetos de redes de água e esgoto, projetos de estradas, planejamento urbano e de transportes, entre outros (veja o Capítulo 1, seção "Importância e aplicações").

O princípio fundamental para o estudo da altimetria é a materialização de superfícies de referências de nível que sirvam de comparação entre os vários pontos do terreno e as alturas advindas dessas referências, como a altitude ou a cota, apresentadas na seção "Superfícies de referência de nível".

O **nivelamento** é a operação ou prática topográfica que define a altimetria do terreno, ou seja, busca determinar as diferenças de altura entre pontos desse terreno. Para tal, são utilizados equipamentos e acessórios (seção "Instrumentos para o nivelamento") e processos (seção "Métodos de nivelamento").

Considerando que o **nivelamento geométrico** é a técnica mais precisa (e uma das mais utilizadas) de campo, a seção Nivelamento geométrico apresenta esse método com exemplo específico. Após o levantamento de campo, há a representação desse relevo, discutida sucintamente na seção "Representação altimétrica".

❱❱ Superfícies de referência de nível

Considerando um corte vertical no terreno, pode-se considerar três superfícies básicas (Fig. 3.1):

- **Superfície do terreno:** onde são realizadas as operações topográficas, no caso, o nivelamento.
- **Superfície do geoide:** definido como a figura que melhor representa a forma da Terra, sendo obtida por meio do prolongamento do nível médio dos mares, em repouso pelos continentes.
- **Superfície do elipsoide:** figura com possibilidade de tratamento matemático que mais se assemelha ao geoide.

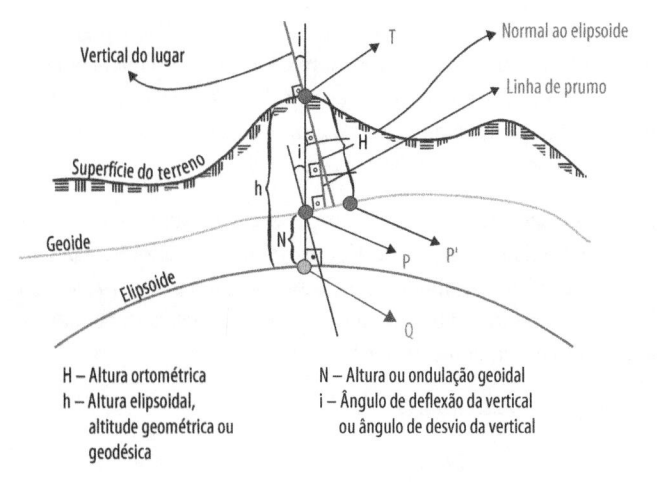

H – Altura ortométrica
h – Altura elipsoidal, altitude geométrica ou geodésica
N – Altura ou ondulação geoidal
i – Ângulo de deflexão da vertical ou ângulo de desvio da vertical

Figura 3.1 Superfície terrestre, geoide e elipsoide.

A distância entre o elipsoide e o geoide medida ao longo da normal ao elipsoide (PQ) é a **altura geoidal** ou **ondulação geoidal** (N). A distância entre o elipsoide e o terreno medida ao longo da normal ao elipsoide (TQ) é a **altura elipsoidal** (h). A distância entre o geoide e o terreno, medida ao longo da linha de prumo ou vertical (TP') é a **altura ortométrica** (H), a qual pode ser obtida pelo transporte de altitudes considerando o nivelamento geométrico. Logo, por aproximação, pode-se escrever:

$h \cong N + H$.

Se considerarmos que o desvio da vertical possa ser nulo para determinadas aplicações, temos:

$h = N + H$.

> **» DICA**
> Alguns autores fazem referência à altura elipsoidal pela letra "H" e à altura ortométrica pela letra "h".

Considerando a superfície geoidal uma **superfície de referência**, ou seja, uma superfície para tomar medidas por comparação, dois pontos estarão no mesmo nível se suas alturas ortométricas forem iguais (Fig. 3.2).

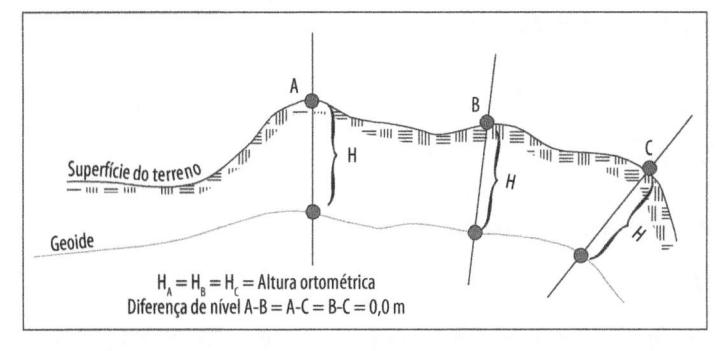

$H_A = H_B = H_C$ = Altura ortométrica
Diferença de nível A-B = A-C = B-C = 0,0 m

Figura 3.2 Alturas ortométricas de pontos.

Quando se relaciona a superfície de referência de comparação ao geoide, ela é denominada **superfície de referência ideal** ou **verdadeira**. Apesar da denominação, ocorrem várias perturbações nessa superfície, como as atrações combinadas da Lua e do Sol (fenômeno das marés). Logo, tal referência se baseia no **nível médio dos mares**, sendo determinada por observações em um marégrafo (p. ex., o datum altimétrico brasileiro, localizado na Baía de Imbituba, Santa Catarina), por um período de muitos anos, com o propósito de minimizar os efeitos das forças perturbadoras e, assim, definir uma superfície estável.

No entanto, nos trabalhos de Topografia, geralmente, a materialização da superfície de referência ideal ou verdadeira é substituída por uma superfície denominada **superfície de referência aparente**. A superfície de referência aparente corresponde a um plano paralelo ao plano tangente à superfície de referência ideal ou verdadeira, sendo materializada, na prática, pelo plano horizontal de visada dos instrumentos de nivelamento (Fig. 3.3).

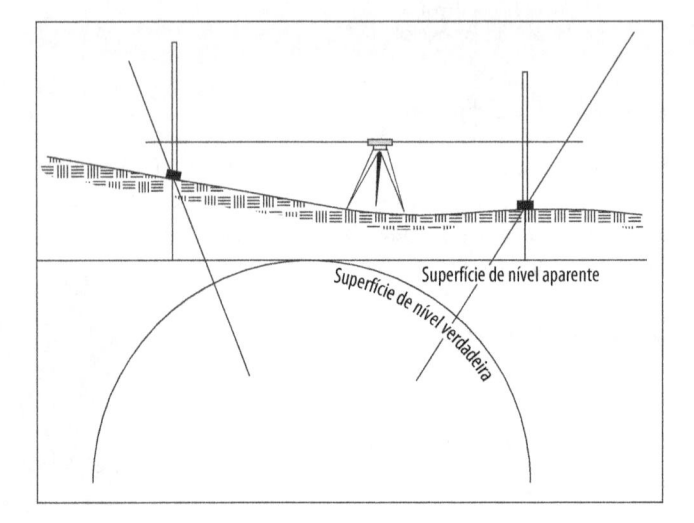

Figura 3.3 Superfícies de referência verdadeira e aparente.

Como vimos, há duas superfícies de referência importantes na altimetria:

• Superfície de referência de nível ideal ou verdadeira, definida pelo geoide.
• Superfície de referência de nível aparente, definida por um plano paralelo ao plano tangente ao geoide, cuja altura entre os planos é arbitrária.

>> Erro de nível aparente

É a combinação do erro de esfericidade e do erro de refração.

a) Erro de esfericidade

Quando se substitui a superfície de nível verdadeira pela superfície de nível aparente, comete-se um erro denominado **erro de esfericidade**. O erro de esfericidade pode ser dado pela seguinte expressão:

$$E_e = \frac{D^2}{2 \cdot R},$$

onde

$E_e \rightarrow$ erro de esfericidade (m)
$D \rightarrow$ distância entre os pontos
$R \rightarrow$ raio da Terra.

> **Exemplo 3.1** *Tomando-se os valores de $R \cong 6.367$ km e a distância entre dois pontos igual a 1.000 m, calcule o erro de esfericidade.*
>
> *Solução:*
>
> $$E_e = \frac{D^2}{2 \cdot R} = \frac{1000^2}{2 \cdot 6.367.000} = 0,078 \text{ m}$$

b) Erro de refração

O **erro de refração** ocorre devido ao desvio do raio luminoso. Ao atravessar as diversas camadas atmosféricas, quando se faz uma visada de um ponto ao outro, o raio luminoso segue uma trajetória curva em vez de uma linha reta. Em geral, as camadas de ar mais densas são as mais próximas da Terra, resultando em uma trajetória curva cuja concavidade é voltada para a superfície da Terra. Conforme COMASTRI, 1987, o erro de refração pode ser dado por:

$$E_r = \frac{0,079 \cdot D^2}{R},$$

onde

$E_r \rightarrow$ erro de refração (m)
$D \rightarrow$ distância entre os pontos
$R \rightarrow$ raio da Terra.

c) Erro de nível aparente

Como dito anteriormente, o erro de nível aparente é a combinação dos dois erros anteriores e pode ser obtido pela seguinte expressão (COMASTRI, 1987):

$$E_{na} = \frac{0,421 \cdot D^2}{R}.$$

No Quadro 3.1, obtêm-se valores para o erro de nível aparente (E_{na}) para valores em função da distância D e R = 6.367 km.

Quadro 3.1 Valores de distâncias *versus* erro de nível aparente

Distância (m)	Erro de nível aparente (m)
40	0,0001
80	0,0004
120	0,0009
150	0,0015
200	0,0026
1000	0,0066

Nas aplicações práticas de nivelamento, considera-se sem efeito o erro de nível aparente inferior a 1 milímetro, ou seja, para distâncias entre visadas menores do que 120 metros (Quadro 3.1). No entanto, quando as visadas forem superiores a 120 metros, e de acordo com a precisão do trabalho, deve-se determinar o erro de nível aparente, a fim de proceder a correção da diferença de nível verdadeira. A diferença de nível verdadeira será obtida somando o erro de nível aparente à diferença de nível (COMASTRI, 1987).

Essas correções geralmente são adotadas quando se executa o nivelamento pelo processo trigonométrico, com o intuito de obter boa precisão. No nivelamento geométrico, as correções podem ser desprezadas porque as distâncias entre as visadas são relativamente pequenas, e, com a alternativa de posicionar o nível a distâncias iguais aos pontos a medir, minimizam-se os efeitos da esfericidade e da refração.

» Altitude, cota, diferença de nível e declividade

A definição de superfícies de referência de nível designa-se por:

a) Altitude

É definida como a altura de um ponto do terreno em relação à superfície de referência ideal ou verdadeira, ou seja, ao nível médio dos mares (Fig. 3.4).

Figura 3.4 Altitudes de pontos topográficos.

b) Cota

É definida como a altura de um ponto em relação à superfície de referência aparente, ou seja, a um plano horizontal arbitrário (Fig. 3.5).

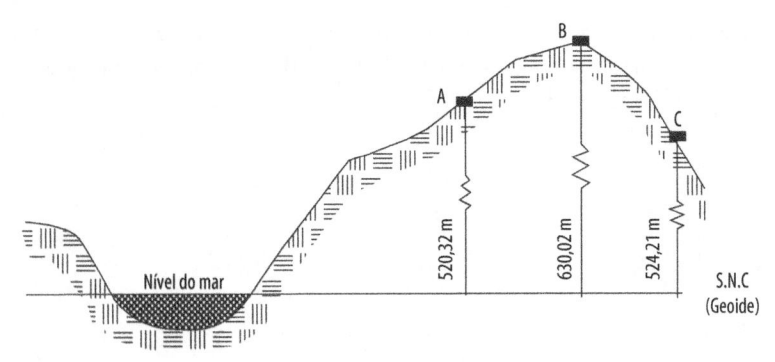

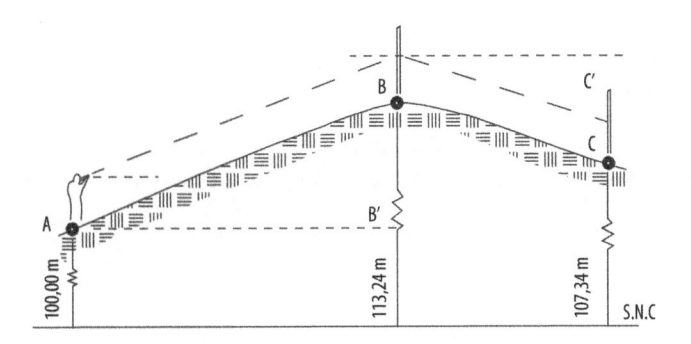

Figura 3.5 Cotas de pontos topográficos.

Embora seja mais comum, nos trabalhos topográficos, o emprego das cotas, deve-se, sempre que possível, relacionar as alturas com o nível médio dos mares, a fim de obter as altitudes dos pontos.

O recurso de utilizar uma superfície de nível de comparação arbitrário é prático quando se trabalha em regiões em que não se tenha referência de altitudes. Mesmo nessas condições, é sempre recomendado trabalhar com altitudes aproximadas (obtidas com um altímetro, por meio de carta topográfica ou, ainda, com um GPS de navegação) para o ponto de partida do levantamento altimétrico. Nesses casos, deve-se informar a precisão dessa observação. Um inconveniente ao emprego de cotas nos levantamentos altimétricos é a impossibilidade de relacionar plantas topográficas provenientes de levantamentos diferentes na mesma região.

c) Diferença de nível

Entende-se como a diferença de altura entre dois pontos topográficos. Tal diferença pode estar associada às altitudes ou cotas dos pontos, podendo ocorrer em valores positivos ou negativos caso estejam acima ou abaixo daquele tomado como termo de comparação, ou seja, depende do referencial adotado. Para cálculo da diferença de nível entre dois pontos A-B, simbolizado geralmente por DN_{A-B} ou ΔN_{A-B}, temos:

$DN_{A-B} = Cota_B - Cota_A$

ou

$DN_{A-B} = Altitude_B - Altitude_A$.

d) Declividade

A declividade (inclinação ou rampa) do terreno é definida pela razão entre a diferença de nível e a distância horizontal entre dois pontos. Para ser expresso em porcentagem (%), o resultado deve ser multiplicado por 100. Caso não seja multiplicado por 100, será expresso na unidade "m/m".

$i(\%) = \dfrac{Dn}{Dh} \cdot 100,$

onde

$Dn \rightarrow$ diferença de nível (m)
$Dh \rightarrow$ distância horizontal (m).

O sinal da declividade está relacionado ao sinal da diferença de nível – ou seja, se positiva, uma declividade positiva (ou ascendente); se negativa, declividade negativa (descendente).

Exemplo 3.2 *Considerando os dados, calcule:*

a) A declividade um trecho

Dados: cota A = 100,000 m;
cota B = 130,000 m;
Dh_{A-B} = 150,000 m.

Solução:

$i(\%) = \dfrac{Dn}{Dh} \cdot 100 = \dfrac{(C_B - C_A)}{Dh_{A-B}} \cdot 100 = \dfrac{(130,000 - 100,000)}{150,000} \cdot 100 = +20\%$ ou 0,20 m/m

b) Cota de um ponto

Dados: cota A = 95,230 m;
cota B = ?;
DhA-B = 512,450 m;
$i(\%) = -3,5\%$ (ou $-0,035$ m/m).

Solução:

$$i(\%) = \frac{Dn}{Dh} \cdot 100 \therefore -3,5 = \frac{(C_B - 95,230)}{512,450} \cdot 100$$

$$CB = \left(\frac{512,450 \cdot -3,5}{100}\right) + 95,230$$

$$C_B = 77,294 \text{ m}$$

Nesse exemplo (item b), observe que, se multiplicarmos o valor da declividade, na unidade "m/m", pela distância percorrida, obteremos o desnível para o trecho considerado, ou seja, –0,035 m/m × 512,450 m será igual a um desnível de −17,936 m. Basta somar esse valor à cota de origem.

O uso e o cálculo de declividades para a área de projetos é fundamental, pois uma obra de engenharia geralmente não se apoia diretamente no terreno; isto é, quase sempre será necessária uma **conformação** (terraplenagem) desse terreno ao projeto. Por exemplo, independentemente do projeto, as irregularidades do terreno deverão ser conformadas para declividades constantes, dando origem à denominação greide ou rampa de projeto. Um **greide** é uma linha que acompanha o perfil do terreno, dotada de determinada inclinação. Nesse caso, ela poderá indicar em quais locais o solo deverá ser cortado ou aterrado para se adequar ao projeto (Fig. 3.6).

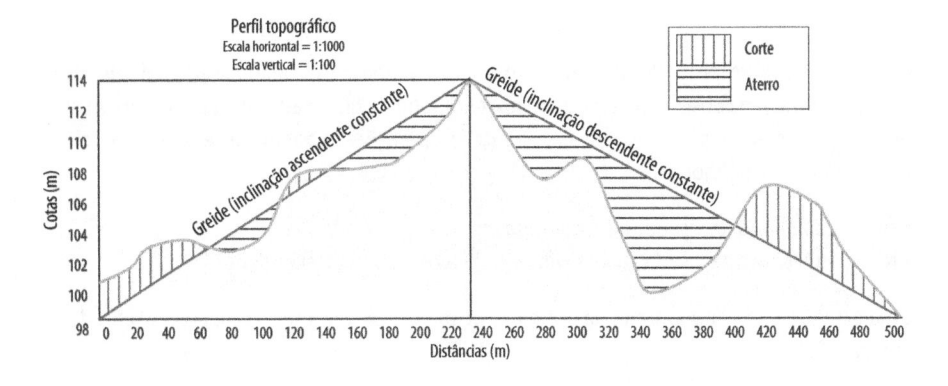

Figura 3.6   Greide e terreno definindo regiões de corte e aterro.

Exemplo 3.3 *Com base no perfil da Figura 3.6, calcule as declividades dos trechos (greides ascendente e descendente).*

Solução:

a) Declividade do trecho ascendente:

$$i(\%) = \frac{Dn}{Dh} \cdot 100 \therefore i(\%) = \frac{(114-98)}{240} \cdot 100 = +6{,}67\%$$

b) Declividade do trecho descendente:

$$i(\%) = \frac{Dn}{Dh} \cdot 100 \therefore i(\%) = \frac{(98-114)}{(500-240)} \cdot 100 = -6{,}15\%$$

>> Instrumentos para o nivelamento

Os instrumentos empregados nos trabalhos de nivelamento são denominados **níveis**. Os níveis, cujo princípio construtivo é baseado no fenômeno da gravidade, fornecem alinhamentos que pertençam a um plano horizontal durante as operações topográficas e podem ser classificados em duas categorias:

• Níveis cujo plano de visada é sempre horizontal.
• Níveis cujo plano de visada tem movimento ascendente ou descendente.

Uma categoria não enquadrada na definição acima são os barômetros e os receptores de satélites GPS.

>> Plano de visada horizontal

Nesta categoria, os instrumentos, ao serem girados em torno de seu eixo vertical, devidamente ajustado, descrevem sempre um plano horizontal. A horizontalidade do plano de visada fornecida pelos instrumentos está apoiada na física, especificamente no **princípio gravita-**

cional, sendo obtida com o emprego de níveis de bolha, do equilíbrio dos líquidos nos vasos comunicantes ou do princípio dos corpos suspensos (Quadro 3.2).

Quadro 3.2 Instrumentos altimétricos

Princípios construtivos	Exemplos de instrumentos	Confiabilidade
Níveis de bolha	Níveis de luneta	De ótima a boa
Equilíbrio dos líquidos nos vasos comunicantes	Níveis de água	De boa a média
Corpos suspensos	Perpendículo	De média a baixa

a) Níveis de bolha

Têm como finalidade materializar a vertical que passa por um ponto, sendo que uma normal a essa vertical fornece o plano horizontal. O nível de bolha consiste em um recipiente, no qual é introduzido um líquido, o mais volátil, que deixa um vazio formando uma bolha. Geralmente, utiliza-se álcool ou éter, e, em seguida, o recipiente é hermeticamente fechado. O recipiente, segundo a sua forma, distingue-se em dois tipos: **nível esférico** e **nível cilíndrico**.

• **Níveis esféricos:** são constituídos, basicamente, de uma calota esférica de cristal acondicionada em caixa metálica.
• **Níveis cilíndricos:** são constituídos de um tubo cilíndrico de cristal. A superfície da parte interna é polida de maneira a formar um ligeiro arco. Nas estações totais, por exemplo, os níveis cilíndricos estão associados a um sistema eletrônico, em que são ajustados ("calados") com auxílio dos parafusos calantes e visão através do *display* do equipamento.

Quando se associa uma luneta aos níveis de bolha (esférico e/ou cilíndrico), têm-se os **níveis de luneta**. A precisão desse nível está associada, em princípio, à sensibilidade dos níveis de bolha e à capacidade de aumento da luneta (Fig. 3.7).

Figura 3.7 Nível de luneta.

Outro instrumento muito utilizado na construção civil, valendo-se do nível de bolha, é o **nível de pedreiro**, podendo ser mecânico ou digital. Tem de baixa a média precisão, conforme sua construção, porém, atende a alguns tipos de serviços expeditos, por exemplo, na Topografia industrial.

Atualmente, há grande inovação de instrumentos para o nivelamento. O primeiro nível eletrônico (ou digital) foi lançado em 1990, pela empresa Wild. O princípio de funcionamento do equipamento é o processamento unidimensional de imagens, a partir de mira codificada em códigos de barras. Em termos de precisão, os níveis eletrônicos têm precisões até decimilimétricas em nivelamento duplo associadas com miras de invar (dependendo do modelo).

Outro modelo encontrado no mercado é o nível laser (Fig. 3.8). Trata-se de um nível automático bastante prático no qual a base operacional do instrumento consiste na geração de um plano horizontal ou vertical (ou inclinado, dependendo do modelo), por meio de um raio laser que gira perpendicularmente em relação ao plano vertical ou horizontal (ou inclinado). Há ainda o equipamento de alinhamento laser, também com nivelamento automático (ou através de níveis de bolhas) que fornecem apenas os feixes de laser, em duas ou três direções.

>> **NO SITE**
Visite o ambiente virtual de aprendizagem (www.bookman.com.br/tekne) para acessar um link que mostra vários modelos de níveis digitais e mecânicos.

Figura 3.8   Níveis laser e alinhador laser.
Fonte: ©Yanas/Shutterstock.com.

b) Equilíbrio dos líquidos nos vasos comunicantes

Tem como base o princípio físico da força da gravidade sobre os vasos comunicantes. O instrumento mais utilizado é o **nível de borracha** ou **de mangueira**. Para melhor uso do nível de mangueira, podem-se utilizar dois suportes de madeira ou metal, aos quais estão presas as extremidades do tubo de vidro ou mangueira transparente. Além de fácil manejo e baixo custo, esta técnica permite marcações confiáveis nos nivelamentos, como transferências de nível entre pontos, principalmente em práticas da construção civil (Fig. 3.9).

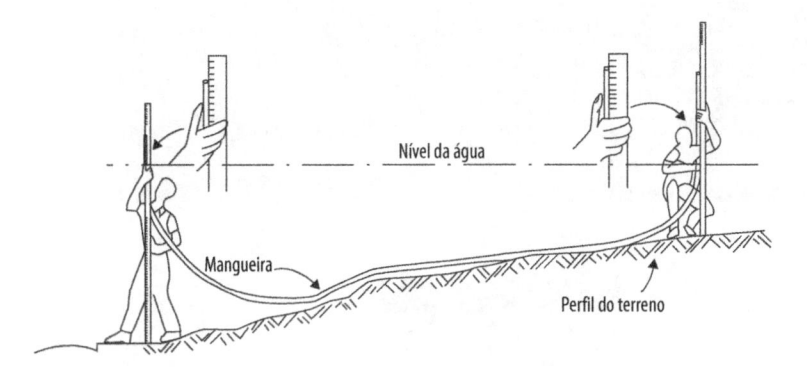

Figura 3.9 Nível de mangueira.
Fonte: construcaociviltips.blogspot.com.br.

>> Plano de visada com inclinação

Nestes equipamentos, inicialmente materializa-se um plano horizontal por meio de níveis de bolha (esférico e/ou tubular). A seguir, esses níveis permitem o afastamento do plano de visada em relação à sua horizontal, possibilitando a esta categoria medir ângulos verticais. Entre eles, podemos citar:

• **Clinômetros**
Para operá-los, visa-se uma mira colocada no ponto em que se deseja determinar o ângulo vertical ou a declividade. A seguir, gira-se o nível de bolha até que fique na posição de nivelado. O ângulo ou a declividade ficará registrado no limbo vertical. Trata-se de um equipamento de baixa a média precisão, próprio para levantamentos expeditos.

Apesar da simplicidade deste equipamento, já existe sua versão digital. Além disso, cita-se como aplicação na área geológica e geotécnica sua utilização para medir a inclinação de estratos e taludes, que corresponde ao ângulo formado pela **pendente** (linha de maior declive) com o plano horizontal.

• **Teodolitos e estações totais**
Depois de materializado um plano horizontal por meio dos níveis de bolha (esférico e/ou tubular), aplica-se a técnica de nivelamento taqueométrico, com uso dos fios estadimétricos de um teodolito, ou a técnica do nivelamento trigonométrico, com uso da estação total. Tais técnicas são apresentadas, na Figura 3.10.

> **WWW.**
>
> **>> NO SITE**
> Visite o ambiente virtual de aprendizagem para acessar links que mostram alguns modelos de clinômetros.

Figura 3.10 Operação de nivelamento trigonométrico com estação total.

Acessórios

>> **NO SITE**
Visite o ambiente virtual de aprendizagem para ter acesso a links com vários modelos de miras.

A **mira vertical** constitui o principal acessório dos instrumentos no caso específico dos nivelamentos geométrico e taqueométrico. As mais utilizadas são as miras "falantes", pois possibilitam a determinação direta das alturas das visadas nos pontos topográficos. As miras verticais são feitas de madeira ou metalon, reforçadas nas extremidades superior e inferior por guarnições metálicas, e geralmente são graduadas em centímetros (há réguas verticais, também utilizadas como miras, graduadas em milímetros). Além disso, podem apresentar graduações direta ou invertida. Pela modalidade de construção, podem ser classificadas em miras de dobrar ou de encaixe, sendo esta última a mais usada, em virtude da facilidade de manejo e transporte.

No caso do nivelamento trigonométrico, o acessório é o conjunto bastão-prisma já apresentado no Capítulo 2.

>> Barômetros e altímetros

São instrumentos que medem a variação de pressão atmosférica e relacionam essas medidas a variações de altitude. Os instrumentos mais utilizados são os altímetros e aneroides, por serem mais resistentes e adaptáveis às condições de campo. Vão de baixa a média precisão em suas determinações, podendo avaliar diferenças de nível da ordem de até 1 metro (dependendo do modelo). Também já existe sua versão digital (Fig. 3.12).

Figura 3.11 Altímetro.
Fonte: ©Fireflyphoto/Dreamstime.com.

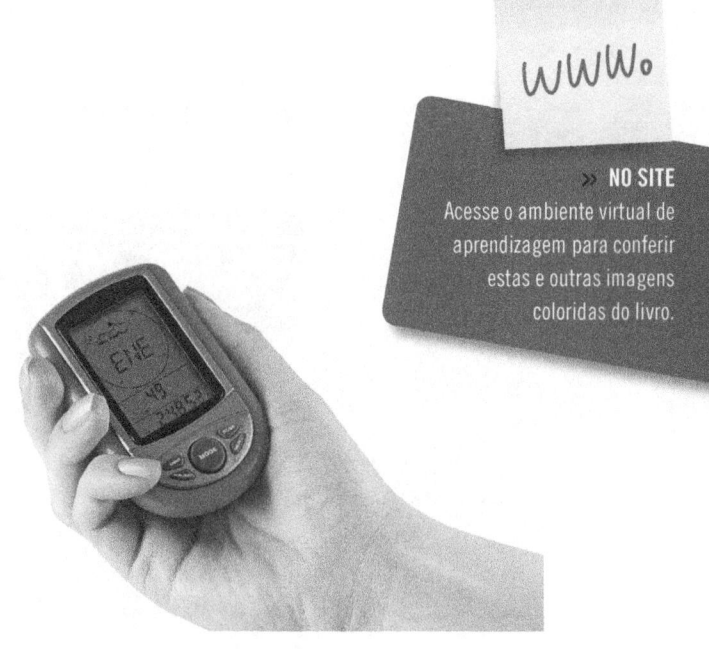

Figura 3.12 Altímetro digital.
Fonte: ©Doroo/Dreamstime.com.

›› GPS

São equipamentos que permitem obter a altitude geométrica de pontos, definindo-se inicialmente o termo Global Navigation Satellite Systems (GNSS), ou seja, Sistemas Globais de Navegação por Satélite. Estes sistemas referem-se aos sistemas de navegação por satélite, a citar atualmente o Global Positioning System – norte-americano (GPS), da década de 1970 e ainda operacional; e o Globalnaya Navigatsionnaya Sputnikovaya Sistem – russo (GLONASS), também da década de 1970 e parcialmente operacional (até a publicação deste livro).

O princípio básico para a determinação de pontos sobre a superfície terrestre (posicionamento) a partir de observações de receptores de satélites (no caso, o GPS) trata-se de um procedimento de **medição de distância** no qual, ao mesmo tempo, são medidas as distâncias entre a estação de recepção e (no mínimo) quatro satélites artificiais. Logo, partindo-se de coordenadas conhecidas dos quatro satélites, em dado instante, calculam-se as coordenadas da estação.

Na categoria de receptores do sistema GPS, estes são classificados em função da frequência observável/precisão como receptores de navegação, topográficos (ou L1) e geodésicos (L1/L2) (Fig. 3.13).

Figura 3.13 Receptores GPS: (a) de navegação, (b) topográfico e (c) geodésico.
Fonte: (a) ©Eskymaks/Dreamstime.com; (b) ©merial/iStockphoto.com; (c) ©Oorka/Dreamstime.com.

>> Métodos de nivelamento

Como já visto, pode-se entender o nivelamento topográfico como a operação que consiste na determinação da diferença de nível entre dois ou mais pontos do terreno. Essa operação é realizada empregando-se métodos e instrumentos adequados, sendo que as diferenças de nível podem ser determinadas de duas formas:

- **Diretamente:** com emprego de instrumentos de medições chamados níveis.
- **Indiretamente:** por meio de visadas e com base em resoluções trigonométricas, pelo princípio barométrico ou, ainda, por rastreio a satélites.

Em decorrência da natureza e do processo de medida usado na determinação das cotas e das altitudes, os nivelamentos topográficos podem ser classificados em:

a) geométricos
b) trigonométricos
c) barométricos
d) taqueométricos
e) por receptores de satélites (neste caso, do GPS)

Um fato importante ao executar o nivelamento de uma área destinada à execução de projetos, cuja implantação exigirá a modificação do relevo (p. ex., a construção de uma estrada ou obras em via urbana), é a implantação de **pontos de referência de nível** (**RN**).

As RNs são demarcadas por marcos de concreto, pinos metálicos ou apenas marcas gravadas na área de trabalho, que devem ter boa durabilidade e estabilidade de movimentação e ser implantados em pontos afastados do local da obra (porém, com visibilidade), para evitar que sejam destruídos durante sua execução. Nesses pontos, devem ser conhecidas (ou arbitradas) a **cota** ou a **altitude**.

Os pontos de RN servirão para comparação entre uma situação anterior (ou original) e as cotas a implantar. Também podem servir, por exemplo, para controle de recalque no terreno e suas respectivas estruturas (Fig. 3.14).

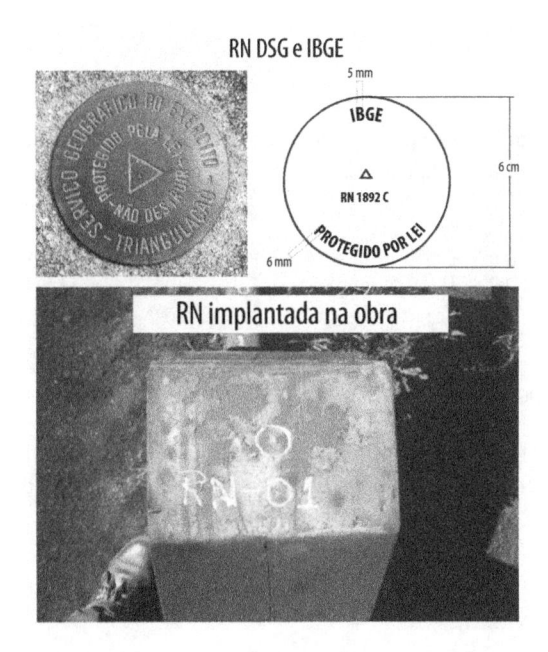

Figura 3.14   Marcos de referências de nível (RNs).

» Nivelamento geométrico

No nivelamento geométrico, ou direto, as diferenças de nível são determinadas com instrumentos que fornecem visadas no plano horizontal. A geração do plano horizontal, com a interseção da mira colocada sucessivamente nos pontos topográficos, permite determinar as alturas de leituras nesses pontos.

Por diferença entre os valores encontrados, chega-se às diferenças de nível procuradas (Fig. 3.15). Simbolizando a diferença de nível por "DN", temos:

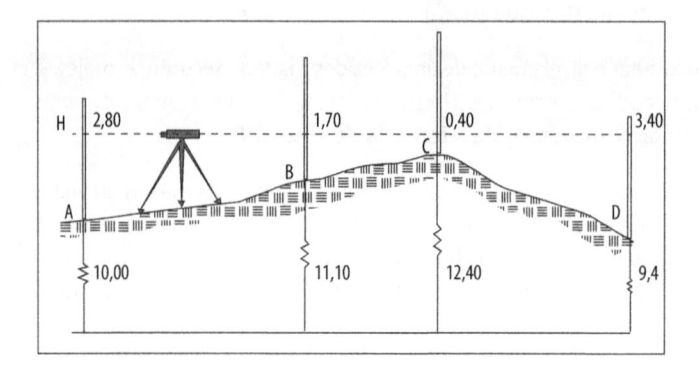

Figura 3.15 Nivelamento geométrico.

$DN_{A-B} = 2,80 - 1,70 = + 1,10$ m

$DN_{A-C} = 2,80 - 0,40 = + 2,40$ m

$DN_{A-D} = 2,80 - 3,40 = - 0,60$ m.

Imaginando que a 10,00 metros abaixo do ponto A passe a superfície de nível de comparação (SNC), as alturas relativas ou cotas dos pontos estudados são:

Cota (A) = 10,00 metros

Cota (B) = Cota (A) + DN_{A-B} = 10,00 + 1,10 = 11,10 m

Cota (C) = Cota (A) + DN_{A-C} = 10,00 + 2,40 = 12,40 m

Cota (D) = Cota (A) + ($- DN_{A-D}$) = 10,00 – 0,60 = 9,40 m.

Pelo fato de o nivelamento geométrico fornecer maior precisão nos trabalhos topográficos (na ordem do milímetro), demonstraremos o processo em detalhes na seção "Nivelamento geométrico".

» Nivelamento trigonométrico

Tem como base o valor natural da tangente do ângulo de inclinação do terreno, uma vez que esse elemento representa a diferença de nível, por metro de distância horizontal.

Designados por α, o ângulo de inclinação do terreno; Dn, a diferença de nível; Dv, distância vertical; Dh, a distância horizontal; i, a altura do instrumento e a, a altura do alvo, pode-se escrever (Fig. 3.16):

$$\operatorname{tg}\alpha = \frac{Dv}{Dh} \quad \text{ou} \quad \operatorname{tg}Z = \frac{Dh}{Dv}$$

e

$$DN = Dv + i - a$$

$$DN = Dh \cdot \operatorname{tg}\alpha + i - a,$$

ou

$$DN = \frac{Dh}{\operatorname{tg}Z} + i - a.$$

Logo, conclui-se que o cálculo das diferenças de nível pelo nivelamento trigonométrico consiste na resolução de um triângulo retângulo e nas alturas de visada e do alvo. No triângulo, um dos catetos é distância vertical (Dv), e o outro é a distância horizontal (Dh). O ângulo vertical medido pode ser o de inclinação (α) ou o zenital (Z). Ainda, deve-se medir a altura do instrumento (i) (geralmente com trena de aço) e a altura de visada (a) (geralmente pelo bastão graduado) (Fig. 3.16).

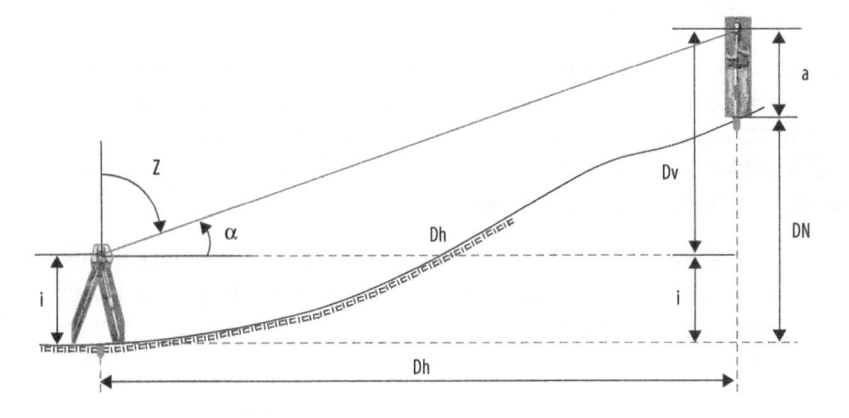

Figura 3.16 Nivelamento trigonométrico.

Assim, quando se conhecem os ângulos verticais, as distâncias horizontais, a altura do instrumento e a altura do alvo entre os pontos topográficos materializados no terreno, as diferenças de nível ou distâncias verticais podem ser perfeitamente determinadas. Pode-se, eventualmente, visar o alvo à mesma altura do instrumento, eliminando os dois últimos termos da expressão.

Os ângulos de verticais do terreno são obtidos com emprego de goniômetros dotados de limbo vertical (estação total, teodolito ou clinômetro). Já as distâncias horizontais podem ser determinadas por processos diretos ou indiretos.

Esta técnica é a mesma utilizada pela estação total para levantamento de pontos cotados. Com precisão na ordem centimétrica para as DNs, é a técnica mais utilizada atualmente nas práticas topográficas, pois permite produtividade associada à precisão para construção de uma planta topográfica.

❯❯ Nivelamento barométrico

No nivelamento barométrico, utilizam-se barômetros metálicos (altímetros) que indicam as pressões atmosféricas com as quais se pode calcular as diferenças de nível ou as altitudes dos pontos topográficos tomados no terreno. Como a pressão barométrica resulta do peso total da camada de ar existente entre o limite superior da atmosfera e o solo, essa pressão diminui à medida que aumenta a altitude, pois a camada de ar sobreposta fica menor. Assim, para aplicação do processo de nivelamento, é necessário conhecer a relação existente entre a variação da coluna barométrica e os pontos topográficos situados em diferentes alturas. Tal relação pode ser determinada para efeito prático, exprimindo-se a densidade do mercúrio em relação ao ar. Sabendo que a densidade do mercúrio em relação à água é 13,6 vezes maior, que um litro de água pesa 1.000 gramas e que um litro de ar pesa 1,293 gramas, temos:

$c = 13,6 / 1,293 . 10^{-3} \therefore c = 10.518$.

O valor encontrado mostra que o mercúrio é 10.518 vezes mais pesado do que o ar; portanto, a variação de um milímetro na coluna barométrica com mercúrio deverá corresponder a uma variação de 10.518 milímetros na altura da camada de ar. Pode-se concluir que, em aplicações imediatas, cada diferença de um milímetro de leitura, na coluna barométrica, corresponde a uma diferença de nível de cerca de 10,5 metros.

A popularização do uso de altímetros digitais auxilia na obtenção imediata da altitude de pontos (com resoluções na ordem de 1 m, dependendo do modelo), com aplicações diretas para a Topografia, a Geodésia e a Cartografia.

❯❯ Nivelamento taqueométrico

O nivelamento taqueométrico tem o mesmo princípio do nivelamento trigonométrico, porém as distâncias são obtidas pelo princípio taqueométrico, e a altura do alvo visado é obtida pela visada do fio médio do retículo da luneta sobre uma mira colocada verticalmente no ponto considerado.

Os taqueômetros estadimétricos ou normais são teodolitos com luneta portadora de retículos estadimétricos, constituídos de três fios horizontais e um vertical. Com os fios de retículo associados às miras verticais ou horizontais, obtêm-se a distância horizontal (inclinada) e a diferença de nível entre dois pontos. A definição da expressão para determinação da diferença de nível foi apresentada no Capítulo 2, sendo:

$$DN = m \cdot g \cdot \frac{sen(2 \cdot \alpha)}{2} + i - a.$$

Essa técnica foi muito utilizada em um passado recente, sendo substituída pelo nivelamento trigonométrico com o uso das estações totais. Trata-se de um método limitado pela medição das distâncias de visadas aos pontos cotados e pela sua média precisão (de ordem centimétrica a decimétrica) para as diferenças de nível.

» Fatos atuais em altimetria

O registro a seguir tem caráter informativo, preocupando-se em sintetizar alguns pontos importantes e atuais, citados nas Normas Técnicas para nivelamentos topográficos da ABNT-NBR 13.133, para o nivelamento geodésico e para as normas do IBGE e do Nivelamento GPS.

Normas Técnicas de Nivelamento segundo a Associação Brasileira de Normas Técnicas (ABNT, 1994)

A ABNT (1994) (Execução de Levantamentos Topográficos) classifica os níveis, quanto à precisão, nas seguintes categorias:

- **Classe I.** Precisão baixa e desvio-padrão $> \pm 10$ mm/km
- **Classe II.** Precisão média e desvio-padrão $\leq \pm 10$ mm/km
- **Classe III.** Precisão alta e desvio-padrão $\leq \pm 3$ mm/km
- **Classe IV.** Precisão muito alta e desvio-padrão $\leq \pm 1$ mm/km

Além disso, a norma classifica os diversos métodos de levantamento, citando a metodologia a ser empregada,* seu desenvolvimento e as respectivas tolerâncias de fechamento:

Classe I N Geométrico.

Desenvolvimento
- Linha seção → —
- Extensão máxima → 10 km
- Lance máximo → 80 m

---

* Consultar a norma para conhecer as metodologias empregadas nos levantamentos.

- Lance mínimo → 15 m
- Número máximo de lances → —

Tolerância de fechamento: 12 mm · $\sqrt{k}$

Classe II N Geométrico.

Desenvolvimento
- Linha seção → —
- Extensão máxima → 10 km
- Lance máximo → 80 m
- Lance mínimo → 15 m
- Número máximo de lances → —

Tolerância de fechamento: 20 mm · $\sqrt{k}$

Classe III N Geométrico.

Desenvolvimento
- Linha seção → Princ.; Sec.
- Extensão máxima → 10 km; 5 km
- Lance máximo → 500 m; 300 m
- Lance mínimo → 40 m; 30 m
- Número máximo de lances → 40; 20

Tolerância de fechamento: 0,15 mm · $\sqrt{k}$; 0,20 mm · $\sqrt{k}$

Classe IV N Geométrico.

Desenvolvimento
- Linha seção → Princ.; Sec.
- Extensão máxima → 5 km; 2 km
- Lance máximo → 150 m; 150 m
- Lance mínimo → 30 m; 30 m
- Número máximo de lances → 40; 20

Tolerância de fechamento: 0,30 mm · $\sqrt{k}$; 0,40 mm · $\sqrt{k}$

Nivelamento geodésico

Conforme vimos, no nivelamento topográfico, considerou-se um plano tangente à superfície da Terra em um ponto considerado. Utilizou-se esse plano como uma superfície de nível de referência (que até poderia ser o nível médio dos mares), e todas as alturas estão relacionadas a esse plano de referência. Quando a referência era o nível médio dos mares, essa altura denominava-se **altitude**.

Quadro 3.3 Especificações para nivelamento geométrico – IBGE

Levantamentos geodésicos – nivelamento

Item	De alta precisão — Fundamental	De precisão — Para áreas mais desenvolvidas	De precisão — Para áreas menos desenvolvidas	Para fins topográficos — Local
1 – CONFIGURAÇÃO DOS CIRCUITOS E LINHAS				
1.1 – Geral				De acordo com as finalidades
• Perímetro máximo dos circuitos	400 km	200 km	200 km	
• Comprimento máximo das linhas	100 km	50 km	50 km	
• Intervalo máximo entre as estações monumentadas ou comprimento máximo da seção	3 km	3 km	3 km	
1.2 – Regiões metropolitanas			De acordo com as finalidades	De acordo com as finalidades
• Perímetro dos circuitos	8-10 km	2-8 km		
• Comprimento desejável das linhas	2 km	2 km		
• Comprimento da seção	1-3 km	1-3 km		
2 – MEDIÇÃO DE DESNÍVEIS				
2.1 – Procedimento	Nivelamento duplo (N e C)	Nivelamento duplo (N e C)	Nivelamento duplo (N e C)	Nivelamento duplo (N e C) ou simples
2.2 – Instrumental	Nível automático ou de bolha provido de micrômetro óptico de placas plano-paralelas. Miras de invar com dupla graduação	Nível automático ou de bolha provido de micrômetro óptico de placas plano-paralelas. Miras de invar com dupla graduação	Nível automático ou de bolha provido de micrômetro óptico de placas plano-paralelas. Miras de invar	Nível automático ou de bolha e miras

(continua)

Quadro 3.3 Especificações para nivelamento geométrico – IBGE *(Continuação)*

Levantamentos geodésicos – nivelamento

Item	De alta precisão Fundamental	De precisão Para áreas mais desenvolvidas	Para áreas menos desenvolvidas	Para fins topográficos Local
2.3 Colimação do nível (C)				
• Não precisa ser retificado	$|C| \leq 0{,}001$ mm/m	Idem	Idem	–
• Poderá ser retificado	$0{,}01 < |C|\ 0{,}03$ mm/m	Idem	Idem	–
• Deverá ser retificado	$|C| < 0{,}03$ mm/m	Idem	Idem	–
2.4 – Comprimento máximo da visada	100 m	100 m	100 m	100 m
2.5 Divergência de leituras entre duas graduações em unidades de mira	0,0002 m	Idem	Idem	Idem
2.6 – Uso dos três fios – Divergência do 1° e 2° e 2° e 3°	0,002 m	0,002 m	0,005 m	0,005 m
2.7 – Diferença máxima tolerável entre os comprimentos das visadas de ré e vante, acumulada para a seção	3 m	5 m	10 m	10 m
3 – CONTROLE PARA A QUALIDADE				
3.1 – Diferença máxima aceitável entre o nivelamento e o contranivelamento de uma seção (K = comprimento da seção em km)	3 mm $\sqrt{k}$	6 mm $\sqrt{k}$	8 mm $\sqrt{k}$	12 mm $\sqrt{k}$
3.2 – Diferença máxima aceitável entre o nivelamento e o contranivelamento de uma linha (K = comprimento da linha em km)	4 mm $\sqrt{k}$	6 mm $\sqrt{k}$	8 mm $\sqrt{k}$	12 mm $\sqrt{k}$
3.3 – Valor máximo para a razão entre a discrepância acumulada e o perímetro do circuito	0,5 mm/km	5 mm/km	5 mm/km	10 mm/km
4 – Erro padrão aceitável para uma linha após o ajustamento (K 5 comprimento da linha em km)	2 mm $\sqrt{k}$	3 mm $\sqrt{k}$	4 mm $\sqrt{k}$	6 mm $\sqrt{k}$

Fonte: IBGE, 1983.

No nivelamento geodésico, a superfície de referência será o **geoide**. Conforme já visto, o geoide é definido como a superfície equipotencial que mais se aproxima do nível médio dos mares. A altitude de um ponto, ou seja, a altitude ortométrica, é a distância avaliada sobre uma vertical, do geoide ao ponto considerado. As altitudes ortométricas geralmente são obtidas com o nivelamento geométrico, sob algumas considerações.

O **datum vertical** ou **datum altimétrico** refere-se ao ponto zero do nivelamento, isto é, ao nível médio dos mares naquele ponto. No Brasil, o datum vertical localiza-se na Baía de Imbituba, Santa Catarina.

As normas consideram os processos de levantamento para nivelamento topográfico, especificamente o geométrico e o trigonométrico, como aqueles a serem utilizados também no nivelamento geodésico, porém, segundo algumas especificações de controle, com o objetivo de obter uma melhor acurácia final. No entanto, o nivelamento geométrico se destaca por sua precisão. Os equipamentos no nivelamento geométrico geodésico geralmente são:

a) Um nível de precisão automático, de bolha (provido de micrômetro óptico de placas plano-paralelas) ou eletrônico.
b) Miras de invar (ou miras com códigos de barra).

Duas correções são geralmente adotadas:

a) Curvatura
b) Refração

O IBGE, com objetivo de regularizar a execução de levantamentos geodésicos, publicou na Resolução n°. 22 de 21-07-83 especificações e normas gerais para levantamentos altimétricos. Essas normas classificam o nivelamento geométrico geodésico quanto ao nível de precisão em (Quadro 3.3):

a) De alta precisão (fundamental).
b) De precisão:
   • Áreas mais desenvolvidas
   • Áreas menos desenvolvidas
c) Para fins topográficos.

Na mesma publicação, há ainda algumas recomendações para evitar a ocorrência e a propagação dos erros sistemáticos de um nivelamento geométrico, por exemplo:

a) Os comprimentos das visadas de ré e vante devem ser aproximadamente iguais, de modo a se compensar o efeito da curvatura terrestre e da refração atmosférica.
b) Evitar visadas com mais de 100 m (o ideal é até 60 m).
c) Visadas acima de 20 cm do solo, para evitar a reverberação.
d) Utilizar miras aos pares, alternando a ré e a vante (eliminar o erro de índice).
e) Colocação das miras sobre chapas ou pinos e, no caminhamento, sobre sapatas.

Nivelamento por receptores GPS

Cada vez mais se aplica o sistema GPS para determinar a altitude ortométrica (H), evitando assim a onerosa operação de transportes de altitudes por meio do nivelamento geométrico ou trigonométrico. Tais metodologias e precisões estabelecidas já podem ser observadas em publicações como as Normas Técnicas para Levantamentos Topográficos e a Norma Técnica para Georreferenciamento de Imóveis Rurais, publicadas pelo Instituto Nacional de Colonização e Reforma Agrária (Incra).

Com as observações de GPS, obtêm-se as coordenadas cartesianas (X, Y e Z) de um ponto desconhecido em função das diferenças de coordenadas fornecidas pelo GPS e das coordenadas supostamente conhecidas do ponto de partida. As relações entre coordenadas cartesianas e geodésicas são apresentadas pelas seguintes expressões:

$$X = (N + h) \cos \phi \cdot \cos \lambda$$
$$Y = (N + h) \cos \phi \cdot \sin \lambda$$
$$Z = [N \cdot (1 - e^2) + h] \cdot \sin \phi,$$

onde

X, Y, Z → coordenadas cartesianas
H → altura elipsoidal
N → grande normal
ϕ → latitude
λ → longitude.

>> **ATENÇÃO**
A letra "N" aqui utilizada refere-se à grande normal; não confundir com ondulação geoidal, também descrita pela letra N.

Observe que, geralmente, há altitudes ortométricas (H), sendo o "h" obtido por aproximação de soma desta à ondulação geoidal (N) (Fig. 3.1).

$$h \cong H + N$$

Contribuem atualmente para a determinação das alturas geoidais os modelos do geopotencial, os levantamentos gravimétricos e as observações sobre satélites artificiais. A fundação IBGE e a Universidade de São Paulo (USP) têm trabalhado ao longo dos últimos 25 anos no melhoramento da carta geoidal do Brasil. Já se dispõe de uma centena de alturas geoidais derivadas de medições GPS conduzidas sobre a rede de nivelamento de primeira ordem.

Um sistema desenvolvido pelo Instituto Brasileiro de Geografia e Estatística (IBGE, 1983), o MAPGEO, em sua versão de 2010, possibilita aos usuários obter a ondulação geoidal (N) em um ponto (ou conjunto de pontos), referida ao SAD-69 ou SIRGAS2000, de forma rápida e simples. Tal informação permite a conversão de altitudes elipsoidais ou geométricas (h) em ortométricas (H) (Fig. 3.17).

>> **NO SITE**
Visite o ambiente virtual de aprendizagem para fazer o *download* do *software* MAPGEO, 2010, do IBGE.

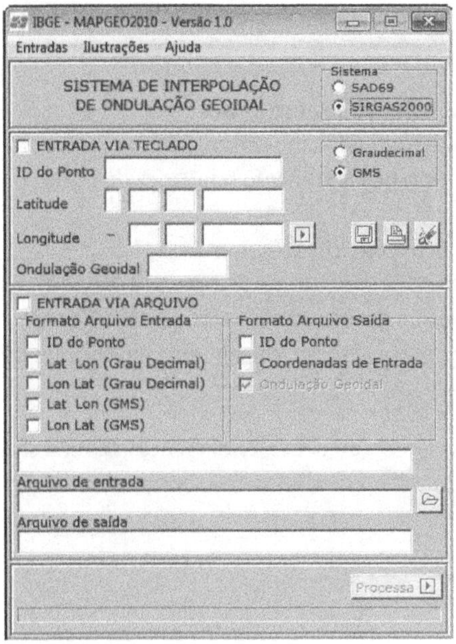

Figura 3.17 Tela do *software* MAPGEO 2010, do IBGE.

No entanto, em muitas aplicações de Topografia e, sobretudo, de engenharia, as precisões exigidas podem ser bem superiores às da carta geoidal. Se em uma região houver uma cobertura razoável de dados gravimétricos, é possível melhorar esse erro para algo da ordem da fração do metro.

Para utilizar o sistema GPS, alguns cuidados devem ser considerados:

a) Disponibilidade de satélites em quantidade suficiente ("janelas" – pode ser determinado por programas).
b) Rastreamento simultâneo de pelo menos quatro satélites.
c) Estações próximas umas das outras ($\pm$ 20 km) para o método diferencial.
d) Satélites "saudáveis", isto é, em plenas condições de operação.
e) Atenção com altitude elipsoidal *versus* altitude ortométrica.
f) Condições e precisões locais.

>> Nivelamento geométrico

Pelo fato de o processo de nivelamento geométrico ser o mais preciso e um dos mais utilizados para levantamentos altimétricos, há algumas condições para sua execução, visando dar maior qualidade ao nivelamento. Para evitar erros de diversas naturezas, deve-se observar o seguinte:

a) Instalar o nível sempre que possível entre os pontos a serem nivelados.
b) Ler e anotar corretamente as leituras da mira mantendo-a na vertical e imóvel, principalmente nas visadas que ocasionam as mudanças de instrumento (mudança de planos de referências – PRs).
c) Certificar-se sempre de que o nível está em boas condições técnicas.
d) Instalar o instrumento em lugar firme e seguro.
e) Evitar leitura de mira a grandes distâncias, limitando-se a aproximadamente 100 m.
f) Evitar leituras inferiores a aproximadamente meio metro, principalmente em horários de forte irradiação solar.

Como visto anteriormente, no nivelamento geométrico, ou direto, as diferenças de nível são determinadas com emprego de instrumentos que fornecem retas do plano horizontal. Ele pode ser classificado em:

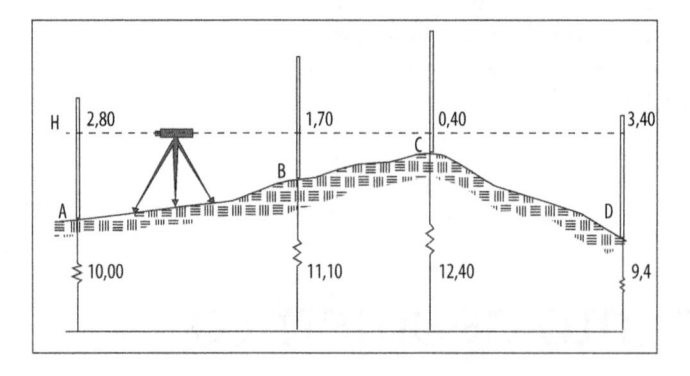

• Nivelamento geométrico simples.
• Nivelamento geométrico composto.

≫ Nivelamento geométrico simples

Denomina-se nivelamento geométrico simples quando é possível visar, de uma única estação do nível, a mira colocada sucessivamente em todos os pontos do terreno a nivelar. Por exemplo, na Figura 3.18, pode-se constatar que o nível localizado entre os pontos A e B consegue levantar todos os pontos em questão, considerando apenas uma visada horizontal, sem necessidade de transferência do instrumento. Os dados são anotados em cadernetas próprias, apresentadas nos exemplos a seguir.

Figura 3.18 Nivelamento geométrico simples.

Nesse procedimento de campo, deve-se instalar o nível em uma posição de modo a visar a mira colocada na vertical em todos os pontos a levantar. A primeira visada a um ponto cotado, feita no ponto A (Fig. 3.18), início do levantamento, é chamada de **visada de ré** (R_A); as demais visadas são denominadas **visadas de vante** (V_B, V_C, V_D). Definida a **cota** (ou **altitude**) do primeiro ponto (ponto A – Fig. 3.18), denomina-se **plano de referência** (PR) a soma da cota (ou altitude) desse ponto com a leitura da mira:

$$PR_A = Cota_A + R_A$$

ou seja, a altura do instrumento em A (ou plano de referência em A) é igual à cota de A mais a visada de ré em A. As próximas cotas (C_B, C_C, C_D) serão dadas pela diferença entre o plano de referência em A (PR_A) e as visadas de vante (V_B, V_C, V_D).

$$C_B = PR_A - V_B$$
$$C_C = PR_A - V_C$$
$$C_D = PR_A - V_D$$

As diferenças de nível entre os pontos (Dn_{A-B}, Dn_{A-C}, Dn_{A-D}, Dn_{B-C}, Dn_{B-D}, Dn_{C-D}) serão dadas por:

$$Dn_{A-B} = C_B - C_A$$
$$Dn_{A-C} = C_C - C_A$$
$$Dn_{A-D} = C_D - C_A, \text{ etc.}$$

>> Nivelamento geométrico composto

Na seção "Nivelamento geométrico" observou-se que, com apenas uma instalação do instrumento, soluciona-se o problema de determinação das diferenças de nível entre todos os pontos (Fig. 3.18).

No entanto, caso a diferença de nível seja maior do que o tamanho da mira (geralmente de 4 m), ou caso exista um obstáculo ou ultrapasse o limite da distância da visada (sugere-se no máximo 100 m), será necessário realizar uma mudança de local de instalação do nível.

Ao executar a mudança de instrumento, estaremos executando um **nivelamento geométrico composto**. Assim, o aparelho é novamente instalado, e começa um novo levantamento com a mira posicionada sobre o último ponto de cota conhecida do nivelamento anterior (Fig. 3.19). Logo, pode-se ainda entender nivelamento geométrico composto como uma sucessão de nivelamentos geométricos simples. O cálculo é idêntico ao visto anteriormente (na seção Nivelamento geométrico simples), com exceção da alteração do valor do plano de referência, que deverá ser novamente calculado em virtude da mudança da posição do nível.

As fórmulas já discutidas anteriormente podem ser resumidas em:

$$PR = Cota + Ré \qquad\qquad Cota = PR - Vante$$

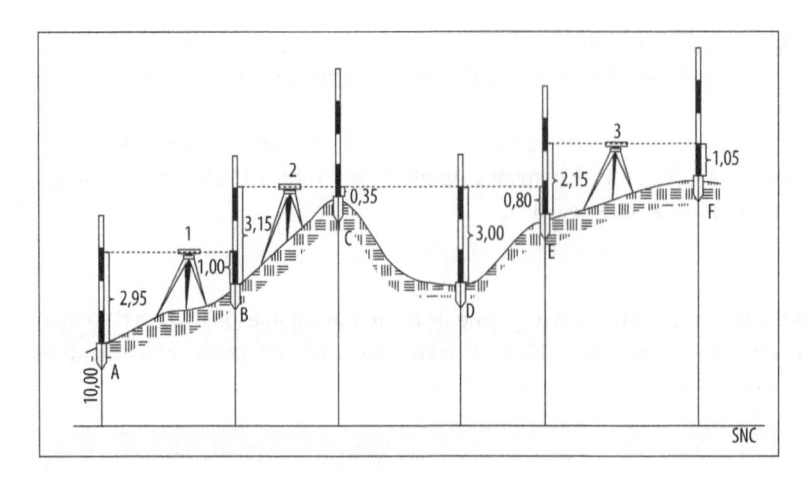

Figura 3.19 Nivelamento geométrico composto I.

Exemplo 3.4 *Com base na Figura 3.18 e em sua respectiva caderneta de campo (abaixo), calcule as diferenças de nível entre todos os pontos do terreno.*

Caderneta de nivelamento geométrico

Ponto visado	Plano de referência (PR) (m)	Leituras na mira (m)		Cotas (ou altitudes) (m)	Observações
		Ré	Vante		
A	*12,80*	**2,80**		**10,00**	A – RN implantado na soleira do prédio principal.
B			**1,70**	*11,10*	
C			**0,40**	*12,40*	
D			**3,40**	*9,40*	Cota do ponto A = 10,00 m

Obs.: Em **negrito** estão os dados com informações de campo, e em *itálico*, os dados calculados.

Solução:

a) Determinação do plano de referência em A

$PR_A = Cota_A + R_A = 10,00 + 2,80 = 12,80$ m

b) Determinação das cotas dos pontos C_B, C_C, C_D

$C_B = PR_A - V_B = 12,80 - 1,70 = 11,10$ m

$C_C = PR_A - V_C = 12,80 - 0,40 = 12,40$ m

$C_D = PR_A - V_D = 12,80 - 3,40 = 9,40$ m

c) Diferenças de nível Dn_{A-B}, Dn_{A-C}, Dn_{A-D}, Dn_{B-C}, Dn_{B-D}, Dn_{C-D}

$Dn_{A-B} = C_B - C_A = 11,10 - 10,00 = +1,10 \text{ m}$

$Dn_{A-C} = C_C - C_A = 12,40 - 10,00 = +2,40 \text{ m}$

$Dn_{A-D} = C_D - C_A = 9,40 - 10,00 = -0,60 \text{ m}$

$Dn_{B-C} = C_C - C_B = 12,40 - 11,10 = +1,30 \text{ m}$

$Dn_{B-D} = C_D - C_B = 9,40 - 11,10 = -1,70 \text{ m}$

$Dn_{C-D} = C_D - C_C = 9,40 - 12,40 = -3,00 \text{ m}$

Obs.: A maior diferença de nível está entre os pontos C e D, e a menor, entre os pontos A e D.

Exemplo 3.5 *Com base na Figura 3.19 e sua respectiva caderneta de campo, calcule as cotas de todos os pontos do terreno.*

Caderneta de nivelamento geométrico

Ponto visado	Plano de referência (m)	Leituras na mira (m)		Cotas (ou altitudes) (m)	Observações
		Ré	Vante		
A	*12,95*	**2,95**		**10,00**	A – RN em um marco de madeira, situado 8,00 m à esquerda da quina do prédio escolar.
B			**1,00**	*11,95*	
bis* (B)	*15,10*	**3,15**			
C			**0,35**	*14,75*	
D			**3,00**	*12,10*	
E			**0,80**	*14,30*	
bis* (E)	*16,45*	**2,15**			
F			**1,05**	*15,40*	Cota do ponto A = 10,00 m

Obs.: Em **negrito** estão os dados com informações de campo, e em *itálico*, os dados calculados.

* Significa que este ponto foi medido duas vezes, sendo uma visada de vante e outra de ré.

Exemplo 3.5 *Continuação*

Solução:

a) Determinação do plano de referência em A

$PR_A = Cota_A + R_A = 10,00 + 2,95 = 12,95$ m

b) Determinação da cota do ponto C_B

$C_B = PR_A - V_B = 12,95 - 1,00 = 11,95$ m

Observe que, com a mudança do instrumento da posição 1 para 2 (Fig. 3.19), deve-se recalcular o valor do novo PR, agora denominado PR_B. Segue raciocínio análogo. c) Determinação do plano de referência em B

$PR_B = Cota_B + R_B = 11,95 + 3,15 = 15,10$ m

Para cálculo das cotas dos pontos C, D e E, deve-se utilizar este plano de referência da visada em B (PR_B) e as leituras de vante nos pontos em questão (V_C, V_D e V_E).

d) Determinação das cotas dos pontos C_C, C_D, C_E

$C_C = PR_B - V_C = 15,10 - 0,35 = 14,75$ m

$C_D = PR_B - V_D = 15,10 - 3,00 = 12,10$ m

$C_E = PR_B - V_E = 15,10 - 0,80 = 14,30$ m

e) Determinação do plano de referência em E

Procedeu-se uma nova mudança da posição do nível (posição 2 para 3) (Fig. 3.19), logo:

$PR_E = Cota_E + R_E = 14,30 + 2,15 = 16,45$ m

f) Determinação da cota do ponto C_B

$C_F = PR_E - V_F = 16,45 - 1,05 = 15,40$ m

Observação:

Para o cálculo das diferenças de nível entre pontos, basta fazer a diferença entre as cotas dos pontos em questão, por exemplo:

$DN_{A-B} = C_B - C_A = 11,95 - 10,00 = +1,95$ m

$DN_{A-F} = C_F - C_A = 15,40 - 10,00 = +5,40$ m

>> RESUMO

- Referência de nível (RN): pontos implantados e fixos no terreno com cota ou altitude conhecidas, para auxiliar as operações do nivelamento.
- Visadas de ré (R): visadas a um ponto cotado.
- Visadas de vante (V): visadas a pontos de cota a determinar.
- Plano de referência (PR): soma da cota à leitura da mira de ré.

PR = Cota + Ré

- Cota do ponto: diferença do PR e leitura da mira de vante.

Cota = PR − Vante

- Diferença de nível: diferença entre as cotas dos pontos considerados.
- $Dn_{A-B} = Cota_B - Cota_A$
- Nivelamento geométrico composto: sucessão de nivelamentos geométricos simples.

>> Verificação dos cálculos da planilha

Para verificação dos cálculos da planilha, aplica-se o seguinte procedimento:

a) O somatório das visadas de ré, menos o somatório das visadas de vante (propriamente ditas), deve ser igual à diferença das cotas entre o ponto final (chegada) e o ponto inicial:

$\sum Ré - \sum Vante = $ Vante $Cota_{chegada} - Cota_{início}$

Para o somatório das visadas de vante, deve-se considerar aquelas medidas nas quais houve mudança da posição do nível, mais a última visada de vante.

Nos exemplos a seguir, verificaram-se os cálculos das cadernetas dos Exemplos 3.4 e 3.5:

Exemplo 3.6 *Execute a verificação do cálculo da planilha do Exemplo 3.4.*

Solução:

$\sum$ Ré = 2,80 m; $\qquad$ $\sum$ Vante = 3,40 m;

Cota$_{chegada}$ = 9,40 m; $\qquad$ Cota$_{início}$ = 10,00 m.

$\sum$ Ré $-$ $\sum$ Vante = Cota$_{chegada}$ $-$ Cota$_{início}$

2,80 $-$ 3,40 = *9,40 $-$ 10,00*

$-$ 0,60 m = $-$ 0,60 m

Logo, os cálculos executados estão OK!

Exemplo 3.7 *Execute a verificação do cálculo da planilha do Exemplo 3.5.*

Solução:

$\sum$ Ré = 2,95 + 3,15 + 2,15 = 8,25 m

$\sum$ Vante = 1,00 + 0,80 + 1,05 = 2,85 m

Cota$_{chegada}$ = 15,40 m; Cota$_{início}$ = 10,00 m

$\sum$ Ré $-$ $\sum$ Vante = Cota$_{chegada}$ $-$ Cota$_{início}$

8,25 $-$ 2,85 = 15,40 $-$ 10,00

+ 5,40 m = + 5,40 m

Logo, os cálculos executados estão OK!

» Erro no nivelamento geométrico

O erro cometido em campo durante a operação do nivelamento independe da verificação dos cálculos da planilha vistos na seção anterior ("Verificação dos cálculos da planilha"). O erro cometido pode ser em função do desvio na horizontalidade do eixo de colimação da luneta do nível, da imperfeição da verticalidade da mira, da imprecisão na leitura da mira ou da mudança da posição da mira ao executar uma mudança do nível.

Para obter esse erro de operação do levantamento de campo, deve-se primeiramente classificar o nivelamento em duas categorias:

- Nivelamento de uma poligonal fechada.
- Nivelamento de uma poligonal aberta.

Determinação do erro

a) Considerando o nivelamento de poligonal fechada

Quando se executa o nivelamento em uma poligonal fechada (ou em *looping*), ou seja, quando se parte de um ponto de cota conhecida, em geral de uma RN, e termina-se nesse mesmo ponto, significa que a cota final deverá ser igual à inicial. Logo, a diferença entre a cota inicial e a cota final após o nivelamento é o erro cometido no nivelamento:

$En = C_F - C_I$,

onde

$En \rightarrow$ erro cometido no nivelamento
$C_F \rightarrow$ cota final
$C_I \rightarrow$ cota inicial

Se $\quad C_F > C_I$ (erro por excesso);
$\quad\quad C_F < C_I$ (erro por falta).

b) Considerando o nivelamento de poligonal aberta

Quando se executa o nivelamento em uma poligonal aberta, ou seja, quando se parte de um ponto e se chega a outro ponto, a única maneira de se verificar sua exatidão e controlar o erro porventura cometido consiste em repetir o nivelamento de trás para frente, o que se denomina **contranivelamento**.

Na operação de contranivelamento, não é necessário nivelar todas as estacas do nivelamento, bastando fazer o nivelamento de pontos auxiliares para que, partindo do último, retorne-se ao ponto de partida.

A diferença entre a cota do ponto de partida e a cota que for calculada para o ponto de partida ao final da operação do contranivelamento é o erro cometido no nivelamento:

$En = C_{Fc} - C_I$,

onde

$En \rightarrow$ erro no nivelamento
$C_{Fc} \rightarrow$ cota final, após o contra nivelamento
$C_I \rightarrow$ cota inicial

Se, $C_{Fc} > C_I$ (erro por excesso);
$C_{Fc} < C_I$ (erro por falta).

Observação:

No caso da existência da cota da RN do ponto de partida e RN do ponto de chegada, o erro será dado por:

En = $C_F - C_{RNf}$
En → erro no nivelamento
C_F → cota final
C_{RNf} → cota do RN final

Definição da tolerância

A definição da tolerância nos nivelamentos varia de acordo com as irregularidades do relevo do terreno e com o número de estações niveladas (distância nivelada). Para nivelamentos taqueométricos, a ABNT (1994), por exemplo, considera uma tolerância igual a T = 0,30 m · $\sqrt{k}$ para poligonais principais, sendo "k" a extensão nivelada em km, medida em um único sentido.

Distribuição do erro

Quando o erro cometido está dentro da tolerância estabelecida para os trabalhos, ele é denominado **erro admissível**.

No caso do nivelamento geométrico, a correção deverá ser introduzida em cada mudança da posição do nível, ou, mais precisamente, nas visadas de ré, sendo igual à divisão do erro admissível pelo número de instalações do nível:

$$\text{Correção} = -\left(\frac{\text{erro admissível}}{\text{número de instalações do nível}}\right)$$

A correção será feita com sinal contrário ao do erro no nivelamento:

• Se erro por excesso (+) → correção negativa (−)
• Se erro por falta (−) → correção positiva (+)

Outra característica é que a correção será **acumulativa**, de modo a compensar as correções anteriores. Deve-se ainda observar que:

• Para a correção, deve-se evitar valores menores do que o milímetro, em virtude da precisão das visadas dos nivelamentos topográficos; logo, em caso de valores sem divisão exata (decimais), deve-se arredondar e adotar valores inteiros até o milímetro.
• Com a alteração da leitura da visada de ré, com respectiva alteração do PR, todas as cotas deverão ser recalculadas.

As cotas compensadas são obtidas em coluna própria, pela soma ou diferença das correções calculadas, conforme a seção "Exemplo de cálculo de nivelamento geométrico", a seguir.

Para o caso do nivelamento trigonométrico, executado para os pontos de uma poligonal, após calcular o erro e sua tolerância, sugere-se a seguinte expressão:

$$\text{Correção} = -\left(\frac{\text{erro admissível}}{\text{número de pontos da poligonal}}\right)$$

Pode-se, ainda, distribuir o erro proporcionalmente às distâncias dos lados da poligonal, conforme exemplificado no Capítulo 4, na seção "Cálculo do erro de fechamento altimétrico e sua distribuição".

» Exemplo de cálculo de nivelamento geométrico

Apresentamos a seguir um exemplo de cálculo de nivelamento geométrico composto. Com base na Figura 3.20 e em sua respectiva caderneta de campo:

a) Calcule as cotas dos pontos.
b) Verifique o cálculo da planilha.
c) Determine o erro do nivelamento.
d) Defina a tolerância.
e) Distribua o erro admissível.

Dados:

Nivelamento geométrico composto em poligonal fechada.

Nivelamento de precisão I N (ver seção "Fatos atuais e altimetria"); comprimento nivelado K = 1.385,00 m.

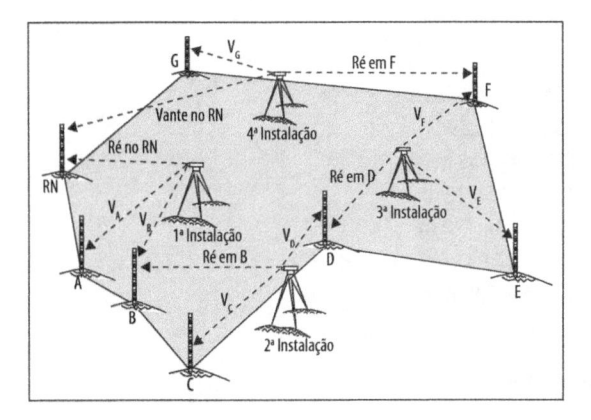

Figura 3.20 Nivelamento geométrico composto II.

Quadro 3.4 Caderneta de nivelamento geométrico

Ponto visado	Plano de referência	Leituras na mira		Cotas ou altitudes	Correção acumulada	Cotas corrigida	Observações
		Ré	Vante				
RN	50,438	0,438		50,000			RN em um marco de madeira de lei, situado a 25,50 m à direita do vértice A
A			1,795	48,643	– 0,002	48,641	
B			3,542	46,896	– 0,002	46,894	
bis*	47,405	0,509					
C			2,064	45,341	– 0,003	45,338	
D			3,285	44,120	– 0,003	44,117	
bis*	47,931	3,811					
E			2,053	45,878	– 0,004	45,874	
F			0,276	47,655	– 0,004	47,651	
bis*	51,449	3,794					
G			2,082	49,367	– 0,005	49,362	
RN			1,444	50,005	– 0,005	50,000	

Obs.: Em **negrito** estão os dados com informações de campo, e em *itálico*, os dados calculados.

* Significa que este ponto foi medido duas vezes, sendo uma visada de vante e outra de ré.

Solução:

a) Cálculo das cotas dos pontos

Para cálculo das cotas, utilizaram-se as seguintes fórmulas:

$PR = Cota + Ré; Cota = PR - Vante$

$PR_{RN} = Cota_{RN} + Ré_{RN} = 50,000 + 0,438 = 50,438$ m
$Cota_A = PR_{RN} - Vante_A = 50,438 - 1,795 = 48,643$ m
$Cota_B = PR_{RN} - Vante_B = 50,438 - 3,542 = 46,896$ m
$PR_B = Cota_B + Ré_B = 46,896 + 0,509 = 47,405$ m
$Cota_C = PR_B - Vante_C = 47,405 - 2,064 = 45,339$ m
$Cota_D = PR_B - Vante_D = 47,405 - 3,285 = 44,120$ m
$PR_D = Cota_D + Ré_D = 44,120 + 3,811 = 47,931$ m
$Cota_E = PR_D - Vante_E = 47,931 - 2,053 = 45,878$ m

b) Verificação do cálculo da planilha

$\sum Ré - \sum Vante = Cota_{chegada} - Cota_{início}$
$\sum Ré = 0,438 + 0,509 + 3,811 + 3,794 = 8,552$ m
$\sum Vante = 3,542 + 3,285 + 0,276 + 1,444 = 8,547$ m
$Cota_{chegada} = 50,005$ m

$Cota_{início} = 50,000$ m

$\sum Ré - \sum Vante = Cota_{chegada} - Cota_{início}$

$8,552 - 8,547 = 50,005 - 50,000$

$0,005$ m $= 0,005$ m

c) Determinação do erro do nivelamento

Obs.: Poligonal fechada, logo:

$E = C_F - C_I$

$C_I = 50,000$ m e $C_F = 50,005$ m

$E = 50,005 - 50,000 = +0,005$ m ($+5$ mm, por excesso)

d) Definição da tolerância

$T = fator \cdot \sqrt{K}$

Considerando:

Nivelamento de precisão de $2°$ ordem – fator $= 12$ mm; $K = 1.385,00$ km, temos:

$T = 12$ mm $\cdot \sqrt{1,385} = \pm 14,1$ mm $\cong \pm 14$ mm

Logo, o erro cometido está dentro do tolerável, ou seja, $+5$ mm $< +24$ mm.

e) Distribuição do erro

Sendo o erro admissível, e por excesso, a correção terá sinal contrário (negativo), dado pela expressão:

$Correção = -\left(\dfrac{erro\ admissível}{número\ de\ instalações\ do\ nível}\right)$

$Correção = -\left(\dfrac{5\,mm}{4}\right) = -1,25\,mm$

Caso a divisão não seja exata, o procedimento será o seguinte:

Quadro 3.5

Pontos a sofrer correção	Correção	Correção acumulada
PR_{RN}	-2 mm	-2 mm
PR_B	-1 mm	-3 mm
PR_D	-1 mm	-4 mm
PR_F	-1 mm	-5 mm
Soma	**-5 mm**	

As cotas corrigidas são apresentadas na planilha de cálculo.

›› Representação altimétrica

Nas operações topográficas, denominamos **relevo** as elevações e depressões do terreno. O relevo pode ser representado por um **perfil** ou uma **planta com curvas de nível** (a partir de pontos cotados), seja no plano do papel ou no computador. Algumas variações dessas representações são permitidas em caso de esses desenhos serem automatizados pela construção de um modelo digital de terreno.

Independentemente do processo de representação do relevo, ele deve satisfazer as seguintes condições:

- Realçar da forma mais expressiva possível as formas do relevo.
- Permitir determinar, com precisão compatível com a escala, a cota ou altitude de qualquer ponto do terreno.
- Permitir elaborar projetos geométricos a partir dessa representação.

As **práticas de campo** para obter dados (pontos cotados), de forma a permitir tais representações, foram discutidas anteriormente. Geralmente, para construção de perfis, aplica-se o nivelamento geométrico, com uso de nível de luneta; e, para a planta com curvas de nível, aplica-se o nivelamento trigonométrico, com uso da estação total.

›› Perfis longitudinais e transversais

Quando se realiza um trabalho de nivelamento, com finalidade de conhecer particularidades do terreno, considerando uma seção vertical ("corte" vertical), pode-se representar elementos altimétricos (cotas ou altitudes) por meio de **perfis longitudinais** e **transversais.** Esse processo de representação é muito utilizado na engenharia, desde o planejamento até a execução do projeto.

Especificamente em um projeto de estradas (rodovias, ferrovias, vias urbanas, etc.), o conhecimento do relevo por meio do estudo de perfis é de fundamental interesse para sua viabilização. Entre as utilidades do projeto, temos:

- Escolha do melhor traçado das vias
- Estudo da drenagem
- Estudo de volumes de jazidas
- Estudo e definição do greide de projeto (seção tipo, p. ex.)
- Definição de rampas de projeto
- Estudo de inclinação dos taludes e definição das distâncias de *offset*
- Estimativas de volumes de corte e aterro, etc.

Um perfil é a representação gráfica das diferenças de nível, cotas ou altitudes obtidas em um nivelamento, considerando um plano vertical de visada. É utilizado quando se deseja representar particularidades de um terreno para fins de projetos, tratando-se de um processo rigoroso de representação de elevações e depressões de determinado terreno.

A representação do terreno no desenho é feita por meio de eixos de coordenadas, onde colocamos no eixo X (abscissas) as distâncias entre os pontos e no eixo Y (ordenadas) as cotas ou altitudes.

Uma vez que os desníveis do relevo são bem menores em relação à distância de interesse, nos desenhos de perfis, geralmente aplicam-se escalas independentes para os eixos X e Y. Logo, para melhor visualização do relevo, normalmente a escala vertical é exagerada. A relação mais recomendada é aquela em que a escala vertical seja de duas a dez vezes maior do que a escala horizontal.

O desenho do perfil pode ser construído a partir de duas fontes:

- Dados de levantamento de campo, a partir do nivelamento de uma seção;
- Dados extraídos a partir da planta com curvas de nível (Fig. 3.21).

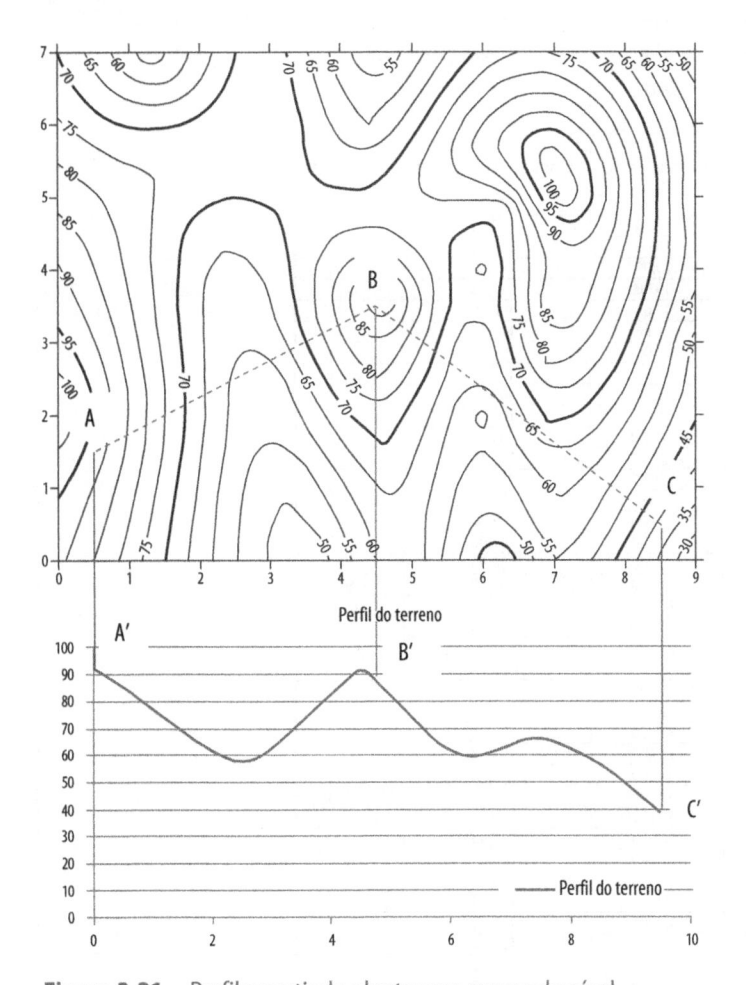

Figura 3.21 Perfil a partir da planta com curvas de nível.

A primeira opção é a mais precisa, estando as cotas relacionadas à técnica de campo, que pode variar de observações milimétricas (nivelamento geométrico) a centimétricas (nivelamento trigonométrico).

No caso da segunda opção, bastante aplicada para a construção de projetos, a precisão das cotas estará relacionada à escala da planta ou carta e à equidistância vertical, (EV) no caso, em papel; e à qualidade e quantidade de pontos para a interpolação do modelo digital de terrenos, para o caso digital.

Perfis longitudinais

Os perfis longitudinais são obtidos por seções longitudinais e construídos a partir do nivelamento ao longo de um caminhamento estaqueado (eixo longitudinal), ou extraídos de uma planta com curva de nível, no sentido do comprimento do desenho.

Exemplo 3.8 *De posse da caderneta de campo a seguir, construa o perfil longitudinal.*

Estacas		Distâncias (m)	Cota do terreno (m)	Observação
Inteira	Intermediária			
0	–	0,00	100,30	
0	12,50	12,50	100,60	
0	18,00	18,00	101,00	
1	–	20,00	101,75	Cerca
1	10,00	30,00	102,60	Cerca
2	–	40,00	102,60	
3	–	60,00	102,60	
4	–	80,00	102,85	
4	5,00	85,00	103,55	Árvore
4	8,90	88,90	103,40	
4	15,00	95,00	104,30	
5	–	100,00	105,25	
6	–	120,00	105,10	
6	14,40	134,40	105,00	
7	12,30	152,30	106,00	
8	–	160,00	105,80	
8	9,80	169,80	107,00	
9	–	180,00	108,90	
10	–	200,00	109,30	Poste
11	–	220,00	111,20	Poste
12	–	240,00	113,56	
12	10,00	250,00	111,20	
13	–	260,00	109,20	
14	–	280,00	107,35	
16	–	320,00	105,25	
16	5,00	325,00	103,25	
16	10,00	330,00	102,50	
16	15,00	335,00	101,50	
17	–	340,00	100,00	NA – Ponte
18	–	360,00	100,00	NA – Ponte
18	12,00	372,00	100,45	
18	18,40	378,40	100,45	
19	12,40	392,40	104,50	
20	–	400,00	104,30	
21	–	420,00	106,20	
22	10,00	450,00	105,25	
23	–	460,00	105,35	
24	–	480,00	104,60	
25	–	500,00	104,80	

Solução (Fig. 3.22):

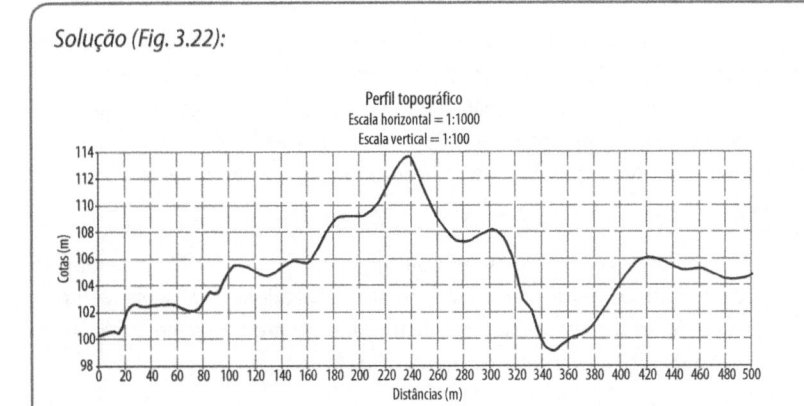

Perfil topográfico
Escala horizontal = 1:1000
Escala vertical = 1:100

Figura 3.22 Perfil longitudinal I.

Exemplo 3.9 *Trace, no software Google Earth, o perfil longitudinal de um trecho viário.*

Solução:

Um trecho viário foi traçado utilizando a rotina "inserir caminho" (Rod. Washington Luiz – BR 040 – RJ, a partir do trevo com a BR 116 até 16 km desse local). A seguir, basta carregar a rotina "mostrar perfil de elevação", conforme a Figura 3.23.

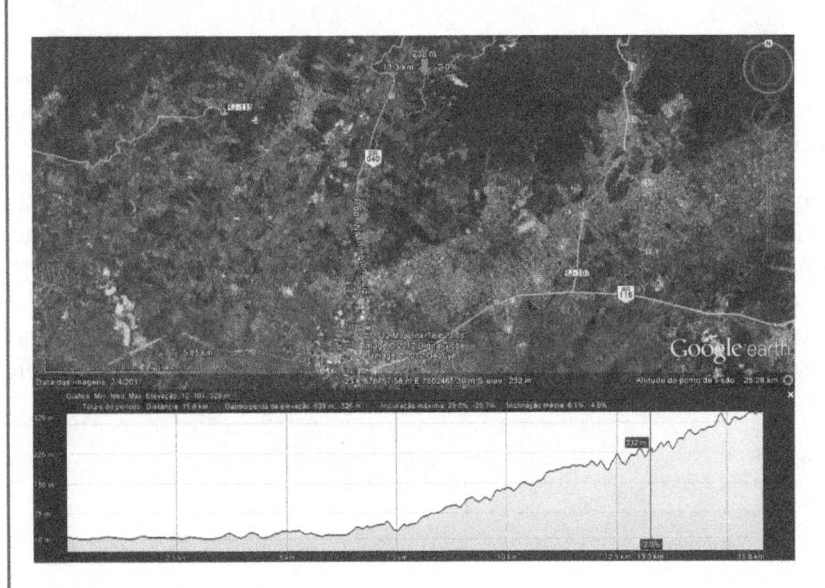

Figura 3.23 Perfil longitudinal II.
Fonte: Google (c2013).

Perfis transversais

Os perfis transversais são obtidos por seções transversais, geralmente normais aos alinhamentos de uma poligonal ou a um eixo longitudinal. Quando se trata de uma estaca de vértice, faz-se a seção transversal como a bissetriz do ângulo entre os alinhamentos. Logo, o nivelamento das seções transversais está sempre "amarrado" à seção longitudinal, consequentemente relacionada à mesma RN.

Como nas seções longitudinais, as seções transversais podem ser levantadas em campo ou extraídas de uma planta com curvas de nível. De acordo com o sentido do desenvolvimento da poligonal ou eixo considerado, as seções situadas de um lado e outro desse alinhamento são denominadas **seções à direita** ou **seções à esquerda** (Fig. 3.24).

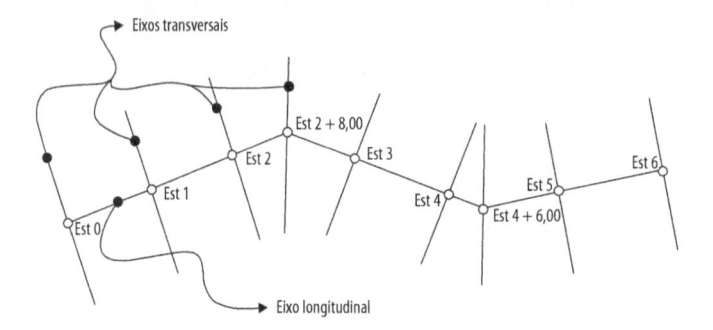

Figura 3.24 Eixos longitudinal e transversais.

No processo de levantamento de campo das seções transversais são comumente utilizados os métodos geométricos a nível ou à régua e os métodos trigonométricos a clinômetro ou com a estação total.

Na técnica de nivelamento de **seção à régua**, empregam-se uma régua horizontal e uma vertical, ambas graduadas convenientemente. A horizontalidade será obtida com nível de bolha; por exemplo, nível de pedreiro (Fig. 3.25).

Na Figura 3.25, para a primeira diferença de nível do lado direito, observa-se que uma das extremidades da régua horizontal é apoiada em uma régua vertical na estaca 12, a outra extremidade é apoiada sobre a estaca denominada D_1, e, por meio de um nível de pedreiro, verifica-se a horizontalidade. A seguir, procede-se, com a face inferior da régua horizontal, a leitura na régua vertical, que representa a diferença de nível entre os pontos. O valor lido na régua horizontal será a distância entre os pontos nivelados. Repete-se o procedimento para os outros pontos.

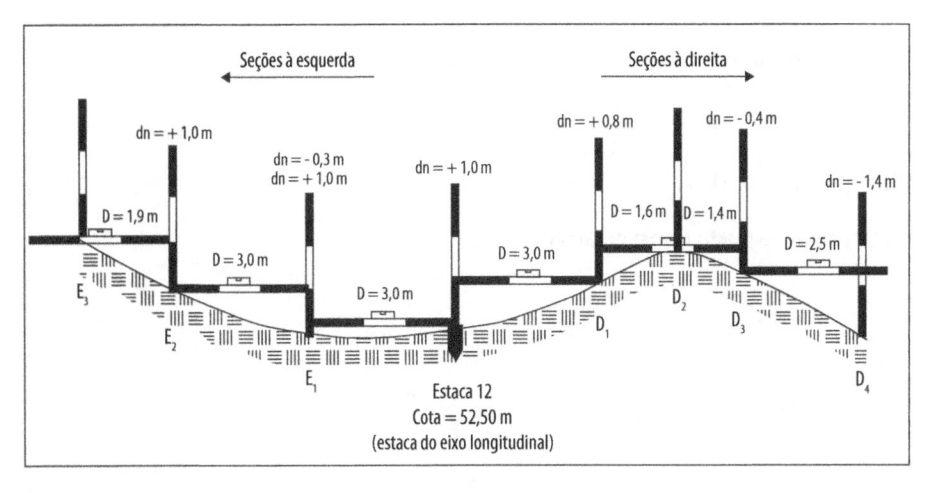

Figura 3.25 Nivelamento de seção transversal à régua.

Como se trata de nivelamento de seções transversais, este procedimento deve ser executado à direita e à esquerda do eixo longitudinal.

> **Exemplo 3.10** *Com base nos valores obtidos pelo nivelamento à régua da Figura 3.26:*
>
> a) Preencha a caderneta de campo e calcule as cotas de todos os pontos.
> b) Faça o desenho do perfil transversal (Fig. 3.26).
>
> *Solução:*
>
> **a) Preenchimento da caderneta**
>
> ### Caderneta de seções transversais
>
> | Bordo esquerdo | | | | Eixo | Bordo direito | | | | |
> |---|---|---|---|---|---|---|---|---|---|
> | Diferença de nível | – | + 1,0 | + 1,0 | – 0,3 | Estaca 12 | + 1,0 | + 0,8 | – 0,4 | – 1,4 | Diferença de nível |
> | Distância | | 1,9 | 3,0 | 3,0 | Cota 52,50 | 3,0 | 1,6 | 1,4 | 2,5 | Distância |
>
> a) Cálculo das cotas de todos os pontos
>
> Cota da estaca 12 = 52,50 m
> $Cota_{E_1} = Cota_{est12} + Dn_{est12\text{-}E_1} = 52{,}50 + (-0{,}3) = 52{,}20$ m
> $Cota_{E_2} = Cota_{E_1} + Dn_{E_1\text{-}E_2} = 52{,}20 + 1{,}0 = 53{,}20$ m
> $Cota_{E_3} = Cota_{E_2} + Dn_{E_2\text{-}E_3} = 53{,}20 + 1{,}0 = 54{,}20$ m
> $Cota_{D_1} = Cota_{est12} + Dn_{est12\text{-}D_1} = 52{,}50 + 1{,}0 = 53{,}50$ m

Exemplo 3.10 *Continuação*

$Cota_{D_2} = Cota_{D_1} + Dn_{D_1-D_2} = 53,50 + 0,8 = 54,30$ m
$Cota_{D_3} = Cota_{D_2} + Dn_{D_2-D_3} = 54,30 - 0,4 = 53,90$ m
$Cota_{D_4} = Cota_{D_3} + Dn_{D_3-D_4} = 53,90 - 1,4 = 52,50$ m

b) Desenho do perfil transversal (Fig. 3.26)

Figura 3.26 Perfil transversal.

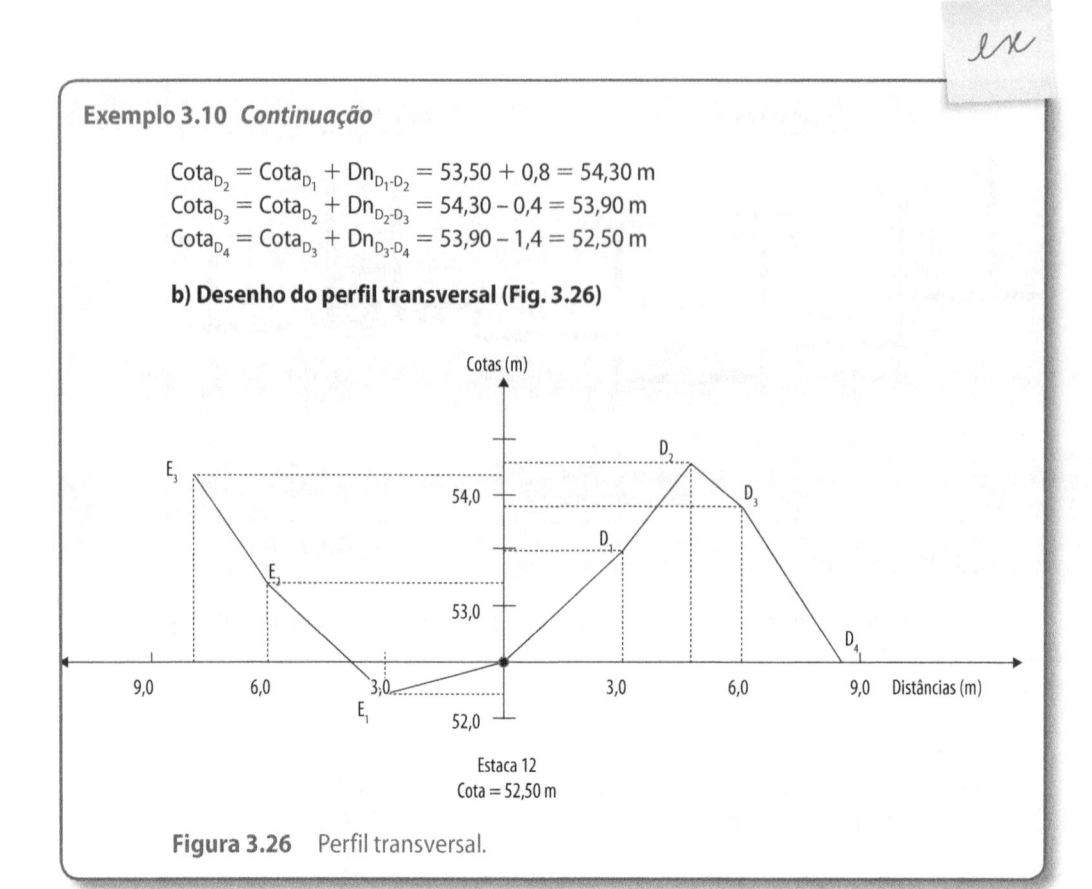

Na técnica de nivelamento a clinômetro, são avaliados os ângulos de inclinação do terreno e a distância entre os pontos (Fig. 3.27). Na operação de campo, sugere-se visar com o clinômetro apoiado a um bastão vertical para outro de mesma altura na vertical e mede-se o ângulo de inclinação. Em seguida, mede-se a distância horizontal entre os dois pontos.

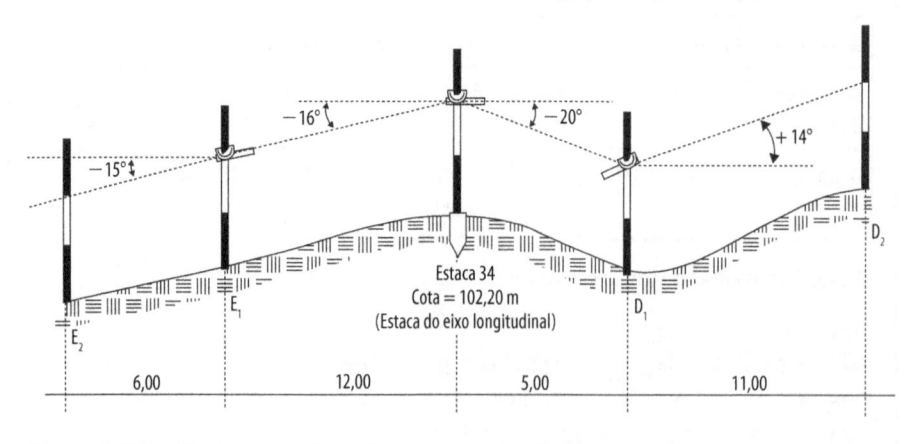

Figura 3.27 Nivelamento de seção transversal a clinômetro.

O cálculo das diferenças de nível é obtido pela resolução trigonométrica dos triângulos:

Dn = Dh · tg α,

onde

Dn → diferença de nível
Dh → distância entre os pontos
α → ângulo de inclinação da visada.

Exemplo 3.11 *Com base nos valores obtidos pelo nivelamento a clinômetro da Figura 3.27:*

a) Preencha a caderneta de campo e calcule as cotas de todos os pontos.

Solução:

1. Preenchimento da caderneta

Caderneta de seções transversais

Lado esquerdo				Eixo	Lado direito			
± α	–	–	– 15°	– 16°	Estaca 34	– 20°	+ 14°	–	–	± α
dist			6,00	12,00	Cota 102,20	5,00	11,00			dist

2. Cálculo das cotas de todos os pontos

Primeiramente, deve-se calcular as diferenças de nível entre os pontos pela expressão:

$Dn = Dh \cdot tg\alpha$
$Dn_{est34-E_1} = Dh_{est34-E_1} \cdot tg\alpha_{est34-E_1} = 12,00 \cdot tg(-16°) = -3,44 \text{ m}$
$Dn_{E_1-E_2} = 6,00 \cdot tg(-15°) = -1,61 \text{ m}$
$Dn_{est34-D_1} = Dh_{est34-D_1} \cdot tg\alpha_{est34-D_1} = 5,00 \cdot tg(-20°) = -1,82 \text{ m}$
$Dn_{D_1-D_2} = 11,00 \cdot tg(+14°) = +2,74 \text{ m}$
$Cota_{E_1} = Cota_{est34} + (-Dn_{est34-E_1}) = 102,20 - 3,44 = 98,76 \text{ m}$
$Cota_{E_2} = Cota_{E_1} + Dn_{E_1-E_2} = 98,76 - 1,61 = 97,15 \text{ m}$
$Cota_{D_1} = Cota_{est34} + Dn_{est\ 12-D_1} = 102,20 - 1,82 = 100,38 \text{ m}$
$Cota_{D2} = Cota_{D_1} + Dn_{D_1-D_2} = 100,38 + 2,74 = 103,12 \text{ m}$

Após obter os dados para construção dos perfis transversais do terreno (medidos ou obtidos de uma planta com curvas de nível) e seu desenho final, é possível adequar essas seções a um projeto de interesse.

Usaremos como exemplo a construção de uma rodovia. A **faixa de domínio**, ou seja, a base física sobre a qual assenta uma rodovia (pista de rolamento, canteiros, acostamentos, etc. até o alinhamento das cercas que separam a estrada dos imóveis marginais) deverá ser toda levantada para efeito de projeto. A partir da construção de perfis transversais (do terreno) por uma das técnicas citadas, é possível projetar a plataforma e definir as alturas para a terraplenagem, bem como a posição dos *offsets* (Fig. 3.28).

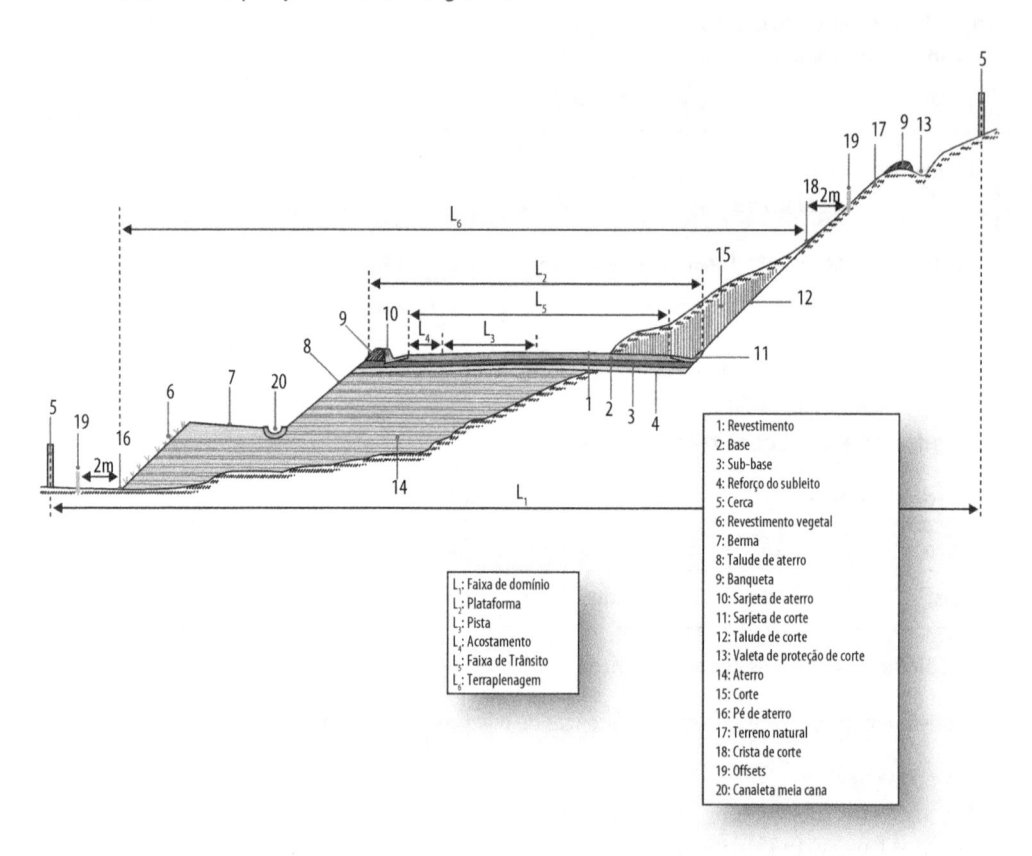

1: Revestimento
2: Base
3: Sub-base
4: Reforço do subleito
5: Cerca
6: Revestimento vegetal
7: Berma
8: Talude de aterro
9: Banqueta
10: Sarjeta de aterro
11: Sarjeta de corte
12: Talude de corte
13: Valeta de proteção de corte
14: Aterro
15: Corte
16: Pé de aterro
17: Terreno natural
18: Crista de corte
19: Offsets
20: Canaleta meia cana

L_1: Faixa de domínio
L_2: Plataforma
L_3: Pista
L_4: Acostamento
L_5: Faixa de Trânsito
L_6: Terraplenagem

Figura 3.28 Seção transversal e seção mista típica de uma rodovia.

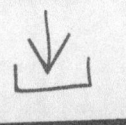

❯❯ Planta com curvas de nível

❯❯ **DEFINIÇÃO**
A **curva de nível** é o lugar geométrico onde todos os pontos têm as mesmas cotas ou altitudes.

Neste processo, as imperfeições do relevo são apresentadas em planta, em que as cotas (ou altitudes) de mesmo valor são unidas por um traçado, denominado **curva de nível**. A distância vertical (equidistância vertical – EV) entre as curvas de nível é definida pela escala do desenho e pelo rigor com que se pretende representar o relevo. Além disso, ao prefixar um valor para o EV, esse se torna constante para a planta em questão.

No traçado da curva de nível, a cada cinco curvas, apresenta-se uma denominada "curva mestra", em que o valor da cota ou altitude é registrada no desenho. A espessura de seu traço também deve ser diferenciada.

A construção de uma planta com curvas de nível segue (geralmente) o seguinte processo:
  a) Levantamento de campo dos **pontos cotados**, ou seja, pontos com coordenadas tridimensionais (X, Y e cota) (a partir do nivelamento trigonométrico, p. ex.) (Fig. 3.29).
  b) Interpolação manual ou interpolação automatizada (interpoladores).
  c) Traçado manual ou automatizado (a partir de modeladores digitais de terrenos – MDTs) (Figs. 3.30 e 3.31).

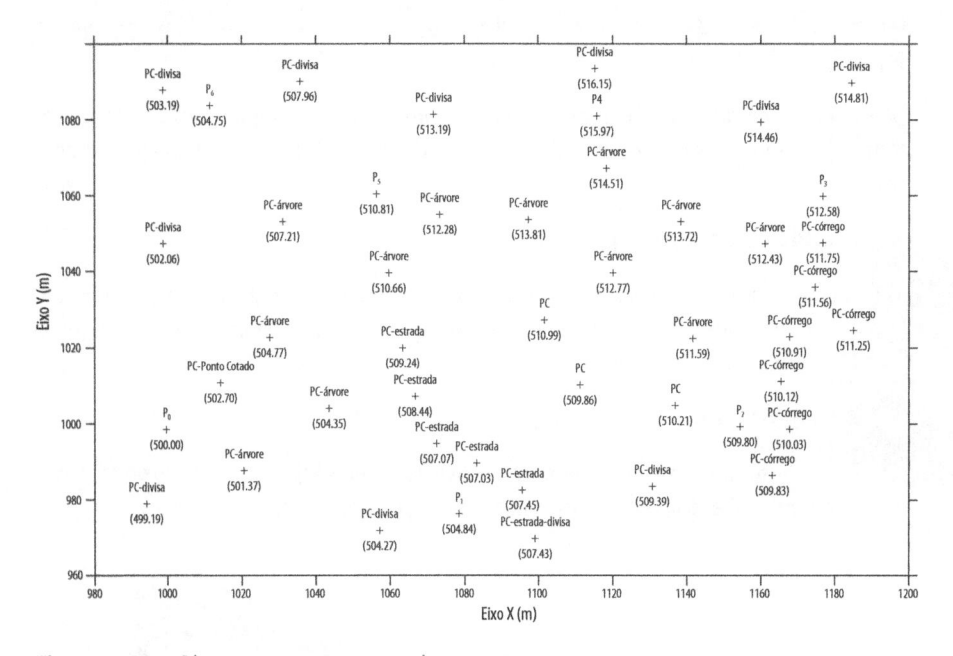

Figura 3.29 Planta com pontos cotados.

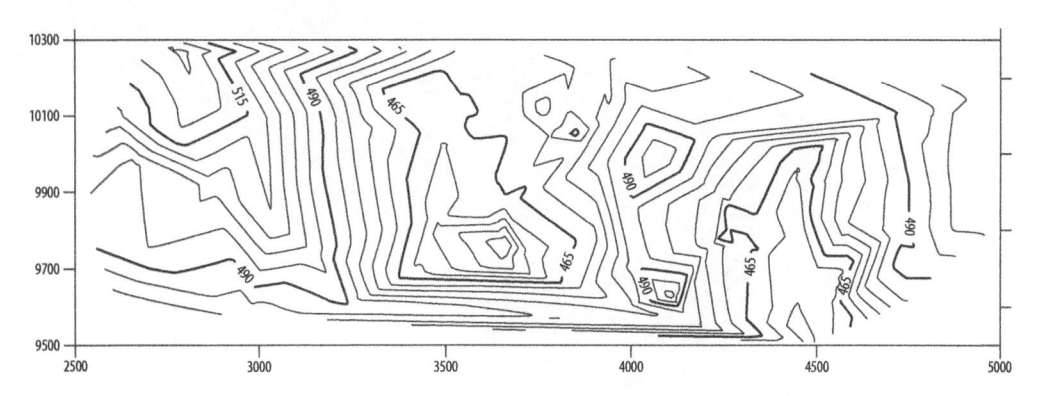

Figura 3.30 Planta com curvas de nível a partir de interpolação digital no *software* WinSurfer.

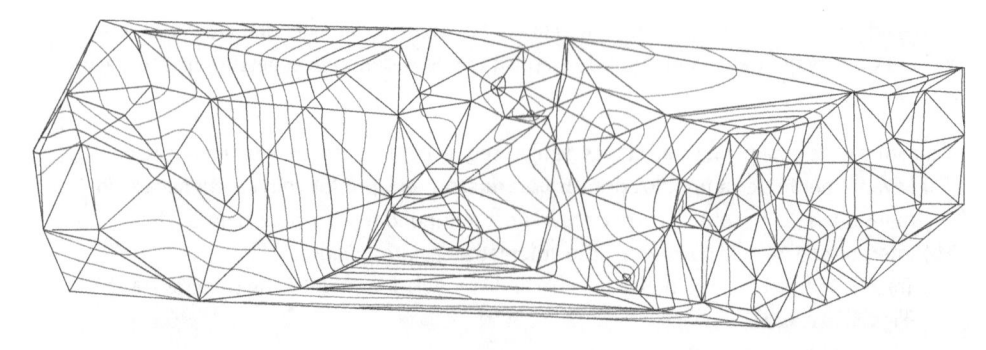

Figura 3.31 Planta com curvas de nível a partir de interpolação digital no *software* Topograph.

Depois de construída uma interpolação digital, considerando qualquer *software* da área de MDT, algumas formas de representação do relevo e de seus atributos podem ser apresentadas, como:

a) Planta de cores hipsométricas

Neste caso, as alturas dos pontos são representadas por cores diferentes, onde cada cor representa determinada altitude ou cota. Geralmente, as cores mais claras representam as partes mais baixas, e as escuras, as partes mais altas.

b) Vista em perspectiva

Neste caso, um modelo em perspectiva do terreno é gerado por meio do MDT, permitindo preenchimentos, inserção de linhas de fluxo de água, etc. (Fig. 3.32).

> **» NO SITE**
> Acesse o ambiente virtual de aprendizagem para ver um exemplo de planta com curvas de nível e em cores hipsométricas.

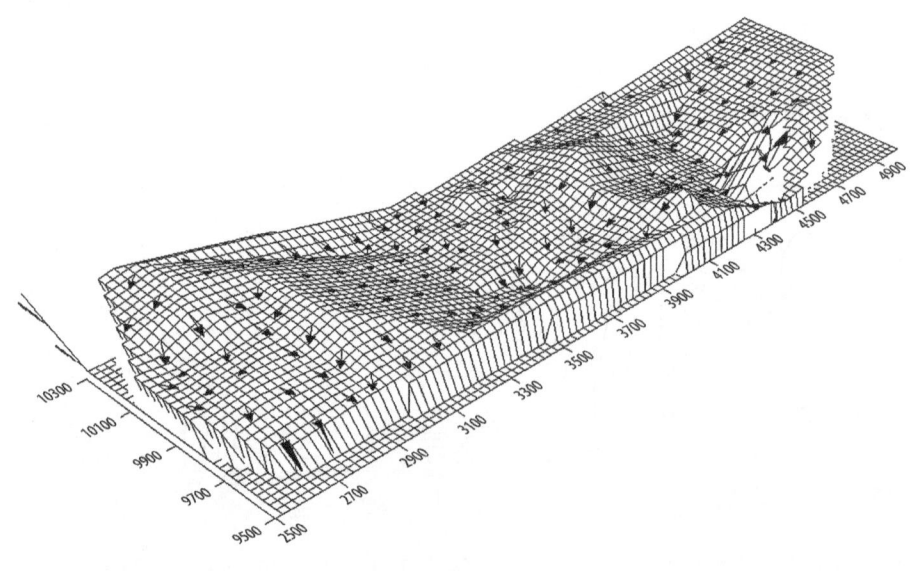

Figura 3.32 Exemplo de modelo em perspectiva com linhas de fluxo de água.

» Usos do MDT

A modelagem digital de terrenos teve início nos anos 1950, simplesmente como um conjunto de pontos de elevação definindo a superfície da Terra. Além dessa aplicação original, o MDT pode gerar uma superfície representativa da distribuição espacial de uma característica, possibilitando sua análise, manipulação e avaliação.

Dessa forma, a característica a ser modelada pode ser qualquer grandeza que tenha uma variabilidade espacial contínua, ou seja, não necessariamente apenas informações altimétricas. Os dados de entrada para esses modeladores podem ser alguns pontos amostrais relativos ao fenômeno a ser modelado (p.ex: pluviosidade, índices de poluição, profundidade do NA [nível de água] entre outros), ou até mesmo parâmetros extraídos da análise de um modelo digital de terreno já existente.

A Quadro 3.6 apresenta os principais parâmetros topográficos e geomorfológicos que podem ser extraídos de um MDT. Atualmente, tais produtos já estão modelados nos vários SIGs, facilitando a aplicação.

Além disso, considerando algumas aplicações mais comuns, temos:

• Extração de perfis para estimativas de volume
• Análise de intervisibilidade entre pontos
• Extração de formas do relevo (topologia) (Figura 3.33);
• Estudos de tendências, relativos aos atributos (p. ex., análise de escorregamentos a partir de uma carta de declividades).

> » **NO SITE**
> Acesse o ambiente virtual de aprendizagem para ver um exemplo de extração de cartas de declividade construídas a partir de um MDT.

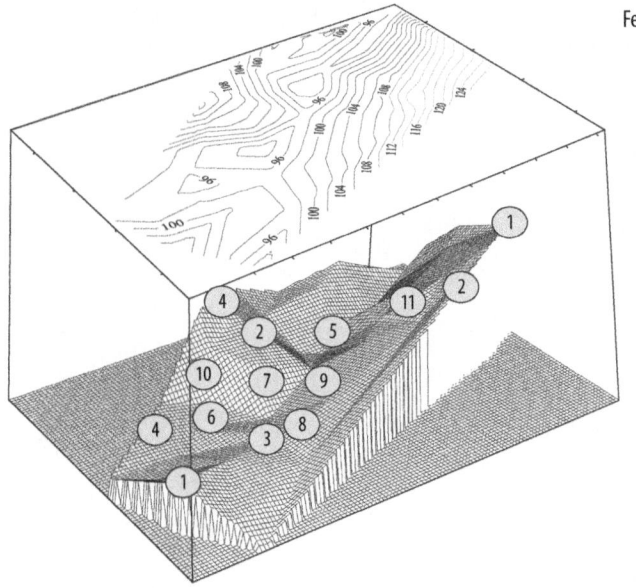

Feições morfológicas:

1 – Cume (*peak*)
2 – Cumeada (*ridge*)
3 – Ponto sela (*saddle*)
4 – Plano (*flat*)
5 – Talvegue (*ravine*)
6 – Cova (*pit*)
7 – Vertente convexa (*convex hillside*)
8 – Vertente em sela (*saddle hillside*)
9 – Vertente em declive (*slope hillside*)
10 – Vertente côncava (*concave hillside*)
11 – Inflexão da vertente (*inflection hillside*)

Figura 3.33   Extração de feições morfológicas construídas a partir de um MDT.

Quadro 3.6 Principais parâmetros e aplicações obtidos a partir do MDT

Parâmetro	Definição	Possíveis aplicações
Hipsometria	Elevação, curvas de nível.	Clima, vegetação, energia potencial, etc.
Declividade	Relação entre a diferença de nível e a distância horizontal.	Velocidade dos fluxos superficial e subsuperficial, taxa de escoamento, vegetação, geomorfologia, presença de água no solo, definição de áreas de risco.
Aspecto	Azimute da inclinação das encostas.	Insolação, evapotranspiração, distribuição da flora e da fauna, análise de estabilidade do talude.
Curvatura do perfil	Perfil da curvatura do talude.	Aceleração do fluxo, taxa de erosão/deposição.
Plano de curvatura	Curvatura da região de contorno.	Convergência/divergência do fluxo, presença de água no solo.
Área de contribuição à montante da encosta	Área de contribuição da região de contorno que capta a água que é conduzida ao local de escoamento à jusante.	Volume de escoamento, taxa de escoamento permanente, características do solo, presença de água no solo, geomorfologia.
Área de dispersão do talude	Área à jusante da encosta.	Áreas inundadas, taxa de drenagem do solo.
Extensão da trajetória do fluxo	Distância máxima do fluxo de água em relação ao local de captação.	Taxa de erosão, deslocamento de sedimentos, tempo de concentração.

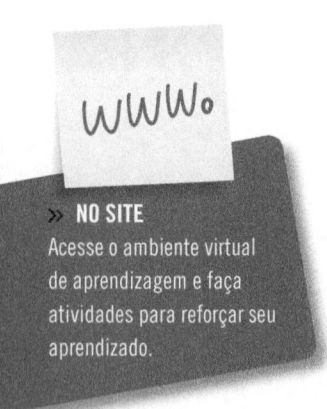

Fonte: Adaptado de Silva (2006).

» **NO SITE**
Acesse o ambiente virtual de aprendizagem e faça atividades para reforçar seu aprendizado.

capítulo 4

Planialtimetria

Ao ser executada, uma medição pode estar sujeita a erros inerentes ao método, ao equipamento e ao operador. Neste capítulo, discutimos como aplicar estatística para tratamentos de dados de campo, buscando precisão e acurácia.

Objetivos

- Conhecer os métodos de levantamento planialtimétrico.
- Aplicar itens da norma ABNT (1994), na planialtimetria.
- Calcular planilhas de coordenadas.
- Conhecer as formas de representação planialtimétrica.
- Calcular planilhas de cubação.

>> Introdução

Na planimetria, aplicam-se métodos e equipamentos para apresentação do terreno em duas dimensões, conforme apresentamos no Capítulo 2. Na altimetria, deve-se levantar os dados para representação do relevo do terreno, como vimos no Capítulo 3. Neste capítulo, veremos os **métodos de levantamento planialtimétrico**, com ênfase na poligonação eletrônica. Também é apresentado um exemplo do uso e projeto sobre uma planta planialtimétrica. Na Figura 4.1, temos a representação do principal produto da planialtimetria: uma planta com curvas de nível.

Na **planialtimetria**, as medidas angulares e lineares são tomadas considerando os planos horizontal e vertical, com o objetivo de levantar dados para a construção da planta topográfica. A proposta da planialtimetria é utilizar os processos planimétricos e altimétricos para a representação de determinado trecho da Terra, que possa conter informações planimétricas (limites de propriedades, cadastro de benfeitorias, rios, estradas, etc.) e altimétricas (delimitação de vales, linhas de cumeada, talvegues, etc.).

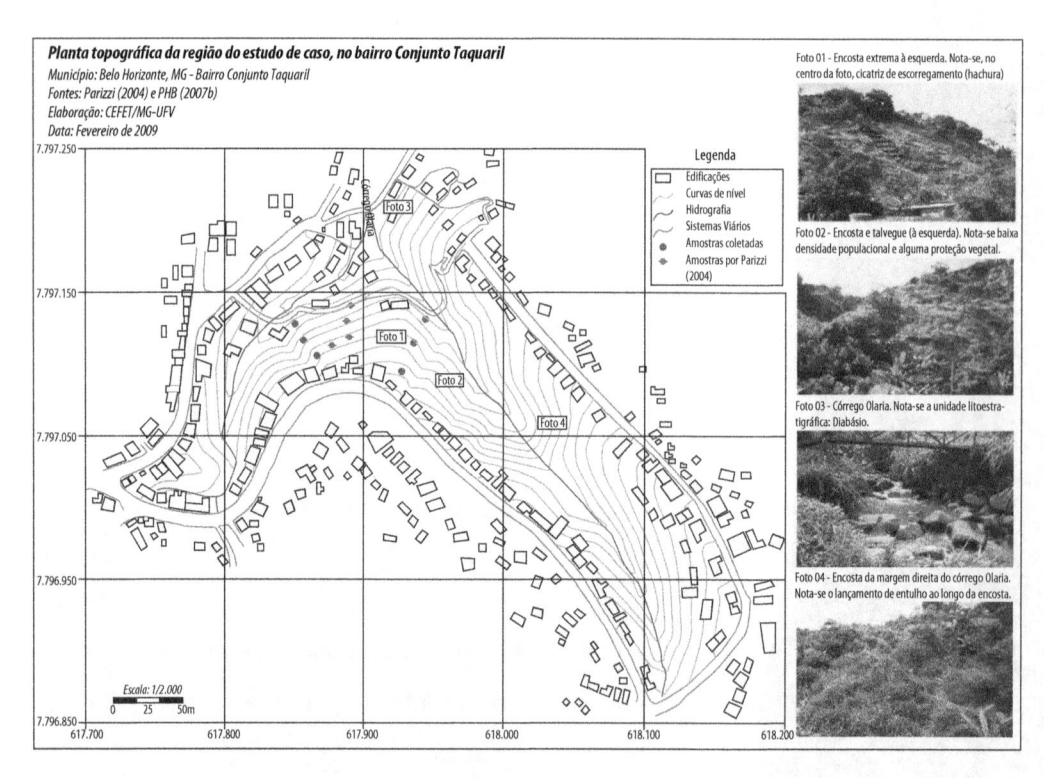

Figura 4.1 Exemplo de uma planta topográfica.

» Métodos de levantamento planialtimétrico

Os processos de levantamento planialtimétrico são os mesmos utilizados para obter os elementos planimétricos (seção "Métodos principais e secundários", Capítulo 2). Os procedimentos de avaliação dos ângulos e distâncias horizontais podem ser obtidos por meio de diversas formas, também já discutidas. O que caracteriza a planialtimetria é uma nova dimensão a ser avaliada: a **altura** (a cota ou a altitude) dos vários pontos do terreno. Essa dimensão deverá ser obtida pelo nivelamento.

Um processo de média a baixa precisão, porém ainda utilizado com frequência, é o taqueométrico. A **taqueometria** é um processo de levantamento planialtimétrico realizado por instrumentos denominados taqueômetros (Capítulo 2). Atualmente, a materialização da planialtimetria é definida pela implantação de poligonais e pelo uso do nivelamento trigonométrico. Logo, o processo de **poligonação**, executado pelas estações totais, em que são avaliadas diretamente as distâncias horizontais e as diferenças de nível, bem como os ângulos horizontais entre os alinhamentos, tem suplantado o método taqueométrico em precisão e em tempo de execução (Fig. 4.2).

Essa poligonal geralmente é desenvolvida em torno da área a ser levantada, servindo de arcabouço e base do levantamento, enquanto as irradiações têm por finalidade determinar pontos capazes de representar acidentes naturais e artificiais do local. Nesses pontos, obtêm-se as coordenadas tridimensionais, que, na sequência, vão compor a planta com curvas de nível.

Além disso, a característica que esses equipamentos têm de armazenar e exportar dados de campo para *soft-*

Figura 4.2   Poligonação com uso de estação total.

ware específicos facilitou as operações topográficas de planialtimetria. Contudo, ainda se deve obedecer aos critérios de aceitação desses trabalhos por meio das normas vigentes: a ABNT (1994), Normas para Georreferenciamento de Imóveis Rurais, entre outras.

» Exemplo de levantamento e cálculo planialtimétrico

Em um levantamento planialtimétrico cadastral, incorporam-se as informações da planimetria cadastral, ou seja, da determinação da posição de certos detalhes, como limites de vegetação ou de culturas, cercas internas, edificações, benfeitorias, postes, taludes, árvores isoladas, valos, valas, drenagem natural e artificial, etc. (Fig. 4.3), bem como de suas cotas e altitudes.

A seguir, apresentamos um exemplo de levantamento e cálculo planialtimétrico cadastral, comentado por etapas, e da construção da respectiva planta topográfica com curvas de nível. Para facilitar o cálculo, ele será dividido em duas etapas: planimetria e altimetria. Além disso, durante o cálculo, comentaremos aspectos teóricos para a solução. Muitos desses aspectos já foram abordados nos Capítulos 2 e 3.

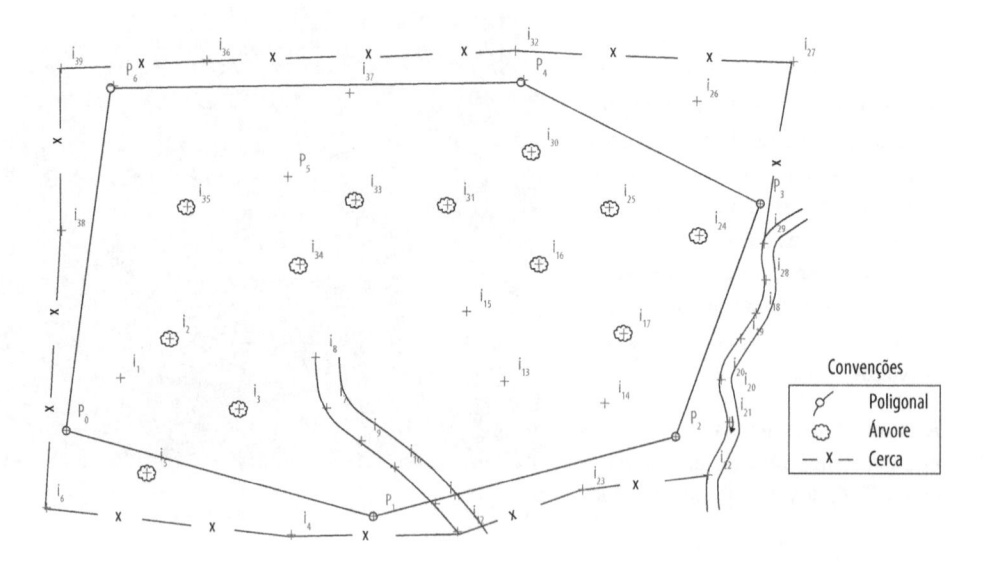

Figura 4.3   Croqui da área do exemplo.

O exemplo simula uma planilha eletrônica (por estação total) de uma poligonação de 7 lados com 39 irradiações (Fig. 4.4). Sugere-se para este exemplo a adoção das tolerâncias impostas pela Associação Brasileira de Normas Técnicas (ABNT, 1994). A classe adotada será a classe I PAC – planialtimétrico cadastral. A caderneta de campo (medição angular e linear) da poli-

Caderneta de Campo – I PAC

Estação	Ponto visado	Posição da luneta	Ângulo horário lido – método das direções			Distâncias horizontais recíprocas lidas	i (m)	a (m)	Azimute			Ângulo zenital lido – método das direções			Obs.
			G	M	S	Lidas (m)			G	M	S	G	M	S	
P_0	P_6	PD	0°	0'	0"	85,455						83°	40'	30"	
	P_1		97°	26'	55"	81,431			105°	15'	10"	86°	30'	20"	Poligonal
	P_6	PI	180°	0'	20"	85,465						263°	40'	20"	
	P_1		277°	26'	35"	81,421						266°	30'	15"	
	i_1		39°	52'	25"	18,729	1,580	1,700				81°	26'	25"	PC-Porto Cotado
	i_2		42°	8'	45"	35,042						82°	3'	25"	PC-árvore
	i_3	PD	75°	27'	25"	44,868						84°	18'	50"	PC-árvore
	i_4		106°	44'	30"	63,250						86°	1'	35"	PC-divisa
	i_5		109°	30'	5"	23,372						86°	21'	35"	PC-árvore
	i_6		188°	22'	20"	20,161						91°	58'	5"	PC-divisa
P_1	P_0	PD	0°	0'	0"	81,435						93°	22'	50"	
	P_2		150°	16'	55"	79,189						86°	22'	25"	Poligonal
	P_0	PI	179°	59'	45"	81,416						273°	22'	55"	
	P_2		330°	16'	40"	79,189						266°	22'	30"	
	i_7		50°	18'	2"	29,240	1,650	1,700				82°	45'	0"	PC-estrada
	i_8		54°	18'	25"	41,679						83°	48'	45"	PC-estrada
	i_9	PD	63°	48'	20"	18,851						82°	53'	30"	PC-estrada
	i_{10}		100°	29'	20"	13,321						80°	9'	0"	PC-estrada
	i_{11}		154°	36'	55"	16,006						80°	19'	45"	PC-estrada
	i_{12}		176°	0'	5"	22,236						83°	3'	35"	PC-estrada da-divisa
P_2	P_1	PD	0°	0'	0"	79,178						93°	31'	35"	
	P_3		124°	36'	30"	61,671						87°	16'	20"	Poligonal
	P_1	PI	179°	59'	40"	79,193						273°	31'	40"	
	P_3		304°	36'	50"	61,691						267°	16'	5"	
	i_{13}		31°	29'	50"	45,697						89°	46'	20"	PC
	i_{14}		37°	51'	0"	19,919						88°	28'	10"	PC
	i_{15}		44°	23'	30"	61,507						88°	46'	40"	PC
	i_{16}		65°	21'	45"	54,865	1,600	1,700				86°	46'	25"	PC-árvore
	i_{17}		77°	11'	50"	28,900						86°	12'	45"	PC-árvore
	i_{18}	PD	137°	56'	30"	35,911						87°	30'	0"	PC-córrego
	i_{19}		137°	46'	45"	28,515						87°	31'	20"	PC-córrego
	i_{20}		143°	11'	30"	17,521						87°	33'	55"	PC-córrego
	i_{21}		179°	44'	50"	13,524						88°	29'	55"	PC-córrego
	i_{22}		244°	14'	5"	12,307						89°	17'	20"	PC-córrego
	i_{23}		345°	56'	20"	27,705						90°	35'	55"	PC-divisa
P_3	P_2	PD	0°	0'	0"	61,706						92°	50'	40"	
	P_4		96°	7'	20"	67,444						87°	5'	25"	Poligonal
	P_2	PI	180°	0'	25"	61,724						272°	30'	30"	
	P_4		276°	7'	40"	67,444						267°	5'	30"	
	i_{24}	PD	42°	29'	0"	17,512	1,650	1,700				90°	6'	40"	PC-árvore
	i_{25}		67°	42'	5"	37,963						88°	6'	20"	PC-árvore
	i_{26}		126°	23'	10"	29,715						86°	8'	50"	PC-divisa
	i_{27}		172°	34'	40"	35,703						86°	14'	25"	PC-divisa
	i_{28}		157°	2'	45"	19,753						90°	57'	15"	PC-córrego
	i_{29}		157°	13'	40"	10,413						93°	56'	45"	PC-córrego
P_4	P_3	PD	0°	0'	0"	67,453						92°	50'	35"	
	P_5		131°	57'	5"	63,966						94°	55'	40"	Poligonal
	P_3	PI	180°	0'	25"	67,440						272°	50'	30"	
	P_5		311°	57'	35"	63,960	1,630	1,700				274°	55'	45"	
	i_{30}		55°	1'	40"	17,504						94°	21'	35"	PC-árvore
	i_{31}	PD	95°	0'	25"	35,872						93°	15'	5"	PC-árvore
	i_{32}		229°	57'	10"	7,935						87°	47'	50"	PC-divisa
P_5	P_4	PD	0°	0'	0"	63,944						85°	40'	20"	
	P_6		228°	8'	15"	50,221						96°	59'	40"	Poligonal
	P_4	PI	180°	0'	25"	63,931						265°	40'	35"	
	P_6		48°	8'	35"	50,236						276°	59'	45"	
	i_{33}		38°	59'	40"	18,136	1,560	1,700				85°	0'	10"	PC-árvore
	i_{34}		103°	3'	35"	21,920						90°	5'	5"	PC-árvore
	i_{35}	PD	185°	39'	15"	26,571						97°	28'	40"	PC-árvore
	i_{36}		256°	10'	25"	35,597						94°	23'	20"	PC-divisa
	i_{37}		329°	5'	5"	25,886						84°	29'	20"	PC-divisa
P_6	P_5	PD	0°	0'	0"	50,220						83°	20'	20"	
	P_0		71°	26'	45"	85,455						96°	16'	35"	Poligonal
	P_5	PI	180°	0'	10"	50,224	1,630	1,700				263°	20'	15"	
	P_0		251°	26'	20"	85,467						276°	16'	45"	
	i_{38}	PD	83°	49'	30"	38,014						93°	52'	40"	PC-divisa
	i_{39}		173°	18'	10"	14,020						95°	51'	45"	PC-divisa

Figura 4.4 Caderneta de campo.

gonal segue as tolerâncias estabelecidas pela norma (Angular – Método das Direções; Linear – Leituras Recíprocas).

Inicialmente, considerando o objetivo traçado para o levantamento, decidiu-se pela classe do levantamento I PAC – Planialtimétrico cadastral (veja a seguir). Todos os cálculos estão resumidos na planilha de cálculo da Fig. 4.5.

Trecho da norma para levantamentos planialtimétricos cadastrais

Classe I PAC
- Metodologia: poligonais planimétricas III P ou de ordem superior. Nas áreas superiores a 100 ha, recomendam-se poligonais de classe II P. Pontos de divisa ou notáveis, irradiados com MED, ou medidos à trena de aço. Os demais pontos cadastrais podem ser medidos estadimetricamente, pela leitura dos três fios ou com autorredutor, visada máxima 100 m, teodolito classe 2. Estações das poligonais niveladas conforme classe II N ou de ordem superior. Pontos irradiados para nivelamento, medidos taqueometricamente, leitura dos três fios sobre miras devidamente comparadas, visada máxima de 120 m, teodolito classe 1.
- Escala do desenho: 1/1000
- Equidistância das curvas de nível: 1 m
- Densidade mínima de pontos: 50 (terreno com declividade acima de 20%); 40 (terreno com declividade entre 10% e 20%); 30 (terreno com declividade de até 10%).

> **» IMPORTANTE**
> Respeitar a densidade mínima de pontos é importante para um traçado fiel das curvas de nível, ou seja, para uma melhor representação do relevo do terreno.

Observe que, na metodologia de execução da classe I PAC, sugere-se adotar a poligonal planimétrica III P, ou superior, logo:

Trecho da norma para levantamentos planialtimétricos

Classe III P. Adensamento do apoio topográfico para projetos básicos, executivos, como executado, e obras de engenharia.

Medição

- Angular: método das direções com duas séries de leituras conjugadas direta e inversa, horizontal e vertical. Teodolito classe 2.
- Linear: leituras recíprocas (vante e ré) com distanciômetro eletrônico classe 1 ou medidas com trena de aço aferida com correções de dilatação, tensão, catenária e redução ao horizonte.

Desenvolvimento

- Extensão máxima (L): 10 km
- Lado: mínimo ($D_{mín}$) → 50 m
  máximo (Dmáx) → $\geq$ 170 m
- Número máximo de vértices: 41

Materialização

• Marcos de concreto ou pinos no apoio topográfico. Pinos ou piquetes nas poligonais auxiliares.

Após o levantamento de campo (caderneta de campo da Fig. 4.4), temos os valores de tolerância para a classe III P:

• Angular → b = 20" (veja a seção "Planilha de coordenadas", Cap. 2).
• Linear → d = 0,42 m (veja a seção "Planilha de coordenadas", Cap. 2).

O cálculo desta caderneta de campo (Figura 4.5) será manual, porém, poderia ser automatizado por uma planilha eletrônica (p.ex., Excel) ou com uso de *software* específico de Topografia: Topograph, Posição, TopoEVN, DataGeosis, TopoCAD, SurveCE, entre outros.

Nesta solução, temos as seguintes etapas:

1 – Planimetria: planilha de coordenadas
    1.1 – Cálculo do fechamento angular
        a) Cálculo dos ângulos horizontais (médias) após aplicar o método das direções
        b) Cálculo do erro de fechamento angular
        c) Cálculo da tolerância angular (segundo ABNT-NBR 13.133)
        d) Cálculo da correção angular
        e) Distribuição do erro angular
    1.2 – Cálculo dos azimutes
    1.3 – Cálculo das distâncias (médias) horizontais
    1.4 – Cálculo das coordenadas relativas (não corrigidas)
    1.5 – Cálculo do fechamento linear
        a) Cálculo do erro de fechamento linear
        b) Cálculo do erro relativo linear
        c) Cálculo da tolerância linear (segundo ABNT [1994])
        d) Cálculo da correção linear (proporcional às distâncias)
    1.6 – Cálculo das coordenadas absolutas
    1.7 – Cálculo da área dos limites da propriedade
2 – Altimetria: nivelamento trigonométrico
    2.1 – Cálculo das diferenças de nível e cálculo das médias
    2.2 – Cálculo do erro de fechamento altimétrico e sua distribuição
    2.3 – Cálculo das cotas
3 – Formas de representação planialtimétrica
    3.1 – Apresentação da planta com pontos cotados
    3.2 – Apresentação da triangulação (criada pelo *software* Topograph)
    3.3.3 – Apresentação da planta com curva de nível (criada pelos *software* Topograph e WinSurfer)
    3.3.4 – Apresentação do modelo em perspectiva do terreno (criado pelo *software* WinSurfer)

Estação	Ponto Visado	Posição da luneta	Ângulo horário lido - Método das Direções						Correção	Ângulo horário corrigido			Distâncias Horizontais recíprocas lidas		i(m)	a(m)
			G	M	S	G	M	S		G	M	S	Lidas	Médias		
P_0	P_6	PD	0°	0'	0"								85,455		1,580	1,700
	P1		97°	26'	55"	97°	26'	35"	5"	97°	26'	40"	81,431	81,426		
	P_6	PI	180°	0'	20"								85,465			
	P_1		277°	26'	35"								81,421			
	i_1	PD	39°	52'	25"								18,729			
	i_2		42°	8'	45"								35,042			
	i_3		75°	27'	25"								44,868			
	i_4		106°	44'	30"								63,250			
	i_5		109°	30'	5"								23,372			
	i_6		188°	22'	20"								20,161			
P_1	P_0	PD	0°	0'	0"								81,435		1,650	1,700
	P_2		150°	16'	55"	150°	16'	55"	5"	150°	17'	0"	79,189	79,187		
	P_0	PI	179°	59'	45"								81,416			
	P_2		330°	16'	40"								79,189			
	i_7	PD	50°	18'	2"								29,240			
	i_8		54°	18'	25"								41,679			
	i_9		63°	48'	20"								18,851			
	i_{10}		100°	29'	20"								13,321			
	i_{11}		154°	36'	55"								16,006			
	i_{12}		176°	0'	5"								22,236			
P_2	P_1	PD	0°	0'	0"								79,178		1,600	1,700
	P_3		124°	36'	30"	124°	36'	50"	5"	124°	36'	55"	61,671	61,698		
	P_1	PI	179°	59'	40"								79,193			
	P_3		304°	36'	50"								61,691			
	i_{13}	PD	31°	29'	50"								45,697			
	i_{14}		37°	51'	0"								19,919			
	i_{15}		44°	23'	30"								61,507			
	i_{16}		65°	21'	45"								54,865			
	i_{17}		77°	11'	50"								28,900			
	i_{18}		137°	56'	30"								35,911			
	i_{19}		137°	46'	45"								28,515			
	i_{20}		143°	11'	30"								17,521			
	i_{21}		179°	44'	50"								13,524			
	i_{22}		244°	14'	5"								12,307			
	i_{23}		345°	56'	20"								27,705			
P_3	P_2	PD	0°	0'	0"								61,706		1,650	1,700
	P_4		96°	7'	20"	96°	7'	17"	5"	96°	7'	22"	67,444	67,445		
	P_2	PI	180°	0'	25"								61,724			
	P_4		276°	7'	40"								67,444			
	i_{24}	PD	42°	29'	0"								17,512			
	i_{25}		67°	42'	5"								37,963			
	i_{26}		126°	23'	10"								29,715			
	i_{27}		172°	34'	40"								35,703			
	i_{28}		337°	2'	45"								19,753			
	i_{29}		337°	13'	40"								10,413			
P_4	P_3	PD	0°	0'	0"								67,453		1,630	1,700
	P_5		131°	57'	5"	131°	57'	7"	5"	131°	57'	12"	63,966	63,950		
	P_3	PI	180°	0'	25"								67,440			
	P_5		311°	57'	35"								63,960			
	i_{30}	PD	55°	1'	40"								17,504			
	i_{31}		95°	0'	25"								35,872			
	i_{32}		229°	57'	10"								7,935			
P_5	P_4	PD	0°	0'	0"								63,944		1,560	1,700
	P_6		228°	8'	15"	228°	8'	12"	5"	228°	8'	18"	50,221	50,225		
	P_4	PI	180°	0'	25"								63,931			
	P_6		48°	8'	35"								50,236			
	i_{33}	PD	38°	59'	40"								18,136			
	i_{34}		103°	3'	35"								21,920			
	i_{35}		185°	39'	15"								26,571			
	i_{36}		256°	10'	25"								35,597			
	i_{37}		329°	5'	5"								25,886			
P_6	P_5	PD	0°	0'	0"								50,220		1,630	1,700
	P_0		71°	26'	45"	71°	26'	28"	5"	71°	26'	33"	85,455	85,461		
	P_5	PI	180°	0'	10"								50,224			
	P_0		251°	26'	20"								85,467			
	i_{38}	PD	83°	49'	30"								38,014			
	i_{39}		173°	18'	10"								14,020			

Estação	Ponto Visado	Azimute			Coordenadas relativas não corrigidas (m)		Correções (m)		Coordenadas relativas corrigidas (m)		Ângulo zenital lido - Método das Direções			Diferença de nível (m)				Coordenadas absolutas (m)			Obs.
		G	M	S	x	y	cx	cy	x	y	G	M	S	DN (calculada)	DN (média)	Correção	DN (corrigida)	x	y	Cota	
P_0	P_6										83°	40'	30"	9,352							
	P1	105°	15'	10"	78,557	-21,421	-0,002	-0,009	78,555	-21,430	86°	30'	20"	4,853	4,857	-0,017	4,840	1078,555	978,570	504,840	P1
	P_6										263°	40'	20"	9,357							
	P_1										266°	30'	15"	4,854							
	i_1	47°	40'	55"	13,849	12,609					81°	26'	25"	2,699				1013,849	1012,609	502,699	PC-Ponto Cotado
	i_2	49°	57'	15"	26,826	22,546					82°	3'	25"	4,769				1026,826	1022,546	504,769	PC-árvore
	i_3	83°	15'	55"	44,558	5,262					84°	18'	50"	4,347				1044,558	1005,262	504,347	PC-árvore
	i_4	114°	33'	0"	57,532	-26,280					86°	1'	35"	4,274				1057,532	973,720	504,274	PC-divisa
	i_5	117°	18'	35"	20,767	-10,723					86°	21'	35"	1,367				1020,767	989,277	501,367	PC-árvore
	i_6	196°	10'	50"	-5,618	-19,362					91°	58'	5"	-0,813				994,382	980,638	499,187	PC-divisa
P_1	P_0										93°	22'	50"	-4,860							
	P_2	75°	32'	10"	76,677	19,779	-0,002	-0,008	76,675	19,771	86°	22'	25"	4,969	4,974	-0,016	4,958	1155,230	998,341	509,798	P2
	P_0										273°	22'	55"	-4,861							
	P_2										266°	22'	30"	4,967							
	i_7	335°	33'	12"	-12,101	26,619					82°	45'	0"	3,600				1066,454	1005,189	508,440	PC-estrada
	i_8	339°	33'	35"	-14,556	39,055					83°	48'	45"	4,399				1063,999	1017,625	509,239	PC-estrada
	i_9	349°	3'	30"	-3,578	18,508					82°	53'	30"	2,231				1074,977	997,078	507,071	PC-estrada
	i_{10}	25°	44'	30"	5,786	11,999					80°	9'	0"	2,193				1084,341	990,569	507,033	PC-estrada
	i_{11}	79°	52'	5"	15,756	2,816					80°	19'	45"	2,608				1094,311	981,386	507,448	PC-estrada
	i_{12}	101°	15'	15"	21,808	-4,340					83°	3'	35"	2,587				1100,363	974,230	507,427	PC-estrada-divisa
P_2	P_1										93°	31'	35"	-4,979							
	P_3	20°	9'	5"	21,255	57,921	-0,002	-0,007	21,253	57,914	87°	16'	20"	2,838	2,798	-0,013	2,785	1176,483	1056,255	512,583	P3
	P_1										273°	31'	40"	-4,982							
	P_3										267°	16'	5"	2,844							
	i_{13}	287°	2'	0"	-43,692	13,386					89°	46'	20"	0,062				1111,538	1011,727	509,860	PC
	i_{14}	293°	23'	10"	-18,283	7,906					88°	28'	10"	0,412				1136,947	1006,247	510,210	PC
	i_{15}	299°	55'	40"	-53,305	30,686					88°	46'	40"	1,192				1101,925	1029,027	510,990	PC
	i_{16}	320°	53'	55"	-34,603	42,577					86°	46'	25"	2,973				1120,627	1040,918	512,771	PC-árvore
	i_{17}	332°	44'	0"	-13,240	25,689					86°	12'	45"	1,793				1141,990	1024,030	511,591	PC-árvore
	i_{18}	33°	28'	40"	19,809	29,953					87°	30'	0"	1,448				1175,039	1028,294	511,246	PC-córrego
	i_{19}	33°	18'	55"	15,662	23,829					87°	31'	20"	1,114				1170,892	1022,170	510,912	PC-córrego
	i_{20}	38°	43'	40"	10,962	13,669					87°	33'	55"	0,625				1166,192	1012,010	510,423	PC-córrego
	i_{21}	75°	17'	0"	13,080	3,436					88°	29'	55"	0,234				1168,310	1001,777	510,032	PC-córrego
	i_{22}	139°	46'	15"	7,948	-9,936					89°	17'	20"	0,033				1163,178	988,945	509,831	PC-córrego
	i_{23}	241°	28'	30"	-24,342	-13,230					90°	35'	55"	-0,409				1130,888	985,111	509,389	PC-divisa
P_3	P_2										92°	30'	40"	-2,756							
	P_4	296°	16'	28"	-60,477	29,856	-0,002	-0,007	-60,479	29,849	87°	5'	25"	3,378	3,398	-0,014	3,384	1116,004	1086,104	515,967	P4
	P_2										272°	30'	30"	-2,754							
	P_4										267°	5'	30"	3,376							
	i_{24}	242°	38'	5"	-15,552	-8,050					90°	6'	40"	-0,154				1160,931	1048,205	512,429	PC-árvore
	i_{25}	267°	51'	10"	-37,963	-1,422					88°	6'	20"	1,136				1138,547	1054,833	513,719	PC-árvore
	i_{26}	326°	32'	15"	-16,385	24,790					86°	8'	50"	1,881				1160,098	1081,045	514,464	PC-divisa
	i_{27}	12°	43'	45"	7,867	34,826					86°	14'	25"	2,226				1184,350	1091,081	514,809	PC-divisa
	i_{28}	177°	11'	50"	0,966	-19,729					92°	36'	45"	-1,021				1177,449	1036,526	511,562	PC-córrego
	i_{29}	177°	22'	45"	0,476	-10,402					93°	56'	45"	-0,838				1176,959	1045,853	511,745	PC-córrego
P_4	P_3										92°	50'	35"	-3,420							
	P_5	248°	13'	40"	-59,388	-23,720	-0,001	-0,007	-59,389	-23,727	94°	55'	40"	-5,585	-5,141	-0,013	-5,154	1056,615	1062,377	510,813	P5
	P_3										272°	50'	30"	-3,418							
	P_5										274°	55'	45"	-5,586							
	i_{30}	171°	18'	8"	2,647	-17,303					94°	21'	35"	-1,454				1118,861	1068,801	514,513	PC-árvore
	i_{31}	211°	16'	53"	-18,626	-30,657					93°	15'	5"	-2,158				1097,378	1055,447	513,809	PC-árvore
	i_{32}	346°	13'	37"	-1,889	7,707					87°	47'	50"	0,185				1114,115	1093,811	516,152	PC-divisa
P_5	P_4										85°	40'	20"	4,699							
	P_6	296°	21'	58"	-45,001	22,305	-0,001	-0,005	-45,002	22,300	96°	59'	40"	-6,301	-6,049	-0,010	-6,060	1011,613	1084,677	504,753	P6
	P_4										265°	40'	35"	4,693							
	P_6										276°	59'	45"	-6,304							
	i_{33}	107°	13'	20"	17,323	-5,370					85°	0'	10"	1,466				1073,937	1057,007	512,279	PC-árvore
	i_{34}	171°		15"	3,320	-21,667					90°	5'	5"	-0,152				1059,934	1040,710	510,661	PC-árvore
	i_{35}	253°		55"	-25,527	-7,377					97°	28'	40"	-3,608				1031,087	1055,000	507,205	PC-árvore
	i_{36}	324°		5"	-20,721	28,944					94°	23'	20"	-2,852				1035,893	1091,321	507,961	PC-divisa
	i_{37}	37°	18'	45"	15,691	20,588					84°	29'	20"	2,378				1072,305	1082,965	513,191	PC-divisa
P_6	P_5										83°	20'	20"	5,795							
	P_0	187°	48'	30"	-11,611	-84,668	-0,002	-0,009	-11,613	-84,677	96°	16'	35"	-9,469	-4,736	-0,018	-4,753	1000,000	1000,000	500,000	P0
	P_5										263°	20'	15"	5,797							
	P_0										276°	16'	45"	-9,474							
	i_{38}	200°	11'	28"	-13,121	-35,678					93°	52'	40"	-2,697				998,491	1048,999	502,056	PC-divisa
	i_{39}	289°	40'	8"	-13,202	4,719					95°	51'	45"	-1,560				998,410	1089,396		PC-divisa
		Soma			0,012	0,052	-0,012	-0,052	0,000	0,000				soma	0,102	-0,102	0,000	1000,000	1000,000	500,000	P0

Figura 4.5 Planilha de cálculo.

» Planimetria: planilha de coordenadas

Cálculo do fechamento angular

a) Cálculo dos ângulos horizontais (médias) após aplicar o método das direções

Os ângulos podem ser obtidos pelas seguintes expressões:

$\alpha_1 = PD_{vante} - PD_{ré}$

$\alpha_2 = PI_{vante} - PI_{ré}$

$\alpha_{média} = \dfrac{\alpha_1 + \alpha_2}{2}$

Observações:

• Caso o valor de α seja negativo, some 360°.
• Na caderneta de campo, foi apresentada apenas uma série de leituras conjugadas (em vez de duas, conforme sugere a norma para poligonal III P).

Para o ângulo P_0–P_1, temos:

$\alpha_1 = 97°\,26'\,55'' - 0°\,00'\,00'' = 97°\,26'\,55''$

$\alpha_2 = 277°\,26'\,35'' - 180°\,00'\,20'' = 97°\,26'\,15''$

$\alpha_{média} = (97°\,26'\,55'' + 97°\,26'\,15'') / 2 = 97°\,26'\,35''$

Os demais ângulos calculados são apresentados na planilha de cálculo.

b) Cálculo do erro de fechamento angular

É feito com base na seguinte fórmula: $\sum$ângulos $= 180° \cdot (n \pm 2)$

$\sum$ângulos $= 180° \cdot (7-2) = 180° \cdot 5 = 900°$ (ângulos internos)

A soma dos ângulos, após redução e média $= 899°\,59'\,25''$.

Ou seja,

$899°\,59'\,25'' - 900°\,00'\,00'' = -35''$ (erro por falta).

c) Cálculo da tolerância angular (segundo ABNT [1994])

Tolerância $= b \cdot \sqrt{n}$

Considerando: $b = 20''$ (para a classe III P) e $n = 7$, temos:

Tolerância $= 20'' \cdot \sqrt{7} \cong \pm 53''$

Erro ($-35''$) < Tolerância ($-53''$), logo, dentro da tolerância.

d) Cálculo da correção angular

$$\text{Correção} = -\left(\frac{\text{Erro angular}}{\text{Número de lados}}\right) = -\left(\frac{-35'}{7}\right) = +5'' \text{ para cada lado}$$

Observe na planilha de cálculo que as irradiações não sofreram correções.

e) Distribuição do erro angular

Caso o erro cometido esteja dentro da tolerância estabelecida, parte-se para a distribuição desse erro. Os ângulos horários corrigidos são obtidos somando a correção aos ângulos lidos (média). Ver na planilha de cálculo (Fig. 4.5).

Cálculo dos azimutes

O azimute de partida permite a orientação da planta topográfica. Ele pode ser obtido por meio de uma das técnicas discutidas no Capítulo 2, na seção "Orientação de trabalhos topográficos".

$AZ_{P_0-P_1} = 105°\ 15'\ 10''$ (valor medido de partida, não podendo ser alterado).

Os demais azimutes dos alinhamentos da poligonal e irradiações podem ser calculados pela seguinte expressão:

Azimute calculado = (azimute anterior + ângulo horário) $\pm$ 180° (ou – 540°)

Se (soma < 180°)   (soma + 180°)
Se (540° > soma > 180°)   (soma − 180°)
Se (soma > 540°)   (soma − 540°)

$AZ_{P_1-P_2} = (AZ_{P_1-P_2} + \text{Ângulo horário}_{P_1-P_2} \pm 180°) =$
$105°\ 15'\ 10'' + 150°\ 17'\ 00'' = 255°\ 32'\ 10'' - 180° = 75°\ 32'\ 15''$

Irradiação:
$AZ_{P_0-i_1} = (AZ_{P_6-P_0} + \text{Ângulo horário}_{P_0-i_1} \pm 180°) =$
$187°\ 48'\ 30'' + 39°\ 52'\ 25'' = 227°\ 40'\ 55'' - 180° = 47°\ 40'\ 55''$

Os demais resultados estão na planilha de cálculo.

Cálculo das distâncias (médias) horizontais

Considerando que as distâncias horizontais foram medidas com leituras recíprocas (vante e ré) e nas posições direta e inversa, há **quatro** medidas para cada alinhamento.

O valor a ser adotado para o cálculo das coordenadas (X, Y e cota) será a média dessas observações, ou seja, o alinhamento P_0-P_1 será igual a:

$$\text{Distância horizontal}_{média} = \frac{81,431 + 81,421 + 81,435 + 81,416}{4} = 81,426 \text{ m}$$

Os demais resultados estão na planilha de cálculo. O perímetro desta poligonal foi igual a 489,392 m.

Cálculo das coordenadas relativas (não corrigidas)

Os cálculos das coordenadas relativas não corrigidas são dados pelas seguintes expressões:

$x_{P_0-P_1} = Dh_{P_0-P_1} \times sen(Azimute_{P_0-P_1}) \rightarrow$ (abscissa relativa)

$y_{P_0-P_1} = Dh_{P_0-P_1} \times cos(Azimute_{P_0-P_1}) \rightarrow$ (ordenada relativa)

Para o alinhamento P_0-P_1, temos:

$x_{P_0-P_1} = Dh_{P_0-P_1} \times sen(Azimute_{P_0-P_1}) \rightarrow$ (abscissa relativa)

$x_{P_0-P_1} = 81,426 \times sen(105°\ 15'\ 10'') = +78,557\ m$

$y_{P_0-P_1} = Dh_{P_0-P_1} \times cos(Azimute_{P_0-P_1}) \rightarrow$ (ordenada relativa)

$y_{P_0-P_1} = 81,426 \times cos(105°\ 15'\ 10'') = -21,421\ m$

Para a irradiação P_0-i_1, temos:

$x_{P_0-i_1} = Dh_{P_0-P_1} \times sen(Azimute_{P_0-i_1}) \rightarrow$ (abscissa relativa)

$x_{P_0-i_1} = 18,729 \times sen(47°\ 40'\ 55'') = +13,849\ m$

$y_{P_0-i_1} = Dh_{P_0-P_1} \times cos(Azimute_{P_0-i_1}) \rightarrow$ (ordenada relativa)

$y_{P_0-i_1} = 18,729 \times cos(47°\ 40'\ 55'') = +12,609\ m$

Os demais resultados estão na planilha de cálculo.

Cálculo do fechamento linear

a) Cálculo do erro de fechamento linear

Este cálculo é feito apenas para a poligonal em questão.

$E_l = \sqrt{e_x^2 + e_y^2}$

$e_x = \left|\sum x(+)\right| - \left|\sum x(-)\right|$

$e_y = \left|\sum y(+)\right| - \left|\sum y(-)\right|$

$e_x = \left|\sum x(+)\right| - \left|\sum x(-)\right| = +0,012\ m$

$e_y = \left|\sum y(+)\right| - \left|\sum y(-)\right| = +0,052\ m$

$E_l = \sqrt{(-0,012)^2 + (+0,052)^2} = \pm 0,053\ m$

b) Cálculo do erro relativo linear

Este erro é a razão entre o erro cometido e o perímetro da poligonal:

$$Er = \frac{E_l}{L} = \frac{0,053}{489,392} = \frac{1}{9.170} \cong \frac{1}{9.000}$$

ou seja, projeta um erro de aproximadamente 1 cm a cada 90 m, uma boa precisão para a maioria das aplicações topográficas.

c) Cálculo da tolerância linear (segundo ABNT [1994])

$$T = d \cdot \sqrt{L(km)}$$

Considerando d = 0,42 m e L = 0,489392 Km, temos:

$$T = 0,42 \cdot \sqrt{0,489392} = \pm 0,294 \, m$$

Ou seja, erro cometido de ($\pm$ 0,053 m) < Tolerância ($\pm$ 0,294) – dentro da tolerância!

d) Cálculo da correção linear (proporcional às distâncias)

Será utilizado como processo de correção aquele proporcional às distâncias medidas em campo. Serão feitos apenas alguns cálculos demonstrativos, e o restante ficará a cargo do leitor. Os resultados constam na planilha de cálculo.

Para efeito de cálculo, determinam-se os fatores de proporcionalidade, ou seja, a razão entre o erro nas projeções em x e y e o perímetro da poligonal, dado por:

$$fator_x = \frac{e_x}{P} = \frac{+0,012}{489,392} = +2,4520 \cdot 10^{-5}$$

$$fator_y = \frac{e_y}{P} = \frac{+0,052}{489,392} = +1,0625 \cdot 10^{-4}$$

As correções serão dadas pela multiplicação destes fatores, pelas distâncias dos lados da poligonal:

Correção $x_{A-B} = -(fator_x \cdot dist_{A-B})$;   Correção $y_{A-B} = -(fator_y \cdot dist_{A-B})$

Deve-se observar que o **sinal** da correção deve ser **contrário** ao do erro.

Para o alinhamento P_0–P_1, temos:

Corr $x_{P_0-P_1} = -(fator_x \cdot dist_{P_0-P_1}) = -(+2,4520 \times 10^{-5} \cdot 81,426) = -0,002 \, m$

Corr $y_{P_0-P_1} = -(fator_y \cdot dist_{P_0-P_1}) = -(+1,0625 \times 10^{-4} \cdot 81,426) = -0,009 \, m$

Por fim, as coordenadas relativas corrigidas serão dadas pelas coordenadas relativas não corrigidas mais a correção. Essas podem ser vistas na planilha de cálculo.

Cálculo das coordenadas absolutas

Para determinação das coordenadas absolutas, adotaram-se valores para as coordenadas X e Y iniciais (ponto P_0):

$X_A = 1.000,000$ m

$Y_A = 1.000,000$ m

$X_{P_1} = X_{P_0} + x_{P_0-P_1} = 1.000,000 + 78,555 = 1.078,555$ m

$Y_{P_1} = Y_{P_0} + y_{P_0-P_1} = 1.000,000 - 21,430 = 978,570$ m

Os demais resultados estão na planilha de cálculo.

Cálculo da área dos limites da propriedade

O cálculo da área utilizou o método analítico pela Fórmula de Gauss (Capítulo 2, seção "Cálculo do fechamento angular"). Conforme a Figura 4.3, a seguinte sequência de pontos define a divisa:

$i_6, i_4, i_{12}, i_{23}, i_{22}, i_{21}, i_{20}, i_{19}, i_{18}, i_{28}, i_{29}, i_{27}, i_{32}, i_{36}, i_{39}, i_{38}, i_6$.

Procedendo-se o cálculo com uso de planilha eletrônica, temos:

Pontos	X	Y	X × Y	Y × X
i_6	994,382	980,638	1037056	968249,641
i_4	1057,532	973,72	1071445	1030279,4
i_{12}	1100,363	974,23	1101745	1083979,695
i_{23}	1130,888	985,111	1145859	1118386,033
i_{22}	1163,178	988,945	1155394	1165244,967
i_{21}	1168,31	1001,777	1168264	1182341,403
i_{20}	1166,192	1012,01	1184954	1192046,477
i_{19}	1170,892	1022,17	1201090	1204021,218
i_{18}	1175,039	1028,294	1210764	1217958,475
i_{28}	1177,449	1036,526	1219949	1231438,569
i_{29}	1176,959	1045,853	1238656	1284157,603
i_{27}	1184,35	1091,081	1215590	1295455,058
i_{32}	1114,115	1093,811	1133071	1215857,096
i_{36}	1035,893	1091,321	1089586	1128497,691
i_{39}	998,41	1089,396	1087752	1047331,092
i_{38}	998,491	1048,999	1043106	979158,2173
i_6	994,382	980,638	0	0
		Soma	18304282	18344402,63
		Área	20060,564	

> » **ATENÇÃO**
> Sugerimos que o resultado do cálculo seja comprovado pelo leitor.

Procedendo-se o cálculo a partir do desenho feito em *software* de CAD e rotina própria de cálculo, temos:

Área = 20.059,874 m²

Perímetro = 573,329 m

» Altimetria: nivelamento trigonométrico

Cálculo das diferenças de nível e cálculo das médias

Será demonstrado apenas um cálculo, e os demais resultados ficarão a cargo do leitor. Com base na seguinte fórmula, temos:

$$DN = \frac{Dh}{tgZ} + i - a$$

$$Dn_{P_0-P_1} = \frac{81,426}{tg(86°30'20")} + 1,580 - 1,700 = +4,853 \text{ m, e assim sucessivamente.}$$

Como há quatro diferenças de nível de um mesmo alinhamento (duas visadas à vante e duas à ré), calcularam-se as médias dessas observações. Os valores são apresentados na planilha de cálculo.

Cálculo do erro de fechamento altimétrico e sua distribuição

Como se trata de uma poligonal em *looping*, a soma de suas diferenças de nível entre os alinhamentos deve ser igual a zero:

$\sum$ diferença de nível = 0,000 m.

Em nosso exemplo, temos:

$\sum$ diferença de nível = +0,102 m.

No Capítulo 3, as tolerâncias para o erro altimétrico no nivelamento trigonométrico foram definidas considerando a seguinte expressão:

Tolerância = $0,15 \text{ m} \cdot \sqrt{k}$.

Para k igual a 0,489392 km, a tolerância permitida para o erro no nivelamento será:

$T = 0,15 \cdot \sqrt{0,489392} = \pm 0,105 \text{ m}$.

Logo, o erro é menor do que a tolerância (erro < tolerância), devendo ser distribuído entre os pontos da poligonal. A distribuição desse erro será proporcional às distâncias entre os alinhamentos. Para tal, calculou-se um fator de proporcionalidade, a razão entre o erro e o perímetro da poligonal:

$$Fator_{Dn} = \frac{e_{Dn}}{P} = \frac{+0,102}{489,392} = +2,0740 \cdot 10^{-4}.$$

Para cálculo das correções, multiplica-se esse fator pelas distâncias entre os pontos da poligonal. As diferenças de nível corrigidas são obtidas pela soma das calculadas mais a correção. Os resultados são apresentados na planilha de cálculo.

Cálculo das cotas

Com base nas diferenças de nível corrigidas e da cota do ponto inicial (P_0), os cálculos das cotas serão obtidos por:

Cota P_0 = 500,000 m

Cota P_1 = Cota $P_0 \pm \Delta N_{P_0-P_1}$ = 500,000 + 4,840 = 504,840 m

Os resultados são apresentados na planilha de cálculo (Fig. 4.5).

>> Formas de representação planialtimétrica

Conforme discutido anteriormente (Capítulo 3, "Planta com curvas de nível"), a principal forma de representação da planialtimetria do terreno é por meio da planta com curvas de nível. Na Figura 4.6, temos a planta com pontos cotados. Na Figura 4.7, temos a triangulação executada pelo *software* Topograph. Essa é uma das etapas para construção do MDT nesse *software*. Nas Figura 4.8 e 4.9, temos a planta com curvas de nível, com EV = 1,0 m, criada por dois *software*: Topograph e WinSurfer, respectivamente. Na Figura 4.10, temos uma visão em perspectiva, criada pelo *software* WinSurfer.

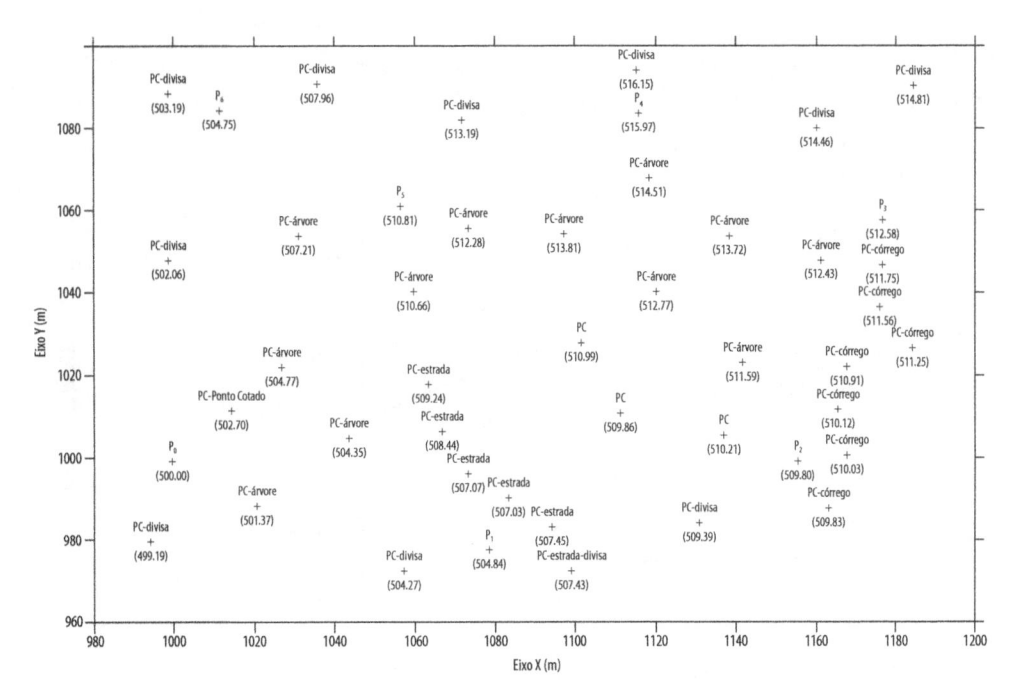

Figura 4.6 Planta de pontos cotados.

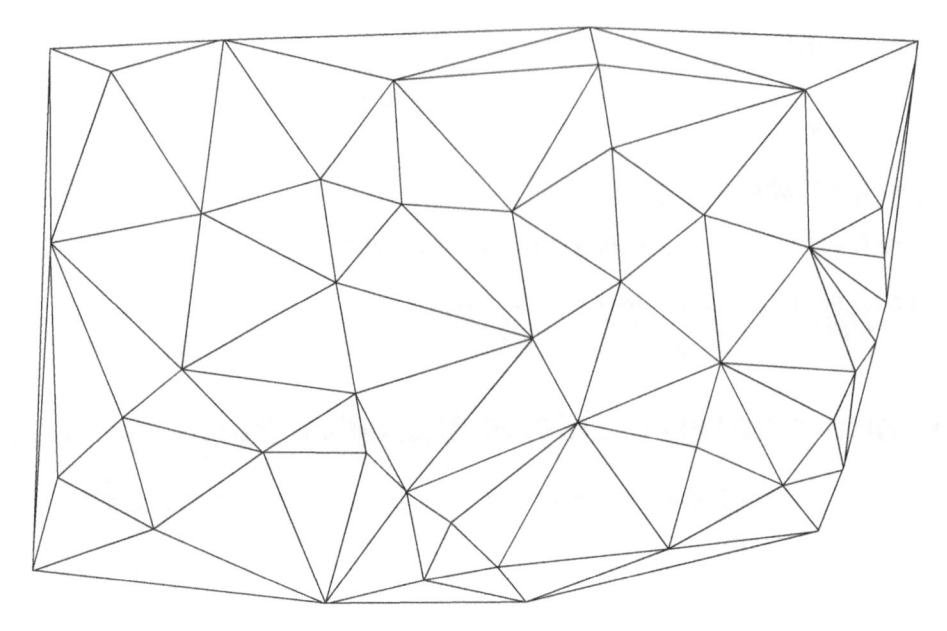

Figura 4.7 Triangulação – Topograph.

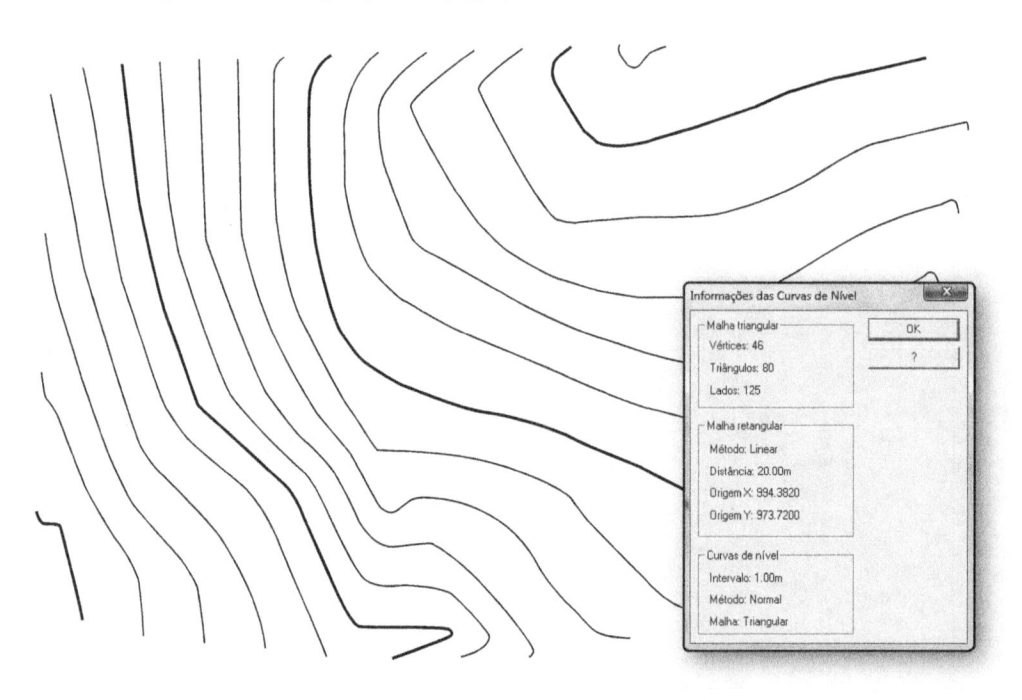

Figura 4.8 Planta com curvas de nível – Topograph.

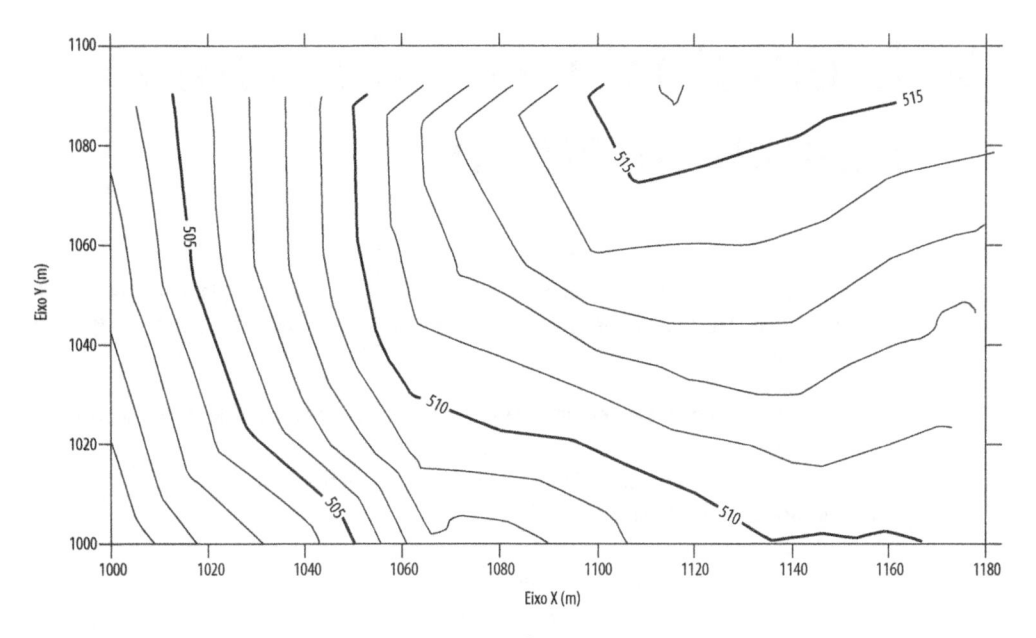

Figura 4.9 Planta com curvas de nível – WinSurfer.

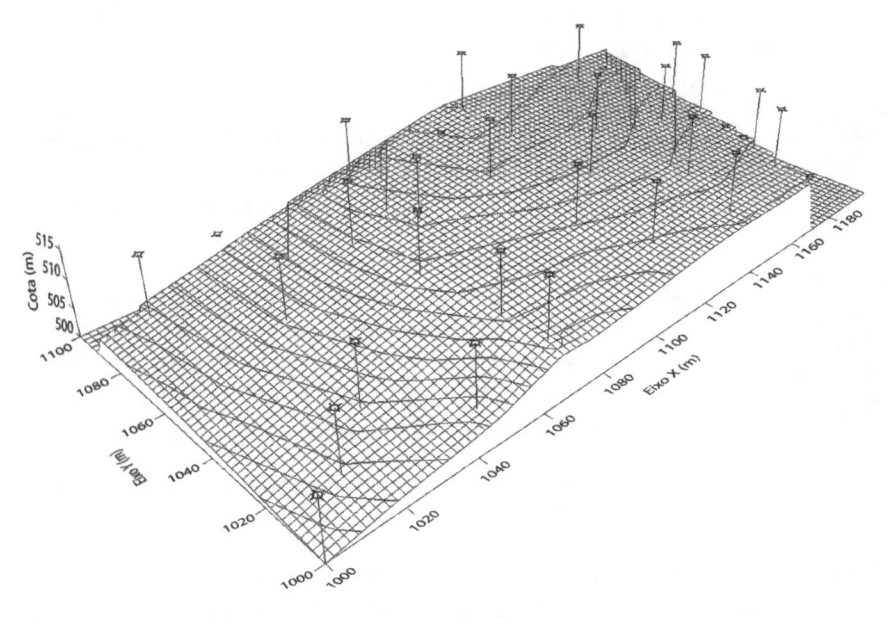

Figura 4.10 Modelo em perspectiva – WinSurfer.

» Exemplo de usos da planta planialtimétrica

Após o cálculo da planilha de coordenadas (X, Y e cota) e seu desenho (planta com curvas de nível), é possível executar vários projetos de engenharia (já apresentados sucintamente no Capítulo 1), como:

- Obras de terraplenagem para edificações em geral (cálculo de alturas de corte e aterro, estimativas de volume, determinação de distâncias de *offsets*, etc.).
- Definição da posição de estações de tratamento de água e de esgotos.
- Delimitação de áreas de risco.
- Definição do traçado de vias de transporte.
- Definição de sistemas de irrigação e drenagem.
- Definição do uso de equipamentos e de técnicas agrícolas.
- Escolha de locais para implantação de aterros sanitários.

As definições de um projeto de terraplenagem podem estar associadas à imposição de normas, à adequação a um projeto adjacente já existente, à limitação de custos, à viabilidade construtiva ou a uma junção desses fatores.

Na fase do anteprojeto, em que se aplicam simulações da melhor plataforma, calculam-se as alturas de cortes e aterro da área a partir das rampas impostas e definidas para o projeto. Consequentemente, materializam-se os volumes de corte e aterro.

Atualmente, para o estudo de projetos de terraplenagem, utiliza-se um *software* de Topografia ou uma planilha eletrônica, tendo como base uma planta com curvas de nível. Logo, para obter a precisão compatível desse projeto, a quantidade de pontos cotados (densificação de pontos levantados em campo) deve retratar a localidade de interesse. Além disso, a planta construída a partir dos pontos cotados deve ser (o mais) fiel ao terreno em questão.

Sucintamente, propomos as seguintes etapas em um projeto geométrico de terraplenagem a partir da planta com curvas de nível:

- Delimitação da área de interesse e locação dos eixos longitudinal e transversais
- Criação de caderneta com informações das cotas dos eixos locados
- Construção de perfil longitudinal a partir da planta
- Construção de perfis transversais a partir da planta
- Definição das inclinações longitudinal e transversal
- Cálculo das alturas de corte e/ou aterro

> » **DICA**
> Especificamente em um projeto de terraplenagem, considerando apenas a geometria da movimentação de massas (solo), o principal objetivo é definir as alturas de corte e aterro da área de interesse, bem como o volume de material desse projeto a ser transportado.

- Desenho do greide, considerando as inclinações impostas
- Definição de alturas e inclinações dos taludes de corte e/ou aterro e distâncias de *offsets*
- Estimativas de volume de corte e/ou aterro

A sequência das etapas sugeridas, bem como das especificações impostas, depende do uso ao qual se destina (mineração, construção civil, agricultura, obras viárias, etc.). Por exemplo, em uma obra viária, as inclinações longitudinais constantes (greides retos) deverão ser concordadas por curvas (greides curvos), definindo, assim, as alturas de corte e/ou aterro finais (Capítulo 5). Em um projeto da área de mineração (ou mesmo de obras viárias), os taludes podem ter inclinações específicas, ou, ainda, em função de sua altura, haver a necessidade de projetar banquetas.

A seguir, apresentamos um exemplo de projeto de um pátio para estacionamento, considerando a planta criada na seção "Exemplo de levantamento e cálculo planialtimétrico". A seguinte sequência de cálculo foi adotada:

a) Definição do limite do estacionamento e locação dos eixos longitudinal e transversais
b) Construção dos perfis longitudinal e transversal e cadernetas associadas
c) Definição das inclinações longitudinal e transversal e cálculo das alturas de corte e aterro
d) Construção dos greides longitudinal e transversal, taludes e distâncias de *offsets*
e) Cálculo da planilha de cubação.

a) Definição do limite do estacionamento e locação dos eixos

A planta com curvas de nível será aquela apresentada na Figura 4.9. Na Figura 4.11, temos a localização do pátio do estacionamento locado. As seguintes coordenadas delimitam o pátio, de formato retangular:

Lado inferior esquerdo

X = 1.040 m

Y = 1.020 m

Lado superior direito

X = 1.120 m

Y = 1.060 m

ou seja, 80 m × 40 m, e área igual a 3.200 m^2 (0,3200 ha).

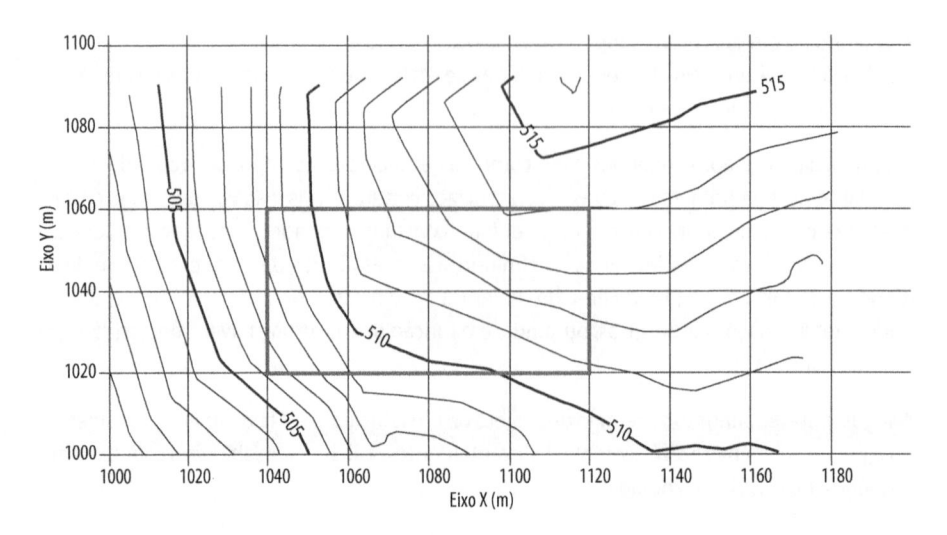

Figura 4.11 Locação do pátio do estacionamento na planta com curvas de nível.

Com relação aos eixos, definiu-se a construção de apenas um eixo longitudinal (nas coordenadas X = 1.040 m; Y = 1.040 m até X = 1.120 m; Y = 1040 m) e cinco eixos transversais, distantes 20 m (est. 0 a est. 4) (Fig. 4.12).

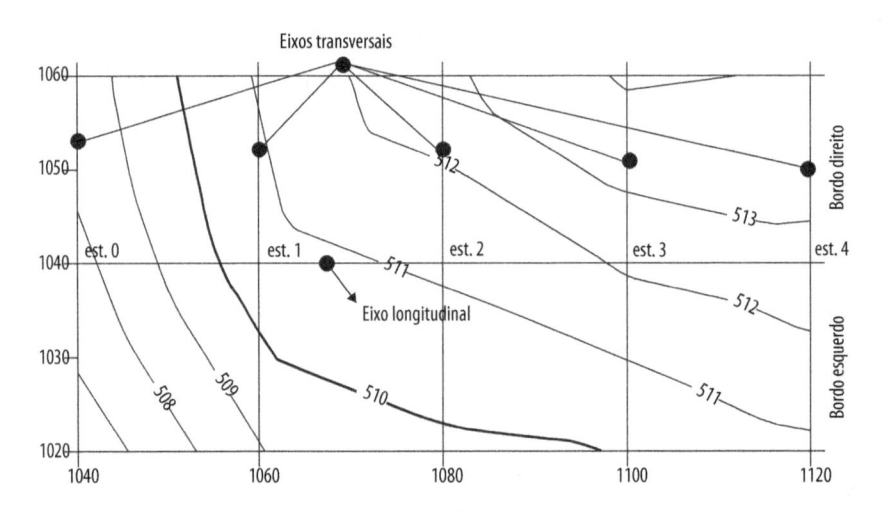

Figura 4.12 Definição dos eixos longitudinal e transversais.

b) Construção dos perfis longitudinal e transversais

Na construção dos perfis, pelo processo gráfico, há duas possibilidades:

- Retirar da planta com curvas de nível as distâncias que interceptavam as cotas inteiras.
- Estimar as cotas a partir da planta com curvas de nível para distâncias inteiras.

A primeira alternativa é ideal para construção manual. A segunda é usual caso a construção seja feita a partir de um MDT. Na Figura 4.13, apresentam-se os perfis longitudinal e transversal do terreno.

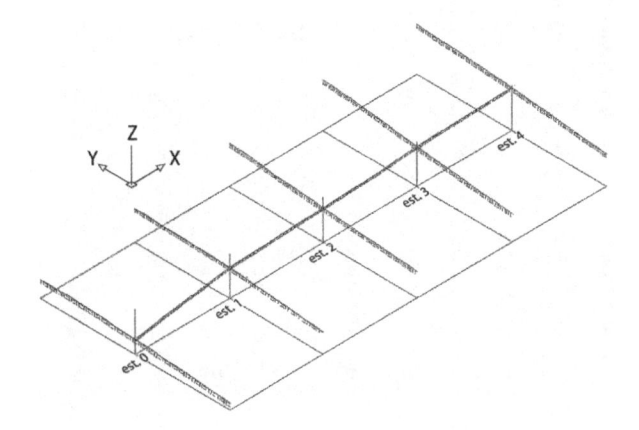

Figura 4.13 Perfis longitudinal e transversais do terreno.

Independentemente da forma de desenho do perfil, é possível criar uma planilha associada a esses perfis. A seguir, apresentamos as seguintes cadernetas (Quadro 4.1 e 4.2):

Quadro 4.1 Caderneta do perfil longitudinal

Estaca		Cota do terreno (m)
Inteira	Intermediária	
0	–	507,68
0	10,00	509,16
1	–	510,61
1	10,00	510,90
2	–	511,18
2	10,00	511,47
3	–	512,16
3	10,00	512,41
4	–	512,67

Quadro 4.2 Caderneta dos perfis transversais

	Bordo esquerdo				Estaca		Bordo direito			
Distâncias (m)	20,00	16,00	12,00	8,00	4,00	**0**	4,00	8,00	12,00	16,00	20,00	Distâncias (m)
Cotas do terreno (m)	508,47	508,42	508,31	508,13	507,91	**507,68**	507,46	507,24	506,96	506,62	506,22	Cotas do terreno (m)
	Bordo esquerdo					Estaca		Bordo direito			
Distâncias (m)	20,00	16,00	12,00	8,00	4,00	**1**	4,00	8,00	12,00	16,00	20,00	Distâncias (m)
Cotas do terreno (m)	511,07	510,99	510,9	510,82	510,74	**510,61**	510,27	509,93	509,59	509,25	508,91	Cotas do terreno (m)
	Bordo esquerdo					Estaca		Bordo direito			
Distâncias (m)	20,00	16,00	12,00	8,00	4,00	**2**	4,00	8,00	12,00	16,00	20,00	Distâncias (m)
Cotas do terreno (m)	512,81	512,6	512,13	511,78	511,48	**511,18**	510,88	510,61	510,35	510,08	509,7	Cotas do terreno (m)
	Bordo esquerdo					Estaca		Bordo direito			
Distâncias (m)	20,00	16,00	12,00	8,00	4,00	**3**	4,00	8,00	12,00	16,00	20,00	Distâncias (m)
Cotas do terreno (m)	514,12	513,83	513,49	513,05	512,6	**512,16**	511,68	511,2	510,85	510,47	510,12	Cotas do terreno (m)
	Bordo esquerdo					Estaca		Bordo direito			
Distâncias (m)	20,00	16,00	12,00	8,00	4,00	**4**	4,00	8,00	12,00	16,00	20,00	Distâncias (m)
Cotas do terreno (m)	513,97	513,72	513,46	513,21	512,97	**512,67**	512,3	511,92	511,55	511,17	510,8	Cotas do terreno (m)

c) Definição das inclinações longitudinais e transversal e cálculo das alturas de corte e aterro

As inclinações escolhidas para este exemplo (construção de um pátio de estacionamento) seguem aspectos apenas para a drenagem superficial, ou seja, inclinações "suaves" longitudinal e transversais. Definiu-se:

- O ponto mais alto do projeto, um ponto central, de coordenadas X = 1.080 m e Y = 1.040. A cota de origem do greide foi definida como 511 m.
- As inclinações consideradas são: 2% longitudinal (a partir do ponto central) e 4% transversais (a partir do eixo longitudinal, para os bordos direito e esquerdo).

Nos Quadros 4.3 e 4.4, temos as cotas de projeto e alturas de corte e aterro dos eixos longitudinal e transversal, respectivamente.

d) Construção dos greides longitudinal e transversais, taludes e distâncias de *offsets*

A partir dos dados dos Quadros 4.3 e 4.4, é possível a construção dos greides longitudinal e transversais, apresentados na Figura 4.14.

Com relação aos taludes, apenas a título de exercício, decidiu-se pela seguinte simplificação:

- Talude de corte, com relação v:h, igual a 2:1.
- Talude de aterro, com relação v:h, igual a 1:1.

Os taludes, bem como as distâncias de *offsets*, são apresentados na Figura 4.14.

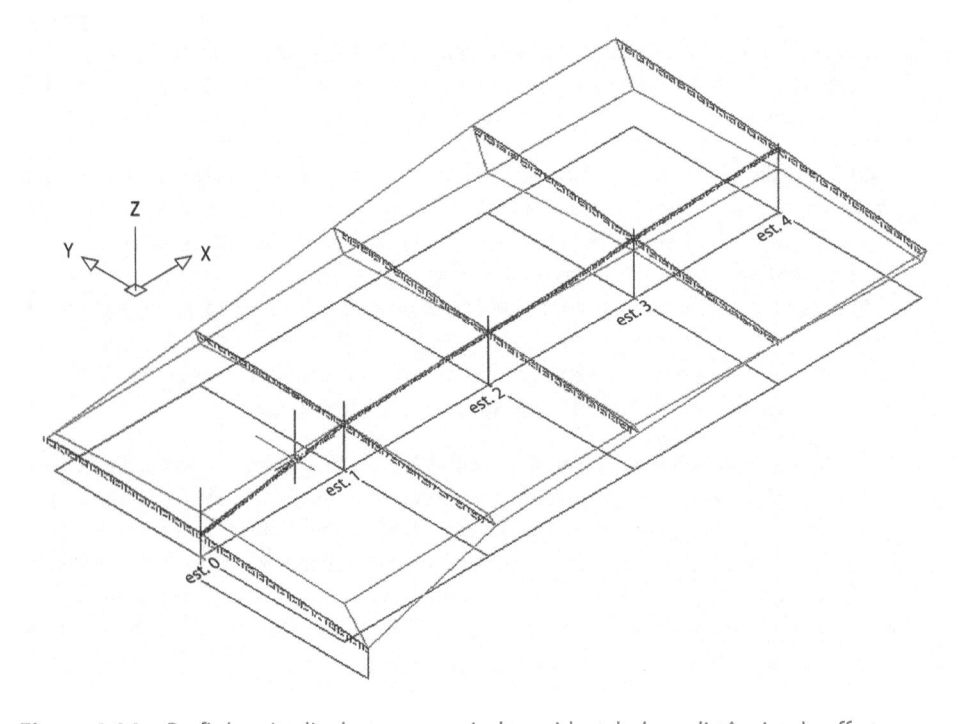

Figura 4.14 Perfis longitudinal e transversais do greide, taludes e distâncias de *offsets*.

Quadro 4.3 Caderneta de cotas do greide e alturas de corte e aterro – longitudinal

Estaca		Cota do terreno (m)	Cota do greide (m)	Alturas (m)	
Inteira	Intermediária			Corte	Aterro
0	–	507,68	510,20	–	2,52
0	10,00	509,16	510,40	–	1,24
1	–	510,61	510,60	0,01	–
1	10,00	510,90	510,80	0,10	–
2 – Centro	–	**511,18**	**511,00**	**0,18**	–
2	10,00	511,47	510,80	0,67	–
3	–	512,16	510,60	1,56	–
3	10,00	512,41	510,40	2,01	–
4	–	512,67	510,20	2,47	–

e) Cálculo da planilha de cubação

Em Topografia, o cálculo da planilha de cubação (ou quadro de cubação) está associado à determinação de volume compreendido em um sólido, no caso de corte ou de aterro no terreno. É importante salientar que, nesta determinação, consideram-se apenas aspectos **geométricos**, ou seja, a modificação do volume de solo em função de empolamento ou adensamento/compactação deve ser estudada por aspectos **geotécnicos**. Entre as técnicas de estimativa de volume, temos:

• Método gráfico: são determinadas as áreas de corte e aterro de cada seção transversal. A partir dessas áreas, determina-se uma área média e multiplica-se pela distância entre elas. Trata-se de um método que depende da confiança dos desenhos (escala, valores das cotas fiéis ao terreno, cálculo das áreas, etc.) e das distâncias entre as seções.
• Método analítico (ou automatizado): gera-se, por meio de um MDT, uma grade de pontos de terreno (primitiva) e compara-se com uma grade do projeto (greide). Por se tratar de um método automatizado, ele está atrelado à confiança dos pontos que geram as grades do terreno e do projeto, bem como ao tamanho dos lados dessa grade de pontos.

No Quadro 4.5, apresentamos a planilha de cubação pelo método das áreas médias de corte e de aterro. Observe que o volume estimado de corte foi superior ao de aterro. Nessa situação, caso o objetivo seja um volume equilibrado (compensado), em que a razão entre o corte/aterro seja igual a aproximadamente a unidade, deve-se aumentar a cota de início na busca desse resultado. Nota-se que um projeto de terraplenagem deve sofrer simulações diversas em torno das especificações e normas, custos, etc., exigindo conhecimentos de Topografia (e geotecnia) do profissional.

Quadro 4.4 Caderneta de cotas do greide e alturas de corte e aterro – transversais

	Bordo esquerdo				Estaca		Bordo direito				
Distâncias (m)	20,00	16,00	12,00	8,00	4,00	**0**	4,00	8,00	12,00	16,00	20,00	Distâncias (m)
Cotas do terreno (m)	508,47	508,42	508,31	508,13	507,91	**507,68**	507,46	507,24	506,96	506,62	506,22	Cotas do terreno (m)
Cotas do greide (m)	509,40	509,56	509,72	509,88	510,04	**510,20**	510,04	509,88	509,72	509,56	509,40	Cotas do greide (m)
Corte (m)	–	–	–	–	–	–	–	–	–	–	–	Corte (m)
Aterro (m)	0,93	1,14	1,41	1,75	2,13	**2,52**	2,58	2,64	2,76	2,94	3,18	Aterro (m)
	Bordo esquerdo					Estaca		Bordo direito				
Distâncias (m)	20,00	16,00	12,00	8,00	4,00	**1**	4,00	8,00	12,00	16,00	20,00	Distâncias (m)
Cotas do terreno (m)	511,07	510,99	510,9	510,82	510,74	**510,61**	510,27	509,93	509,59	509,25	508,91	Cotas do terreno (m)
Cotas do greide (m)	509,80	509,96	510,12	510,28	510,44	**510,60**	510,44	510,28	510,12	509,96	509,80	Cotas do greide (m)
Corte (m)	1,27	1,03	0,78	0,54	0,30	**0,01**	–	–	–	–	–	Corte (m)
Aterro (m)	–	–	–	–	–	–	0,17	0,35	0,53	0,71	0,89	Aterro (m)
	Bordo esquerdo					Estaca		Bordo direito				
Distâncias (m)	20,00	16,00	12,00	8,00	4,00	**2**	4,00	8,00	12,00	16,00	20,00	Distâncias (m)
Cotas do terreno (m)	512,81	512,6	512,13	511,78	511,48	**511,18**	510,88	510,61	510,35	510,08	509,7	Cotas do terreno (m)
Cotas do greide (m)	510,20	510,36	510,52	510,68	510,84	**511,00**	510,84	510,68	510,52	510,36	510,20	Cotas do greide (m)
Corte (m)	2,61	2,24	1,61	1,10	0,64	**0,18**	0,04	–	–	–	–	Corte (m)
Aterro (m)	–	–	–	–	–	–	–	0,07	0,17	0,28	0,50	Aterro (m)
	Bordo esquerdo					Estaca		Bordo direito				
Distâncias (m)	20,00	16,00	12,00	8,00	4,00	**3**	4,00	8,00	12,00	16,00	20,00	Distâncias (m)
Cotas do terreno (m)	514,12	513,83	513,49	513,05	512,6	**512,16**	511,68	511,2	510,85	510,47	510,12	Cotas do terreno (m)
Cotas do greide (m)	509,80	509,96	510,12	510,28	510,44	**510,60**	510,44	510,28	510,12	509,96	509,80	Cotas do greide (m)
Corte (m)	4,32	3,87	3,37	2,77	2,16	**1,56**	1,24	0,92	0,73	0,51	0,32	Corte (m)
Aterro (m)	–	–	–	–	–	–	–	–	–	–	–	Aterro (m)
	Bordo esquerdo					Estaca		Bordo direito				
Distâncias (m)	20,00	16,00	12,00	8,00	4,00	**4**	4,00	8,00	12,00	16,00	20,00	Distâncias (m)
Cotas do terreno (m)	513,97	513,72	513,46	513,21	512,97	**512,67**	512,3	511,92	511,55	511,17	510,8	Cotas do terreno (m)
Cotas do greide (m)	509,40	509,56	509,72	509,88	510,04	**510,20**	510,04	509,88	509,72	509,56	509,40	Cotas do greide (m)
Corte (m)	4,57	4,16	3,74	3,33	2,93	**2,47**	2,26	2,04	1,83	1,61	1,40	Corte (m)
Aterro (m)	–	–	–	–	–	–	–	–	–	–	–	Aterro (m)

Quadro 4.5 Planilha de cubação

Estacas	Semidistâncias (m)	Volumes parciais (m³)		Áreas (m²)		Volumes totais (m³)	
		Corte	Aterro	Corte	Aterro	Corte	Aterro
0	–	0,00	93,23	0,00	0,00	0	0
1	10,00	12,98	9,17	129,80	1024,00	129,80	1024,00
2	10,00	29,96	3,16	429,40	123,30	559,20	1147,30
3	10,00	82,31	0,00	1122,70	31,60	1681,90	1178,90
4	10,00	114,82	0,00	1971,30	0,00	3653,20	1178,90

Na Figura 4.15, apresentamos a representação e o resultado desse mesmo volume com uso de rotina do *software* AutoCAD (*loft*) de cálculo de volumes de sólidos.

Os resultados pela rotina citada (V_{corte} = 3.581,65 m³ e V_{aterro} = 1.140,77 m³) diferem da primeira técnica em cerca de 2 a 3%, sendo ambas alternativas consideradas para estimativa de volumes.

>> **NO SITE**
Acesse o ambiente virtual de aprendizagem e faça atividades para reforçar seu aprendizado.

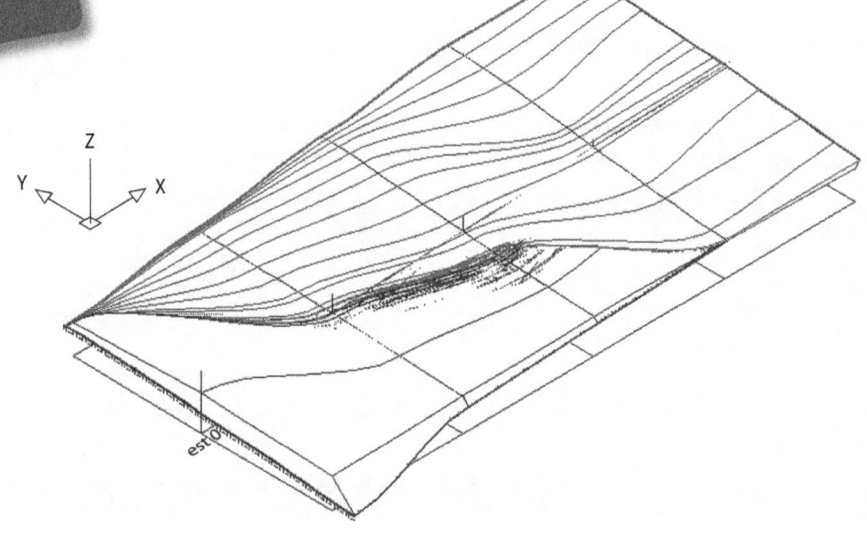

Figura 4.15 Representação com a rotina *loft* do AutoCAD.

capítulo 5

Concordâncias horizontais e verticais: aspectos básicos

Em rodovias e ferrovias, os trechos retos são concordados por curvas horizontais e verticais. Entre as diversas técnicas adotadas, são apresentadas neste capítulo as curvas horizontal simples e com transição em espiral, e a curva vertical em parábola.

Objetivos

- Diferenciar as curvas horizontais (circular simples e circular com transição) e as verticais (parábolas).
- Conhecer os elementos das curvas horizontal e vertical.
- Calcular os elementos das curvas horizontal e vertical.
- Calcular as planilhas de locação.
- Conhecer os métodos de locação.

≫ Generalidades e definições

A função das rodovias e das ferrovias é manter o fluxo de veículos com conforto, segurança e a uma velocidade adequada, e para isso elas devem ser projetadas e construídas de modo que as mudanças de direção sejam compatíveis com a velocidade estabelecida em projeto. Dessa forma, a concordância entre duas tangentes deverá ser feita por meio de um trecho em curva.

Em um projeto de curvas de **concordâncias verticais**, normalmente são utilizadas equações de parábolas do 2º grau (Fig. 5.1); já nos projetos de **concordâncias horizontais**, utiliza-se curvas circulares (Fig. 5.2) ou curvas circulares associadas a trechos com transição em espiral (Fig. 5.3).

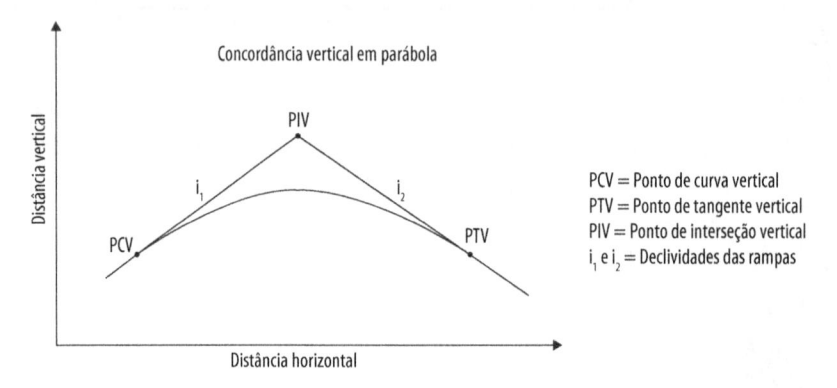

Figura 5.1 Concordância vertical: parábola.

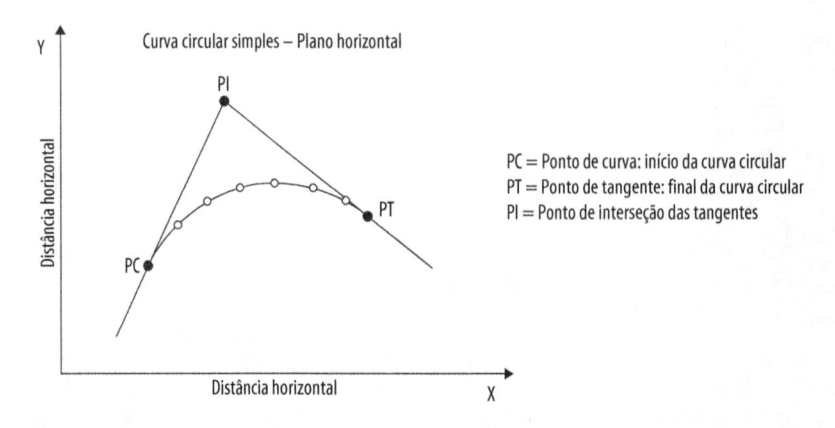

Figura 5.2 Concordância horizontal: curva circular simples.

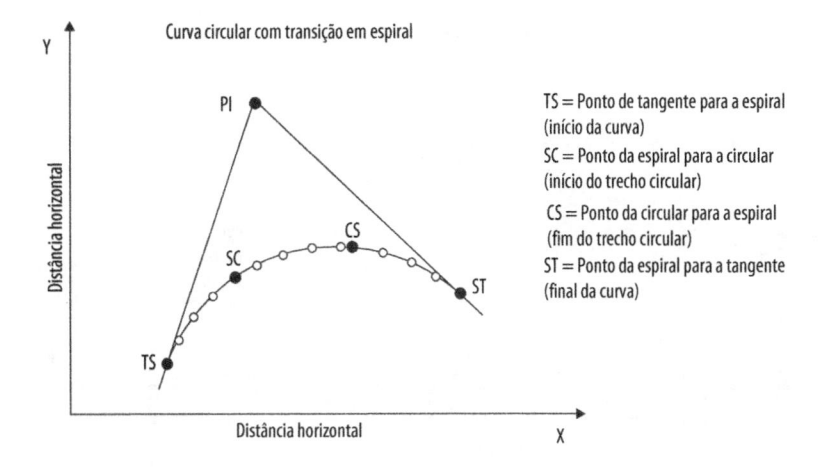

Figura 5.3 Concordância horizontal: curva com transição em espiral.

Dessa forma, as estradas (rodovias e ferrovias) são compostas por trechos em tangentes e em curvas, considerando os planos horizontal e vertical. No **plano horizontal**, o estaqueamento deverá seguir as tangentes e acompanhar o alinhamento das curvas, não passando mais pelos PIs (Fig. 5.4). No **plano vertical**, o estaqueamento é considerado no eixo horizontal do perfil longitudinal (Fig. 5.5).

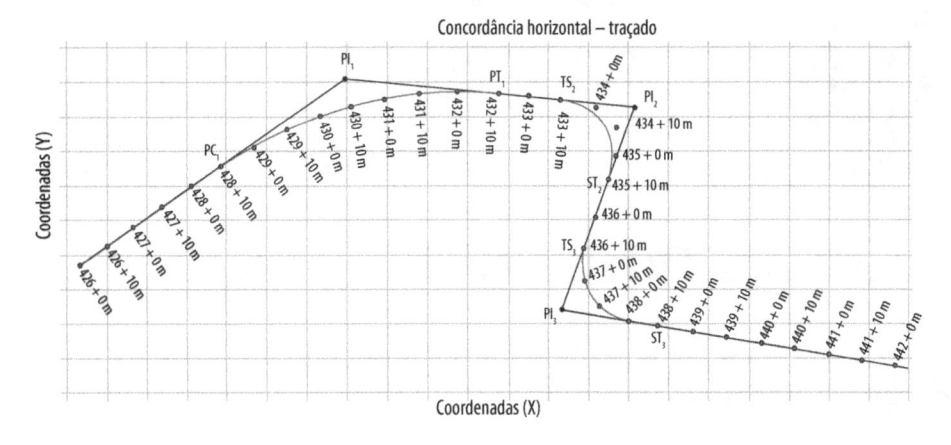

Figura 5.4 Distribuição do estaqueamento no plano horizontal.

Figura 5.5 Representação do estaqueamento no plano vertical.

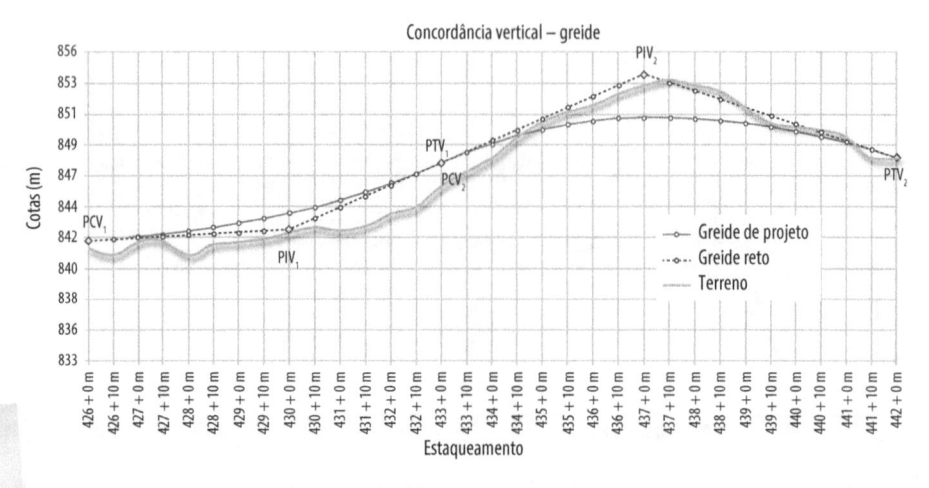

> **ATENÇÃO**
> As seções a seguir referem-se ao caso rodoviário, que se apoia em normas e especificações do Departamento Nacional de Infraestrutura de Transportes (DNIT). O caso ferroviário deve ser estudado à parte.

Na seção "Curvas horizontais", apresentamos as curvas circular simples e de transição, citando os elementos de cada um desses modelos e exemplos de cálculo. Na seção "Concordância Vertical", apresentamos a curva vertical, também com seus elementos e exemplo específico. Na seção "Locação", apresentamos o assunto de locação de obras, especificamente das locações em rodovias, ou seja, das técnicas de campo para demarcação dos projetos dessas concordâncias.

» Curvas horizontais

» Circular simples

A **curva circular simples** é aplicada normalmente para raios maiores do que 600 metros, seja em rodovias ou em ferrovias, mas pode ser aplicada também para raios muito pequenos, como no caso de praças, trevos, estacionamentos, etc. A curva circular, como o nome indica, é um trecho de uma circunferência (arco) para a concordância de dois segmentos retos.

Elementos da curva

Na Figura 5.6, apresentamos os elementos da curva circular simples:

- Os pontos PC e PT são pontos de início e término da curva, ou seja, pontos de tangência da curva. Os alinhamentos PC → O e PT → O são ortogonais às tangentes da estrada.
- O desenvolvimento (D) é o comprimento curvo entre o PC e o PT.
- As distâncias retas do PC ao PI e do PT ao PI são iguais e são denominadas tangentes externas (T).
- O ângulo de deflexão (I) é o ângulo de mudança de direção das tangentes. Pode ocorrer à direita ou à esquerda.
- AC é o ângulo interno da curva (ângulo central), formado pelas ortogonais do PC e do PT.
- O centro da curva (O) é o ponto definido pela distância do raio (R), no qual traça-se um arco de circunferência, definindo os pontos PC e PT.

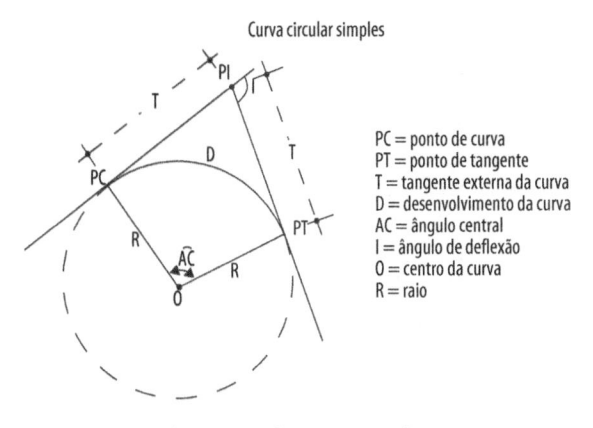

Figura 5.6 Elementos da curva circular.

A velocidade diretriz (V) é definida no projeto em função da classe da rodovia e da Topografia do terreno, normatizadas pelo DNIT (2005). O raio (R) e o ângulo de deflexão (I) também são dados definidos no projeto.

Para definição dos raios a serem adotados em projeto, parte-se do raio mínimo exigido por norma do DNIT (para o caso de rodovias nacionais). O raio mínimo é o menor raio das vias que pode ser percorrido à velocidade diretriz, dado por:

$$R_{mín} = \frac{V^2}{127(e_{máx} + f_{máx})},$$

onde

$R_{mín}$ → raio mínimo (admissível)
V → velocidade diretriz
$e_{máx}$ → superelevação máxima
$f_{máx}$ → coeficiente de atrito máximo.

Os valores de V, $e_{máx}$ e $f_{máx}$, são estabelecidos e normatizados pelo DNIT em função da classe da estrada para o caso rodoviário.

Cálculo dos elementos da curva

Para determinar os elementos da curva circular, adota-se a seguinte sequência de cálculo:

a) Tangente externa (T)

Traçando uma reta ligando o PI ao centro da curva (O), definimos um eixo de simetria. Para o cálculo da distância da tangente externa (T), utilizamos o triângulo retângulo PC-PI-O (Fig. 5.7), sabendo que o raio (R) e a deflexão (I) são dados conhecidos no projeto.

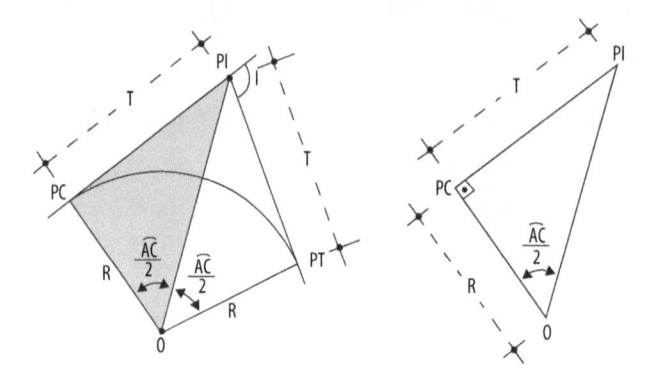

Figura 5.7 Representação da tangente externa.

Da Figura 5.7, temos:

$$\operatorname{tg}\frac{AC}{2} = \frac{T}{R} \quad \rightarrow \quad T = R \cdot \operatorname{tg}\left(\frac{AC}{2}\right)$$

b) Desenvolvimento (D)

Sabendo que o comprimento de uma circunferência é $2 \cdot \pi \cdot R$, e que esse comprimento corresponde a um ângulo de 360°, pode-se fazer uma relação para conhecer o comprimento "D", correspondente a um ângulo AC:

$2 \cdot \pi \cdot R \rightarrow 360°$

$D \rightarrow AC$

$\therefore 2 \cdot \pi \cdot R \cdot AC = 360° \cdot D$

Logo:

$$D = \frac{2 \cdot \pi \cdot R \times AC}{360°} \quad \rightarrow \quad D = \frac{\pi \cdot R \cdot AC}{180°}.$$

Observe que ainda não se conhece o valor do ângulo central (AC) da curva. Considerando o eixo de simetria da curva, seja o triângulo "O-PI-PT" (Fig. 5.8):

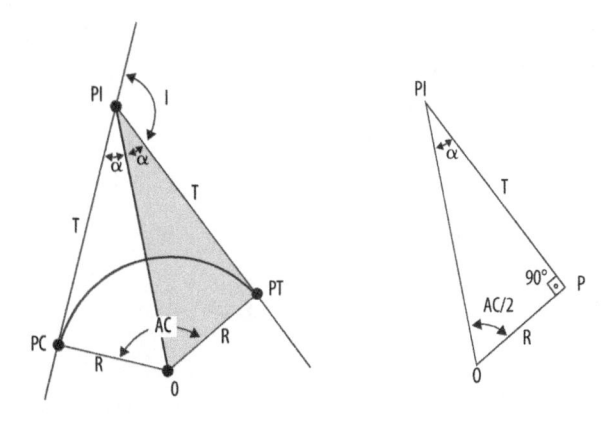

Figura 5.8 Representação do ângulo AC.

A soma dos ângulos internos do triângulo é 180°, logo:

$$\alpha + 90° + \frac{AC}{2} = 180° \tag{1}$$

e temos:

$$\alpha + \alpha + I = 180° \rightarrow 2 \cdot \alpha = 180° - I \rightarrow \alpha = \frac{180° - I}{2} \rightarrow \alpha = 90° - \frac{I}{2} \tag{2}$$

Substituindo (2) em (1), temos:

$$\left(90° - \frac{I}{2}\right) + 90° + \frac{AC}{2} = 180° \rightarrow 180° - \frac{I}{2} + \frac{AC}{2} = 180° \rightarrow \frac{AC}{2} = \frac{I}{2} \rightarrow AC = I$$

Portanto, observa-se que o ângulo central (AC) de uma curva é igual à sua deflexão (I). Como a deflexão é um elemento já conhecido de projeto, também conhecemos o AC.

c) Estacas do PC e do PT

A estaca do primeiro PI (PI_1) (Fig. 5.9) é a estaca inicial mais a distância até esse PI. A estaca do PC_1 é a distância da estaca inicial ao PI_1 (d_1), menos a tangente externa (T_1), calculada em metros e depois transformada em estacas:

est.PC = est.PI − T

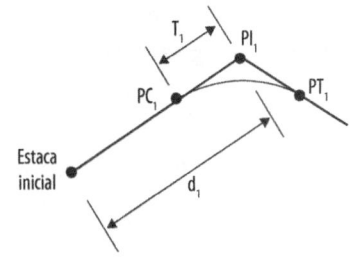

Figura 5.9 Cálculo da estaca do PC.

Para o cálculo da estaca do PT_1, deve-se partir da estaca do PC_1 (já calculada anteriormente), percorrendo-se a curva no seu desenvolvimento (D_1) (Fig. 5.10):

est.PT = est.PC + D

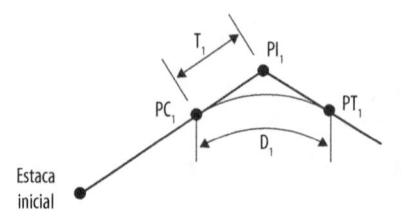

Figura 5.10 Cálculo da estaca do PT.

Exemplo 5.1 *Considerando uma curva circular de raio igual a 750.000 m, estaca do PI igual a 47 + 12.300 m e deflexão (I) de 47° 30' 40", calcule os elementos:*

a) Tangente externa (T)
b) Desenvolvimento (D)
c) Estaca do PC
d) Estaca do PT

Solução:

a) $T = R \cdot tg \dfrac{AC}{2} \rightarrow T = 750 \cdot tg\left(\dfrac{47°30'40''}{2}\right) \rightarrow T = 330,095\,m$

b) $D = \dfrac{\pi \cdot R \cdot AC}{180°} \rightarrow D = \dfrac{\pi \cdot 750 \cdot 47°30'40''}{180°} \rightarrow D = 621,919\,m$

Obs.:
- Os ângulos devem estar "decimalizados" para se executarem as operações em calculadora.
- O valor de π deve ser o original da calculadora, sem arredondamentos (3,1415...).

Est.PC = EST.PI − T → Est.PC = Est.(47+12,30) − 330,095 →
Est.PC = 952,300 − 330,095 → Est.PC = 622,205 m → Est.PC = 31+2,205 m
Est.PT = EST.PC + D → Est.PT = Est.(31+2,205) + 621,919 →
Est.PT = 622,205 + 621,919 → Est.PT = 1.244,124 m → Est.PT = 62+4,124 m

---

d) Afastamento

O afastamento (A) é a menor distância entre o PI e o eixo ou bordo da curva (Fig. 5.11). Pode-se calcular o afastamento em função do raio (R) e do ângulo central (AC). No triângulo retângulo O–PC-PI, temos (Fig. 5.11):

$$\cos\left(\frac{AC}{2}\right) = \frac{R}{(R+A)} \rightarrow (R+A) = \frac{R}{\cos\left(\frac{AC}{2}\right)} \rightarrow A = \frac{R}{\cos\left(\frac{AC}{2}\right)} - R \rightarrow$$

$$A = R \cdot \left(\sec\left(\frac{AC}{2}\right) - 1\right)$$

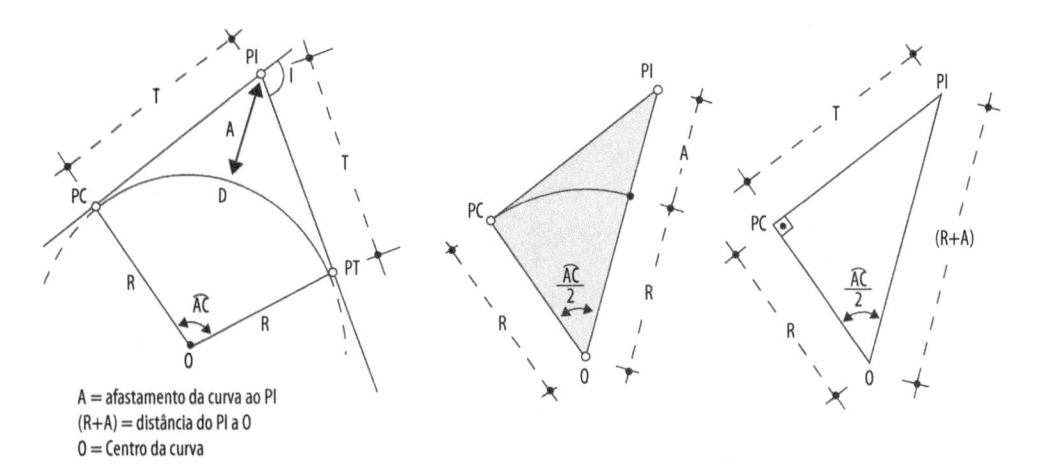

A = afastamento da curva ao PI
(R+A) = distância do PI a O
O = Centro da curva

Figura 5.11 Cálculo do afastamento.

Este parâmetro é importante quando se quer passar uma curva em local obrigatório, por exemplo, em estradas já existentes, ou, ainda, quando se quer determinar o raio para que a curva desvie de algum obstáculo ou construção (Fig. 5.12).

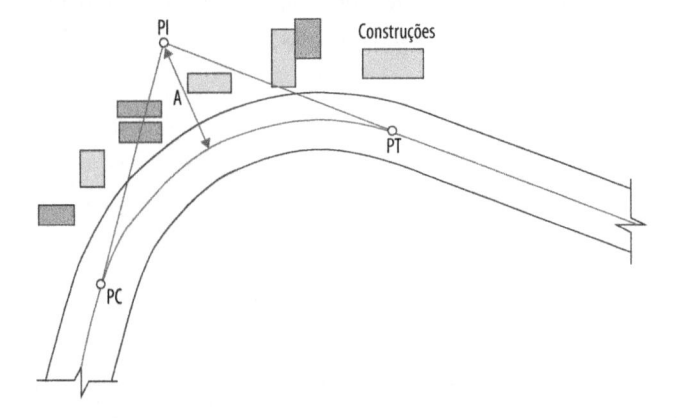

Figura 5.12 Aplicação do cálculo de afastamento.

e) Grau de curvatura

O grau de curvatura de uma curva é representado pelo ângulo central correspondente a um determinado tamanho de arco (Fig. 5.13). Para um ângulo central correspondente a um arco de

1 metro, por exemplo, há o grau de curvatura G_1. Para um ângulo central correspondente a um arco genérico a, temos o grau de curvatura G_a, que é a somatória de G_1 para um arco a.

$G_a = G_1 \times a$

onde

$G_1 = \dfrac{G_a}{a} = \dfrac{AC}{D}$

G_1 = grau de curvatura para um arco de 1 m
G_a = grau de curvatura para um arco a
AC = grau de curvatura para um arco D

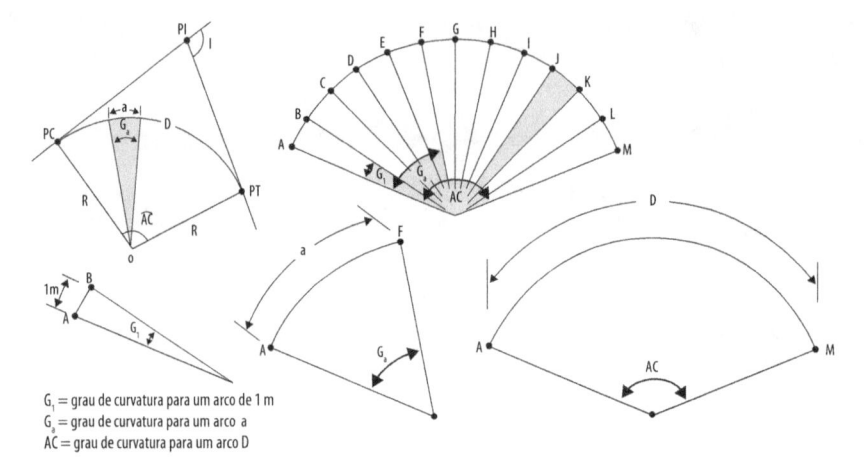

Figura 5.13 Representação do grau de curvatura.

f) Deflexões

A deflexão parcial da curva (d_a) é o ângulo formado entre a reta tangente à curva em um ponto A qualquer até a direção de um ponto B em uma mesma curva (Fig. 5.14).

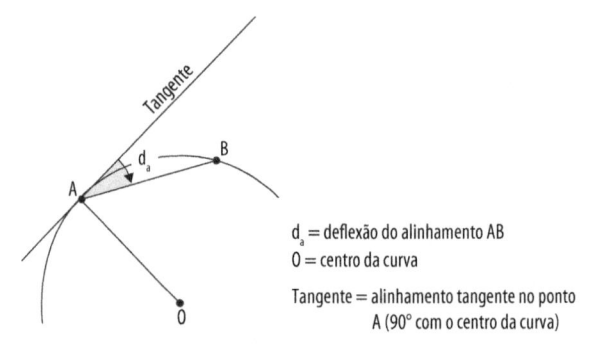

d_a = deflexão do alinhamento AB
O = centro da curva

Tangente = alinhamento tangente no ponto A (90° com o centro da curva)

Figura 5.14 Deflexão parcial.

A deflexão total da curva (d_t) é o ângulo formado entre a tangente no início da curva (PC) e o alinhamento PC → PT correspondente a um ângulo central (AC) (Fig. 5.15).

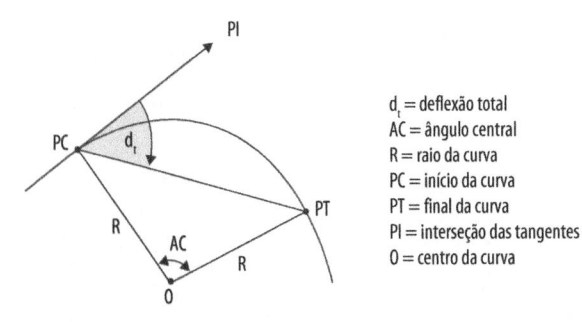

Figura 5.15 Deflexão total.

d_t = deflexão total
AC = ângulo central
R = raio da curva
PC = início da curva
PT = final da curva
PI = interseção das tangentes
O = centro da curva

Para cálculo de d_t, considere o triângulo PC → PT → O (Fig. 5.16). Sabendo que a soma dos ângulos internos de um triângulo é 180° e que a curva circular tem eixo de simetria:

$$AC + (90° - d_t) + (90° - d_t) = 180°$$

$$\therefore \ AC = 180° - 180° + 2 \cdot d_t \ \rightarrow \ 2 \cdot d_t = AC \ \rightarrow \ d_t = \frac{AC}{2}$$

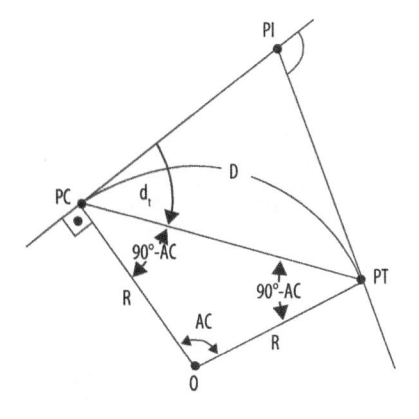

Figura 5.16 Cálculo da deflexão total (d_t).

Analogamente, temos, para um arco a, um ângulo central igual a G_a (Fig. 5.17):

$$d_a = \frac{G_a}{2},$$

onde

d_a → deflexão referente a um arco a

G_a → grau de curvatura do arco a.

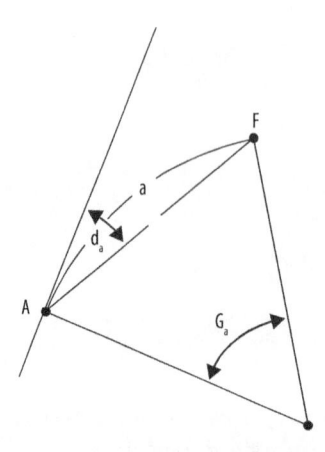

Figura 5.17 Cálculo da deflexão parcial (d_a).

Logo, para um arco igual a 1 metro, ou seja, ângulo central G_1 (Fig. 5.18), temos:

$$d_m = \frac{G_1}{2}, \quad \text{mas} \quad G_1 = \frac{AC}{D} \therefore d_m = \frac{AC}{2 \cdot D}, \quad \text{mas} \quad D = \frac{\pi \cdot R \cdot AC}{180°} \therefore d_m = \frac{AC}{2\pi \cdot R \cdot AC} \times 180°$$

simplificando, temos:

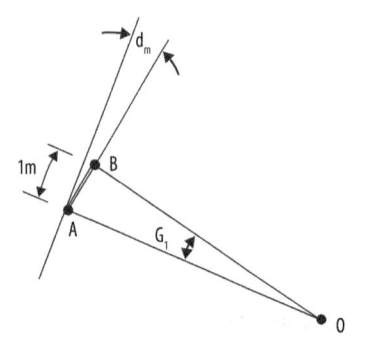

$$d_m = \frac{90°}{\pi \cdot R}$$

Figura 5.18 Cálculo da deflexão por metro (d_m).

• **Cálculo da deflexão parcial para um arco a**

A deflexão parcial também pode ser calculada em função da deflexão por metro (d_m) e do arco (a) considerado:

$$d_a = \frac{G_a}{2}, \quad \text{mas} \quad G_a = G_1 \cdot a \therefore d_a = \frac{G_1 \cdot a}{2}, \quad \text{mas} \quad G_1 = 2 \cdot d_m$$

logo:

$d_a = d_m \cdot a$

• **Cálculo da deflexão acumulada**

A deflexão parcial acumulada (d_t), até um ponto qualquer da curva, será a soma de todas as deflexões parciais dos arcos anteriores até o ponto considerado, ou seja, para um ponto 1, a deflexão parcial acumulada (d_t) até esse ponto será igual à deflexão parcial do primeiro arco (da_1):

$d_t = d_{a_1}$

Para um ponto 2 a deflexão parcial acumulada (d_t) até este ponto será igual às deflexões parciais do primeiro arco (d_{a_1}) e do segundo arco (d_{a_2}), ou seja:

$d_t = d_{a_1} + d_{a_2}$

Generalizando para um ponto n qualquer, pode-se escrever que:

$d_t = d_{a_1} + d_{a_2} + d_{a_3} + \ldots + d_{a_n} \therefore d_t \sum_{0}^{n} d_a$

Observe que as deflexões parciais tomadas a partir do PC, referentes a dois pontos quaisquer (PC e 1), (1 e 2) e (2 e 3), são as mesmas que as tomadas a partir das tangentes desses pontos (Fig. 5.19).

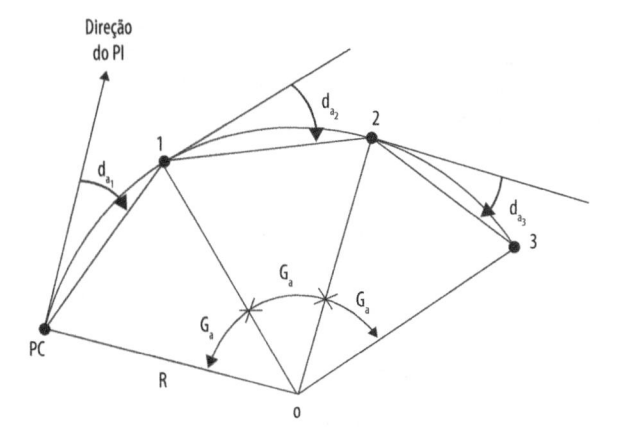

Figura 5.19 Soma das deflexões parciais.

Logo, a deflexão d_{a_2}, tomada a partir de PC, é o ângulo formado entre os alinhamentos PC → 1 e o alinhamento PC → 2. No entanto, a deflexão tomada no ponto 1 é o ângulo formado entre a tangente do ponto 1 e o alinhamento 1 → 2, que também é a deflexão d_{a_2}.

Para comprovar a afirmativa, e como esses conceitos são muito importantes no estudo das deflexões das curvas circulares, demonstraremos a seguir esses conceitos com base na Figura 5.20:

Os triângulos (A B C), (A D E) e (D B F) são isósceles, pois são formados com duas tangentes de uma circunferência e a corda. A soma dos ângulos internos de um triângulo é 180°.

Considerando o triângulo (ABC), temos:

$$\alpha + \gamma = \beta + \theta \rightarrow \gamma = \beta + \theta - \alpha \tag{1}$$

Considerando o triângulo ADB, o ângulo interno no vértice D será: $180° - \alpha - \beta$

A soma dos ângulos internos do triângulo ADB será:

$$\gamma + (180° - \alpha - \beta) + \theta = 180° \therefore \theta = \alpha + \beta - \gamma \tag{2}$$

Substituindo (2) em (1), temos:

$$\gamma = \beta - \alpha + \alpha + \beta - \gamma \rightarrow \gamma + \gamma = 2 \cdot \beta \therefore \gamma = \beta \tag{3}$$

Substituindo (3) em (2), temos:

$$\theta = \alpha + \beta - \beta \qquad \theta = \alpha$$

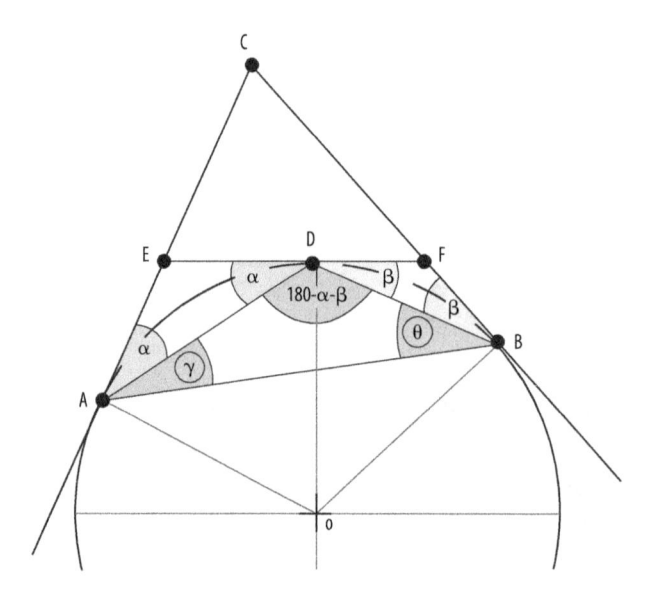

Figura 5.20 Representação das deflexões da curva circular.

g) Cálculo das cordas

Para o cálculo da corda do PC $\rightarrow$ PT (corda total C_t), referente ao desenvolvimento (D) da curva de ângulo central (AC) (Fig. 5.21), temos:

$$\text{sen}\left(\frac{AC}{2}\right) = \frac{C_t}{2 \cdot R} \rightarrow C_t = 2R \times \text{sen}\left(\frac{AC}{2}\right)$$

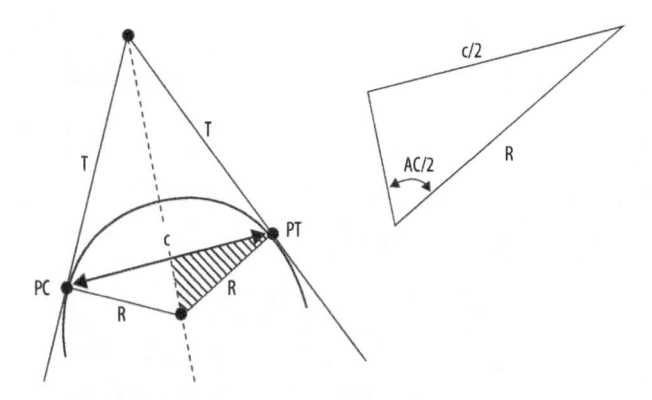

Figura 5.21 Cálculo da corda total PC-PT.

Analogamente, para o cálculo de uma corda (c) qualquer, referente a um arco (a) qualquer da curva de ângulo central G_a (Fig. 5.22), temos:

$$\text{sen}\left(\frac{G_a}{2}\right) = \frac{c}{2 \cdot R} \rightarrow c = 2R \times \text{sen}\left(\frac{G_a}{2}\right), \text{ mas } d_a = \frac{G_a}{2}.$$

Logo,

$c = 2 \cdot R \times \text{sen } d_a$.

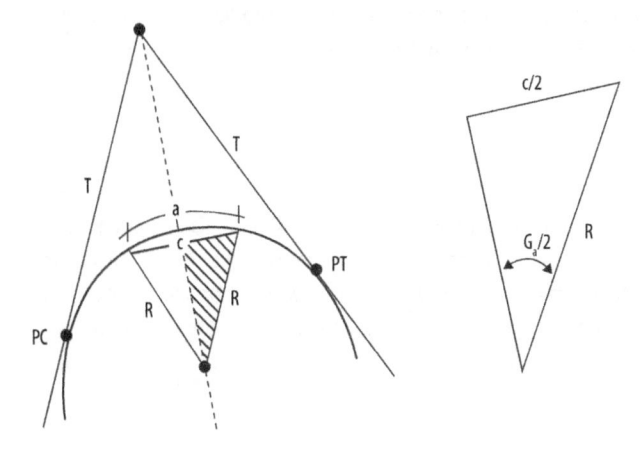

Figura 5.22 Cálculo das cordas parciais.

A seguir, apresentamos uma comparação entre a corda e o arco para alguns raios.

$$c = 2R \times \text{sen } d_a, \quad \text{onde} \quad d_a = d_m \times a \quad \text{e} \quad d_m = \frac{90°}{\pi \cdot R}$$

Quadro 5.1

Raio = 600,00 m			
Arco (a)	5,000 m	10,000 m	20,000 m
Corda (c)	4,999986 m	9,999884 m	19,999074 m
Diferença em mm	≤ 0	≤ 0	≤ 1
Raio = 200,00 m			
Arco (a)	5,000 m	10,000 m	20,000 m
Corda (c)	4,99870 m	9,998958 m	19,991668 m
Diferença em mm	≤ 0	≤ 1	≤ 8
Raio = 50,00 m			
Arco (a)	5,000 m	10,000 m	20,000 m
Corda (c)	4,997917 m	9,983342 m	19,866933 m
Diferença em mm	≤ 2	≤ 17	≤ 133

Pode-se concluir que, para raios menores, exigem-se cordas de tamanhos menores para a locação, pois elas têm um grau de curvatura maior. Na prática de locação de curvas em rodovias, adota-se a corda igual ao arco, de acordo com os seguintes raios:

$R < 100\,m$ → $a \cong c = 5,000\,m$
$100\,m \leq R \leq 600\,m$ → $a \cong c = 10,000\,m$
$R > 600\,m$ → $a \cong c = 20,000\,m$

Para raios menores do que 30,00 m, podem ser adotadas cordas ainda menores, para uma melhor representação da curva. Pode-se citar como exemplos de raios pequenos: praças, trevos, rotatórias, pista de corrida, etc. A locação, nesses casos, deve ser feita com cordas de 1 ou 2 metros, para que se tenha uma melhor demarcação da curvatura da curva no campo.

Exemplo 5.2 *Considerando os dados abaixo, calcule os elementos para a planilha de locação:*

- Raio = 450,00 m
- AC = 26° 38' 12"
- Estaca do PI = 277 + 15,40 m

Solução:

a) Definição do arco → a = 10,00 m, pois 100 m ≤ R ≤ 600 m

b) Desenvolvimento → $D = \dfrac{\pi R \cdot AC}{180°}$ → D = 209,204 m

c) Tangente externa T → $T = R \cdot tg\left(\dfrac{AC}{2}\right)$ → T = 106,528 m

d) Estaca do PC → est.PC = est.PI − T → est.PC = 272 + 8,872 m

e) Estaca do PT → est.PT = Est.PC + D → est.PT = 282 + 18,076 m

f) Cálculo de d_m → $d_m = \dfrac{90°}{\pi \cdot R}$ → $d_m = 0{,}0636619772367...$

g) Cálculo da deflexão para um arco: $d_a = d_m \times a$

Obs.:

- Os valores da deflexão parcial d_a são colocados na planilha e calculados para cada arco a.
- Os valores da deflexão acumulada d_t são calculados na planilha, acumulando-se para cada deflexão parcial.

h) Cálculo da corda: $c = 2 \cdot R \cdot sen\ d_a$

Obs.: Os valores das cordas serão colocados na planilha para o arco e a deflexão correspondentes.

>> **DEFINIÇÃO**
Uma **planilha de locação** consiste em uma caderneta de campo em que são apresentados os elementos da curva, bem como os dados necessários para sua demarcação em campo. No caso de locação com uso da estação total, os cálculos devem ser inseridos no equipamento com uso de rotinas de programação específicas.

>> **IMPORTANTE**
Uma vez que o d_m servirá para outros cálculos (determinação futura da deflexão d_a, p. ex.), é importante armazenar seu valor na memória da calculadora ou planilha eletrônica, trabalhando com todas as casas decimais e arredondando-as apenas nos resultado finais.

h) Distribuição das estacas na planilha

A seguir, apresentaremos figuras da distribuição de estacas para as três condições de raios, ou seja, considerando arcos de 5, 10 ou 20 m (Figs. 5.25, 5.24 e 5.23). Observe que a distância sobre a curva entre as estacas será a correspondente ao arco, o que é diferente da distância reta (corda) a ser locada em campo.

Na planilha, serão representados somente os pontos dentro da curva, entre o PC e o PT. Considerando a curva da Figura 5.23 e sua respectiva planilha, ela será representada no campo com arcos de 20,00 m após a locação de todos os pontos.

Não há necessidade de se repetir na planilha a estaca inteira em todas as linhas para as estacas intermediárias nem de colocar a estaca inteira mais zero (p. ex., 204 + 0,00 m). Nota-se, ainda, que os arcos entre o início da curva PC e o 2° ponto de locação (17,20 m), assim como o penúltimo ponto de locação e o PT (16,60 m) serão menores do que 20,00 m devido às estacas do PC e PT não serem inteiras (Fig. 5.23).

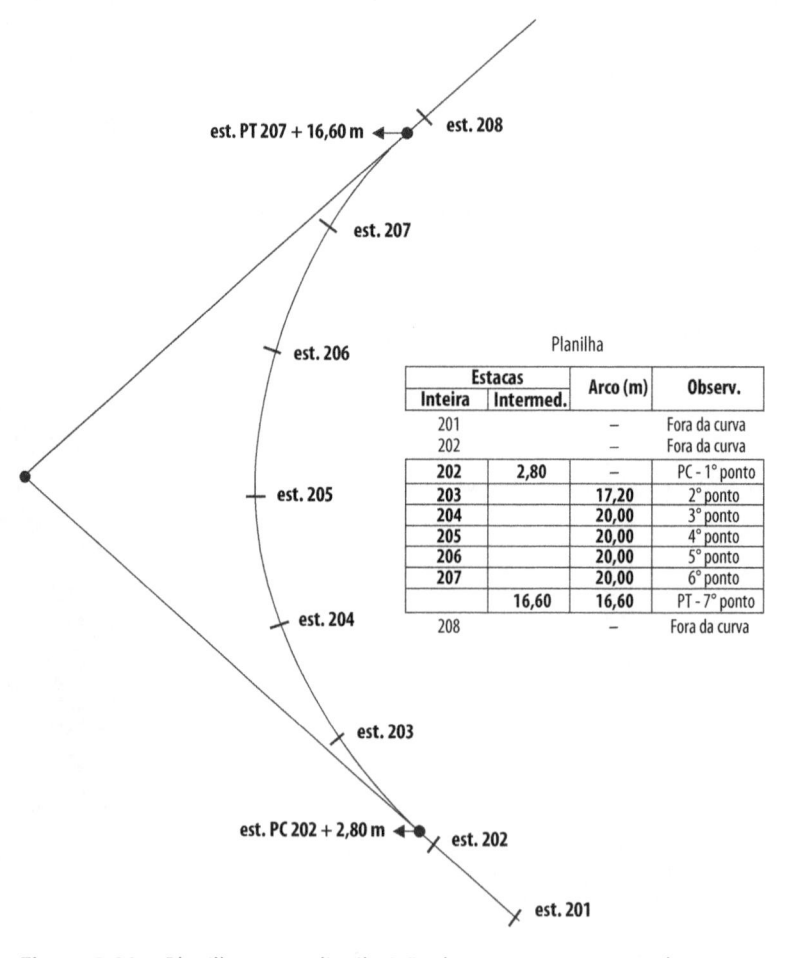

Planilha

Estacas		Arco (m)	Observ.
Inteira	Intermed.		
201		–	Fora da curva
202		–	Fora da curva
202	2,80	–	PC - 1° ponto
203		17,20	2° ponto
204		20,00	3° ponto
205		20,00	4° ponto
206		20,00	5° ponto
207		20,00	6° ponto
	16,60	16,60	PT - 7° ponto
208		–	Fora da curva

Figura 5.23 Planilha com a distribuição das estacas com arcos de 20,00 m.

A locação das curvas com raios entre 100,00 m e 600,00 m deve ser feita com arcos de, no máximo, 10,00 m. A curva da Figura 5.24 e sua respectiva planilha, com arcos de 10,00 m, será representada no campo após a locação de seus pontos. Nota-se, ainda, que os arcos entre o início da curva PC e o 2° ponto de locação (7,20 m), assim como o penúltimo ponto de locação e o PT (6,60 m) serão menores do que 10,00 m devido às estacas do PC e PT não serem inteiras.

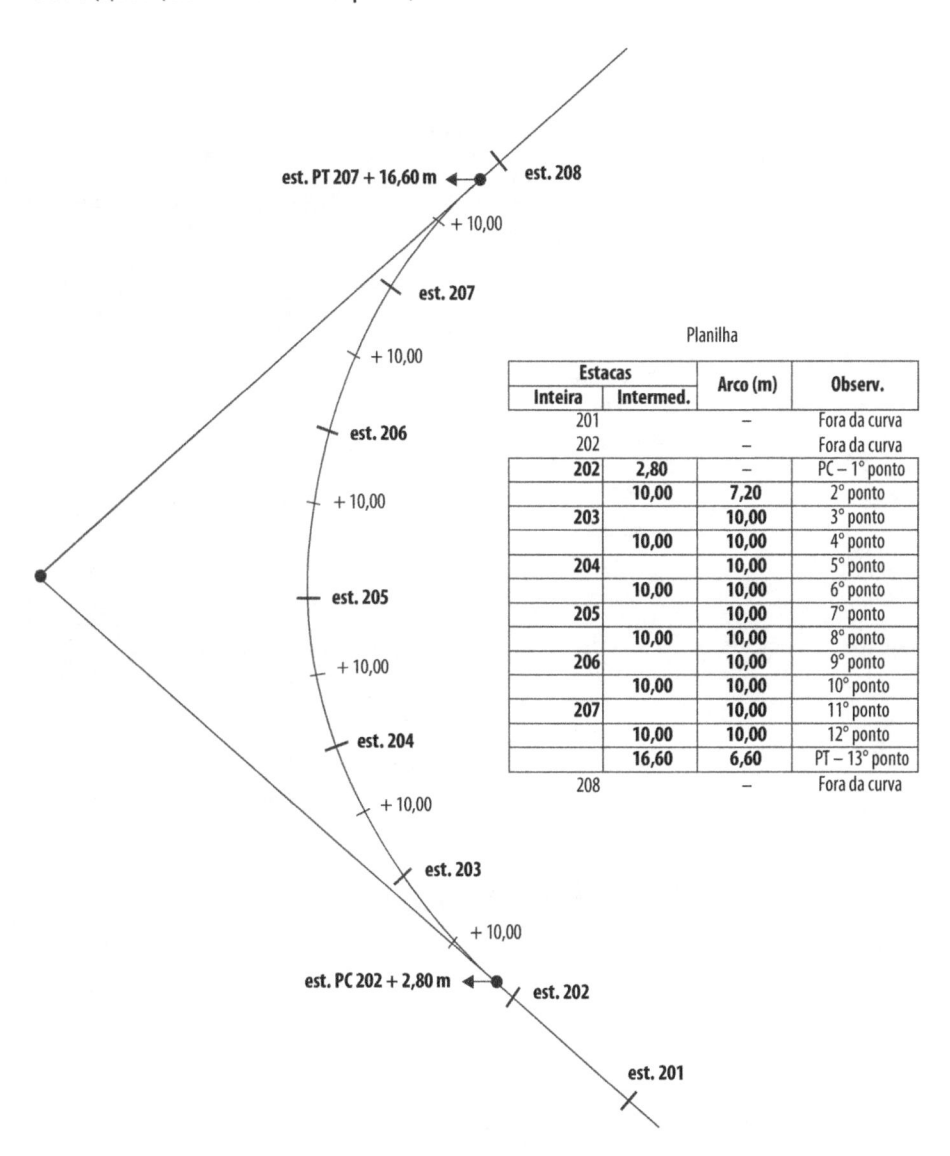

Planilha

Estacas		Arco (m)	Observ.
Inteira	Intermed.		
201		–	Fora da curva
202		–	Fora da curva
202	2,80	–	PC – 1° ponto
	10,00	7,20	2° ponto
203		10,00	3° ponto
	10,00	10,00	4° ponto
204		10,00	5° ponto
	10,00	10,00	6° ponto
205		10,00	7° ponto
	10,00	10,00	8° ponto
206		10,00	9° ponto
	10,00	10,00	10° ponto
207		10,00	11° ponto
	10,00	10,00	12° ponto
	16,60	6,60	PT – 13° ponto
208		–	Fora da curva

Figura 5.24 Planilha com a distribuição das estacas com arcos de 10,00 m.

Por fim, a locação das curvas com raios do menores que 100,00 m deve ser feita com arcos de no máximo 5,00 m. A curva, conforme a Figura 5.25 e sua respectiva planilha, com arcos de 5,00 m, será representada no campo após a locação de seus pontos.

Como será visto adiante, a locação poderá ser feita com o aparelho (teodolito ou estação total) instalado no PC. Nota-se, ainda, que os arcos entre o início da curva PC e o 2º ponto de locação (2,20 m), assim como o penúltimo ponto de locação e o PT (1,60 m) serão menores do que 5,00 m devido às estacas do PC e do PT não serem inteiras.

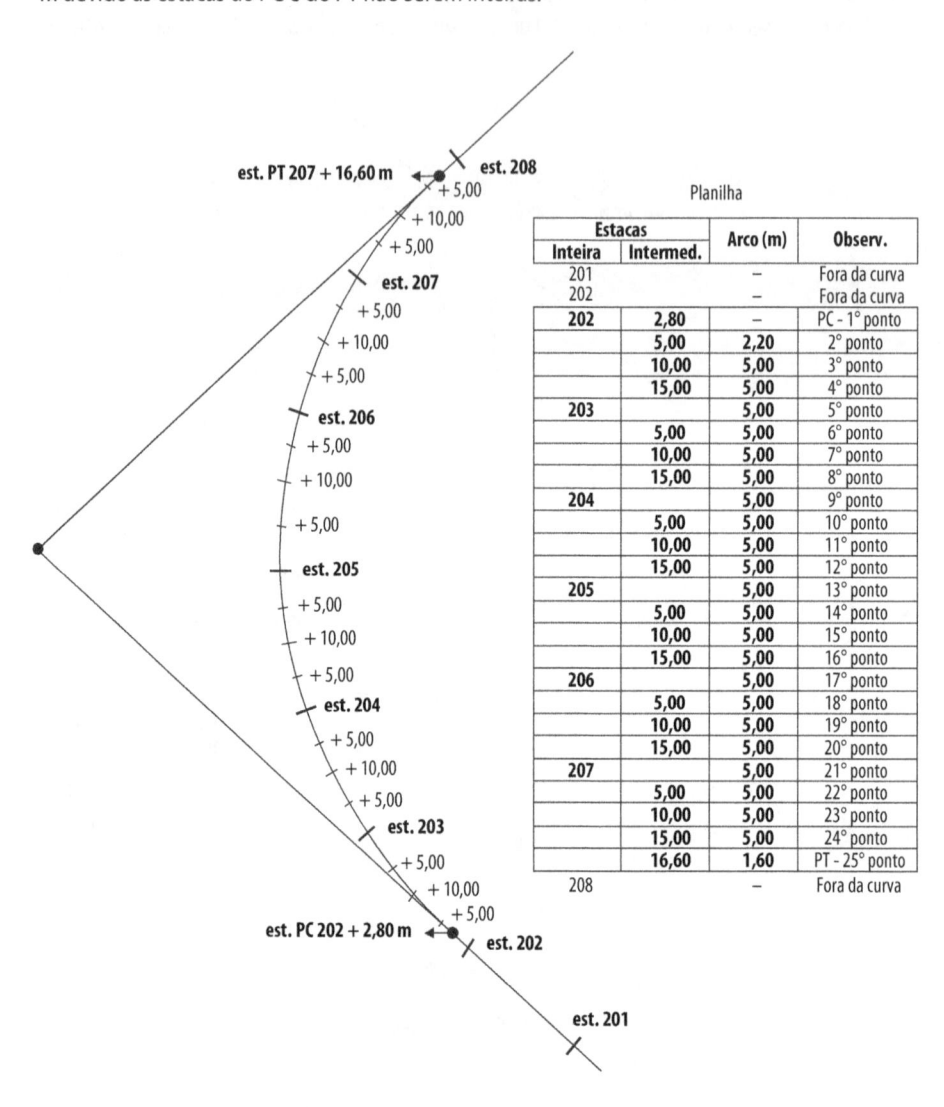

Planilha

Estacas		Arco (m)	Observ.
Inteira	Intermed.		
201		–	Fora da curva
202		–	Fora da curva
202	2,80	–	PC - 1º ponto
	5,00	2,20	2º ponto
	10,00	5,00	3º ponto
	15,00	5,00	4º ponto
203		5,00	5º ponto
	5,00	5,00	6º ponto
	10,00	5,00	7º ponto
	15,00	5,00	8º ponto
204		5,00	9º ponto
	5,00	5,00	10º ponto
	10,00	5,00	11º ponto
	15,00	5,00	12º ponto
205		5,00	13º ponto
	5,00	5,00	14º ponto
	10,00	5,00	15º ponto
	15,00	5,00	16º ponto
206		5,00	17º ponto
	5,00	5,00	18º ponto
	10,00	5,00	19º ponto
	15,00	5,00	20º ponto
207		5,00	21º ponto
	5,00	5,00	22º ponto
	10,00	5,00	23º ponto
	15,00	5,00	24º ponto
	16,60	1,60	PT - 25º ponto
208		–	Fora da curva

Figura 5.25 Planilha com a distribuição das estacas com arcos de 5,00 m.

i) Cálculo das coordenadas de pontos da curva

O cálculo de coordenadas para locação dos pontos do eixo de uma curva segue o mesmo procedimento de cálculo de coordenadas visto no Capítulo 2:

Coordenadas parciais

$x_{A-B} = d_{A-B} \cdot \text{sen } AZ_{A-B}$

$y_{A-B} = d_{A-B} \cdot \cos AZ_{A-B}$

Coordenadas totais

$X_B = X_A + x_{A-B}$

$Y_B = Y_A + y_{A-B}$

Para o cálculo específico de coordenadas de pontos da curva, o procedimento de cálculo das coordenadas parciais será o mesmo, em que a distância d_{AB} será igual à corda c e o azimute$_{AB}$ será igual ao azimute da direção da deflexão, referente ao ponto a ser determinado. O cálculo das coordenadas totais será a soma das coordenadas do último ponto com as coordenadas parciais do ponto considerado.

Como apresenta a Figura 5.26, as coordenadas totais X_1 e Y_1 do ponto 1 serão iguais à soma das coordenadas totais do último ponto, X_{PC} e Y_{PC}, com as coordenadas parciais de PC ao ponto 1 (x_{PC-1} e y_{PC-1}).

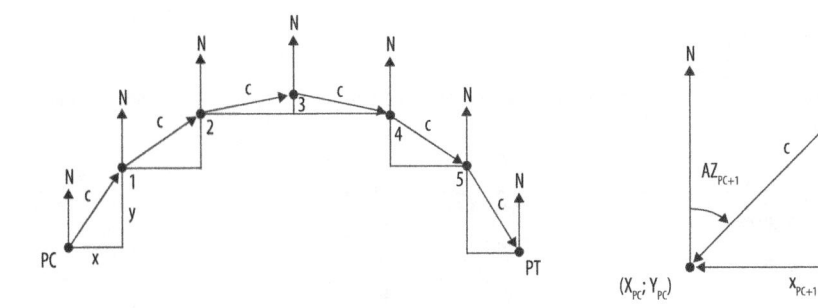

Figura 5.26 Cálculo das coordenadas da curva.

O cálculo das coordenadas parciais depende dos azimutes das direções de cada corda, e elas serão calculadas conforme a Figura 5.27, com o azimute da direção da corda anterior somado à deflexão parcial da corda anterior e a deflexão da corda em estudo:

$AZ_{B-C} = AZ_{A-B} + d_{A-B} + d_{B-C}$

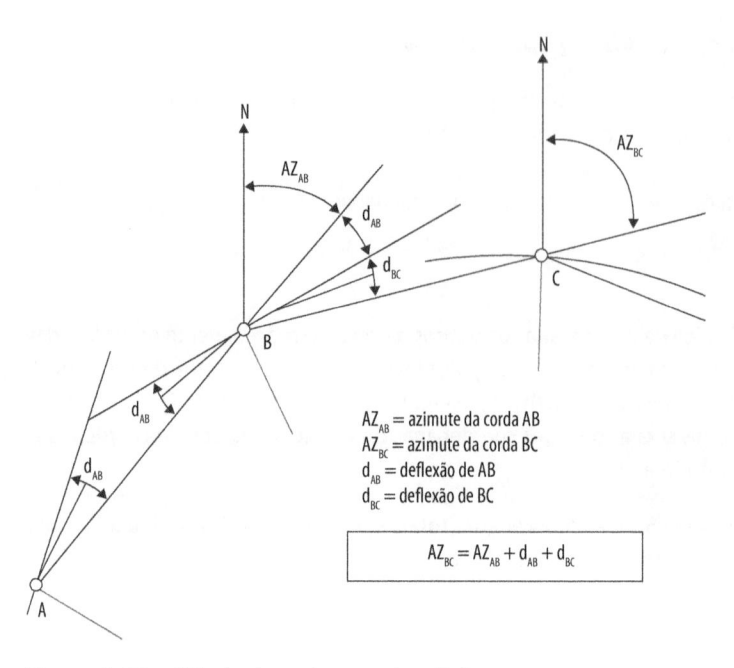

Figura 5.27 Cálculo dos azimutes dos alinhamentos.

Um modo prático para o cálculo de azimute na planilha poderá ser feito seguindo-se o esquema a seguir (Fig. 5.28):

AZIMUTES		DEFLEXÕES	
		Parciais (d_a)	
A	45° 00' 00,00"	00° 00' 00,00"	B
C	45° 04' 18,41"	00° 04' 18,41"	D
E	45° 46' 48,66"	00° 38' 11,83"	F
G	47° 03' 12,32"	00° 38' 11,83"	H

Figura 5.28 Esquema de cálculo de azimutes.

O primeiro azimute (A) é o da direção PC → PI. O segundo azimute (C) será da direção de PC → 1, dado por (A) + (B) + (D). O terceiro azimute (E) será da direção 1 → 2 e dado por (C) + (D) + (F); e o quarto azimute (G), da direção 2 → 3, dado por (E) + (F) + (H), respectivamente.

j) Planilha de locação

A planilha de locação da Figura 5.29 exemplifica uma curva circular por deflexões com o cálculo de azimutes e coordenadas para o raio igual a 220,000 m, estaca do PI igual a 250 + 0,000 m e ângulo central de 38° 40' 40". O azimute inicial, ou seja, o azimute da direção PC → PI, é igual a 75° 30' 30", e as coordenadas de PC são iguais a X = 500,000 m e Y = 500,000 m.

Estaca do PI	Raio	Curva "D ou E"	Azimute PC - PI	A.C.	Coordenadas "PC, PI ou PT" PC		Opção do arco "A" automático
250 + 0,000	220,000	D	75° 30' 30"	38° 40' 40"	X = 500,000	Y = 500,000	A

Estaca do PC	Estaca do PT	Tangente (m)	Desenvolvimento (m)	Corda PC - PT (m)	Locação	Arco parcial (m)	Azimute PC - PT
246 + 2,789	253 + 11,301	77,211	148,512	145,708	DEFLEXÃO	10,000	94° 50' 50,00"

PLANILHA DE LOCAÇÃO

ESTACAS		DISTÂNCIAS		AZIMUTES	DEFLEXÕES		COORDENADAS		COORDENADAS	
Inteira	Interm.	Arco	Corda	Parciais	Parcial	Acumulada	ΔX	ΔY	X	Y
246 +	2,789	0,000	0,000	75° 30' 30,00"	00° 00' 00,00"	00° 00' 00,00"	0,000	0,000	500,000	500,000
246 +	10,000	7,211	7,210	76° 26' 50,20"	00° 56' 20,20"	00° 56' 20,20"	7,009	1,690	507,009	501,690
247 +	0,000	10,000	9,999	78° 41' 18,24"	01° 18' 07,84"	02° 14' 28,03"	9,805	1,961	516,814	503,651
247 +	10,000	10,000	9,999	81° 17' 33,91"	01° 18' 07,84"	03° 32' 35,87"	9,884	1,514	526,698	505,165
248 +	0,000	10,000	9,999	83° 53' 49,59"	01° 18' 07,84"	04° 50' 43,71"	9,942	1,063	536,641	506,228
248 +	10,000	10,000	9,999	86° 30' 05,26"	01° 18' 07,84"	06° 08' 51,54"	9,981	0,610	546,621	506,838
249 +	0,000	10,000	9,999	89° 06' 20,93"	01° 18' 07,84"	07° 26' 59,38"	9,998	0,156	556,619	506,994
249 +	10,000	10,000	9,999	91° 42' 36,60"	01° 18' 07,84"	08° 45' 07,22"	9,995	-0,298	566,614	506,696
250 +	0,000	10,000	9,999	94° 18' 52,28"	01° 18' 07,84"	10° 03' 15,05"	9,971	-0,752	576,585	505,943
250 +	10,000	10,000	9,999	96° 55' 07,95"	01° 18' 07,84"	11° 21' 22,89"	9,926	-1,205	586,511	504,739
251 +	0,000	10,000	9,999	99° 31' 23,62"	01° 18' 07,84"	12° 39' 30,73"	9,861	-1,654	596,372	503,084
251 +	10,000	10,000	9,999	102° 07' 39,30"	01° 18' 07,84"	13° 57' 38,56"	9,776	-2,101	606,148	500,984
252 +	0,000	10,000	9,999	104° 43' 54,97"	01° 18' 07,84"	15° 15' 46,40"	9,670	-2,543	615,819	498,441
252 +	10,000	10,000	9,999	107° 20' 10,64"	01° 18' 07,84"	16° 33' 54,23"	9,545	-2,980	625,364	495,461
253 +	0,000	10,000	9,999	109° 56' 26,32"	01° 18' 07,84"	17° 52' 02,07"	9,400	-3,410	634,763	492,051
253 +	10,000	10,000	9,999	112° 32' 41,99"	01° 18' 07,84"	19° 10' 09,91"	9,235	-3,834	643,998	488,217
253 +	11,301	1,301	1,301	114° 00' 59,91"	00° 10' 10,09"	19° 20' 20,00"	1,189	-3,530	645,187	487,688

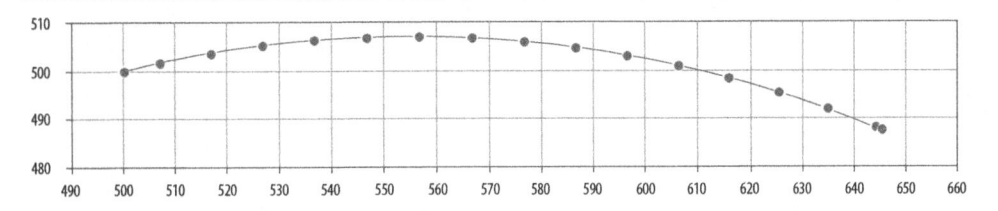

Figura 5.29 Planilha de locação para curva circular pelo processo de deflexões.

A planilha da Figura 5.29 foi calculada para uma curva com deflexão à direita. Para curvas à esquerda, as deflexões serão negativas, porém, as estações totais e os teodolitos eletrônicos podem ser programados para medirem ângulos anti-horários, resolvendo o problema. Por outro lado, se for de interesse locar com ângulo horário, somam-se 360° a cada deflexão negativa.

Outra forma de cálculo da planilha é por meio de irradiações, em que os cálculos dos arcos, cordas, deflexões e azimutes são acumulados sempre com referência ao PC. As coordenadas de cada ponto da curva serão a coordenada parcial do ponto somada à coordenada do PC.

Como as cordas e os azimutes são acumulados, não há necessidade de se calcularem as deflexões parciais. A Figura 5.30 apresenta a planilha calculada por irradiações, a partir dos mesmos dados da curva calculada por deflexões.

Estaca do PI	Raio	Curva "D ou E"	Azimute PC - PI	A.C.	Cordenadas "PC, PI ou PT" PC		Opção do arco "A" automático
250 + 0,000	220,000	D	75° 30' 30"	38° 40' 40"	X = 500,000	Y = 500,000	A

Estaca do PC	Estaca do PT	Tangente (m)	Desenvolvimento (m)	Corda PC - PT (m)	Locação	Arco parcial (m)	Azimute PC - PT
246 + 2,789	253 + 11,301	77,211	148,512	145,708	IRRADIAÇÃO	10,000	94° 50' 50,00"

PLANILHA DE LOCAÇÃO

ESTACAS		DISTÂNCIAS		AZIMUTES	DEFLEXÕES		COORDENADAS		COORDENADAS	
Inteira	Interm.	Arco	Corda	Parciais	Parcial	Acumulada	ΔX	ΔY	X	Y
246 +	2,789	0,000	0,000	75° 30' 30,00"	-	00° 00' 00,00"	0,000	0,000	500,000	500,000
246 +	10,000	7,211	7,210	76° 26' 50,20"	-	00° 56' 20,20"	7,009	1,690	507,009	501,690
247 +	0,000	17,211	17,206	77° 44' 58,04"	-	02° 14' 28,03"	16,814	3,651	516,814	503,651
247 +	10,000	27,211	27,193	79° 03' 05,87"	-	03° 32' 35,87"	26,698	5,165	526,698	505,165
248 +	0,000	37,211	37,166	80° 21' 13,71"	-	04° 50' 43,71"	36,641	6,228	536,641	506,228
248 +	10,000	47,211	47,120	81° 39' 21,55"	-	06° 08' 51,54"	46,621	6,838	546,621	506,838
249 +	0,000	57,211	57,050	82° 57' 29,38"	-	07° 26' 59,38"	56,619	6,994	556,619	506,994
249 +	10,000	67,211	66,950	84° 15' 37,22"	-	08° 45' 07,22"	66,614	6,696	566,614	506,696
250 +	0,000	77,211	76,815	85° 33' 45,06"	-	10° 03' 15,05"	76,585	5,943	576,585	505,943
250 +	10,000	87,211	86,641	86° 51' 52,89"	-	11° 21' 22,89"	86,511	4,739	586,511	504,739
251 +	0,000	97,211	96,422	88° 10' 00,73"	-	12° 39' 30,73"	96,372	3,084	596,372	503,084
251 +	10,000	107,211	106,153	89° 28' 08,57"	-	13° 57' 38,56"	106,148	0,984	606,148	500,984
252 +	0,000	117,211	115,829	90° 46' 16,40"	-	15° 15' 46,40"	115,819	-1,559	615,819	498,441
252 +	10,000	127,211	125,446	92° 04' 24,24"	-	16° 33' 54,23"	125,364	-4,539	625,364	495,461
253 +	0,000	137,211	134,998	93° 22' 32,08"	-	17° 52' 02,07"	134,763	-7,949	634,763	492,051
253 +	10,000	147,211	144,480	94° 40' 39,91"	-	19° 10' 09,91"	143,998	-11,783	643,998	488,217
253 +	11,301	148,512	145,708	94° 50' 50,00"	-	19° 20' 20,00"	145,187	-12,312	645,187	487,688

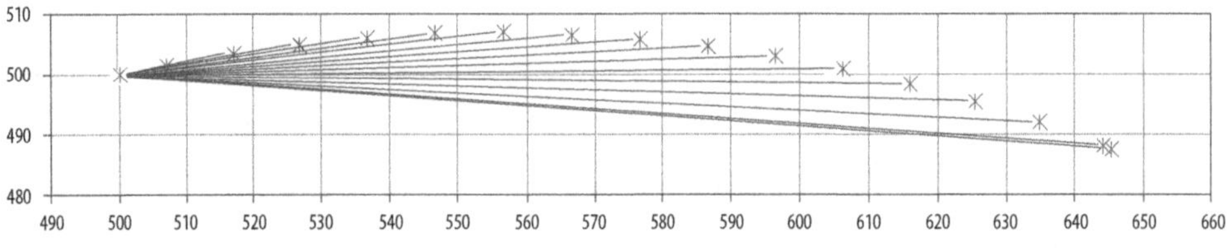

Figura 5.30 Planilha de locação para curva circular pelo processo de irradiações.

Com os elementos da planilha calculada, resta apenas sair a campo e locar a curva, que poderá ser por deflexão, irradiação ou por coordenadas (ver a seção "Locação").

Para locação em campo, será necessário o uso de um teodolito ou de uma estação total, que deve ser instalada no ponto PC e com leitura de ré no PI (no caso do teodolito). Após a instalação, é iniciado o processo de medição das deflexões e distâncias que foram calculadas na planilha. Cada ponto da curva é marcado no terreno, normalmente, no eixo da estrada.

O processo é o mesmo de irradiações de um ponto de uma poligonal, sendo esse ponto de referência ao início da curva PC.

No caso da locação por coordenadas e do uso de uma estação total, tendo as coordenadas de um ponto referenciado à obra para instalação do equipamento e sobre os pontos a locar, procede-se a marcação dos pontos da curva.

Esses procedimentos serão discutidos adiante, na seção "Locação".

» Circular com transição em espiral

As curvas circulares com transição em espiral, ou simplesmente chamadas de "curvas de transição", têm um trecho em espiral que faz a concordância da tangente com o trecho circular na entrada e na saída da curva circular. O grau de curvatura da espiral é variável, sendo mais aberto no início da curva, onde concorda com a tangente, e mais fechado no encontro com o trecho circular.

Em rodovias, essas curvas são usadas com o objetivo de melhorar a segurança para o usuário na entrada e na saída da curva. A curva é composta por dois ramos de espirais nas extremidades e um trecho circular em seu centro (Fig. 5.31).

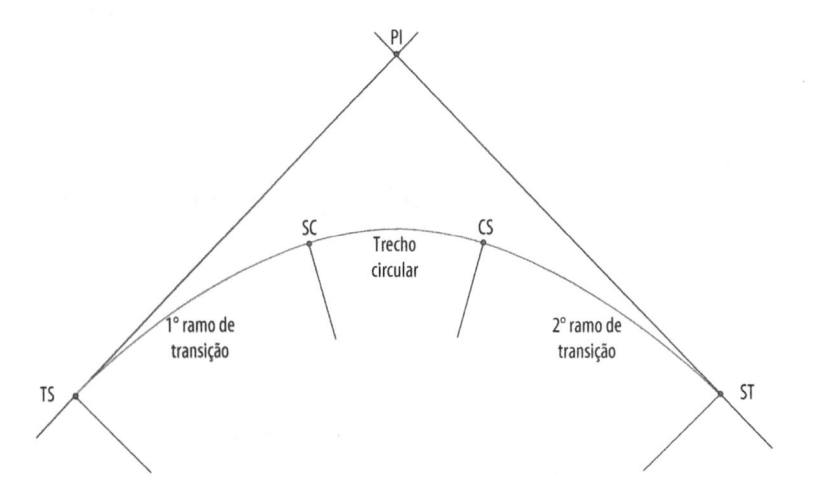

Figura 5.31 Composição da curva com transição em espiral.

Para a introdução dos ramos das espirais, são usados, principalmente, três tipos clássicos:

a) Raio conservado

A posição do centro da curva circular é deslocada para a inserção dos ramos de transição em espiral. Este método é o mais utilizado na construção de curvas rodoviárias e, em seguida, será abordado com mais detalhes.

b) Centro conservado

Conserva-se a posição do centro da curva circular e reduz-se o seu raio, para permitir a inserção dos ramos de transição em espiral.

c) Raio e centro conservados

Mantém-se a curva no local original, com o centro e o raio inalterados, porém afastam-se as tangentes de modo que se permita a inserção dos ramos espirais. Espirais são curvas que têm por característica uma variação constante do raio para cada ponto afastado do centro, ou seja, as espirais têm graus de curvatura diferentes para cada trecho da curva. No caso da curva circular com transição, as espirais que compõem a curva nas extremidades concordam com as tangentes no ponto de inflexão e com o trecho circular de raio R, chamado ponto osculador (Fig. 5.32)

Na Figura 5.32, T é o ponto de concordância da espiral com a tangente, chamado de ponto de inflexão. Na origem T, o raio de curvatura Rp é infinito. Mc é o ponto de concordância entre a espiral e o trecho circular, chamado de ponto osculador. Nesse ponto, o raio é igual ao raio da curva circular, com centro em O.

Na curva circular com transição em espiral, o ponto T denomina-se TS e ST; e o ponto Mc corresponde ao SC e CS.

A composição da curva de transição pode ser feita por vários tipos de equações de espirais. Apesar de existirem algumas opções de espirais (radioide às abscissas, lemniscata de Bernoulli, parábola cúbica, etc.), de um modo geral, em rodovias e ferrovias no Brasil, utiliza-se a espiral de Cornu, apresentada no processo de raio conservado.

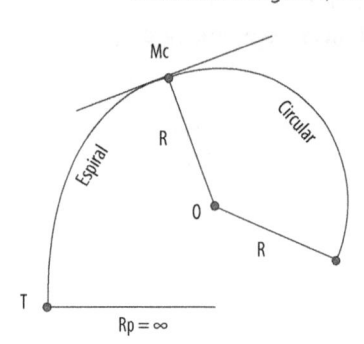

Figura 5.32 Elementos da espiral.

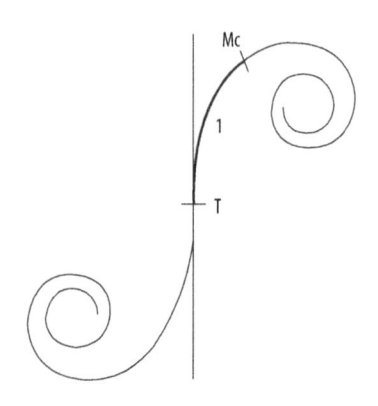

A representação gráfica da espiral de Cornu (Fig. 5.33) é determinada pela seguinte fórmula:

$$\rho = \frac{c}{l},$$

onde
- $\rho \to$ raio de curvatura de cada ponto
- $l \to$ comprimento da transição a partir da origem
- $c \to$ constante
- Mc $\to$ ponto osculador
- T $\to$ ponto de inflexão

Elementos da curva

Figura 5.33 Espiral de Cornu.

O processo mais utilizado para a composição da curva com transição em espiral em rodovias é a escolha da espiral de Cornu, com adoção de seu respectivo formulário. O método é caracterizado pela conservação da dimensão do raio de uma curva circular, mas com o deslocamento do seu centro, para que ela se afaste da tangente, onde o encaixe será feito por essa espiral, substituindo parte da curva circular.

Dessa forma, a curva ficará divida em três partes (ou ramos) delimitadas por quatro pontos principais (TS, SC, CS e ST), que representarão o início e o término das espirais e da circular. Na Figura 5.34, há a definição de alguns elementos de composição da curva. Aqui, ela será denominada apenas **curva de transição**.

O1 = centro original da curva circular
O2 = centro deslocado da curva circular
t = distância de deslocamento do centro
q = complemento da tangente T
p = complemento do raio R
AC = ângulo central da curva
I = ângulo de deflexão das tangentes

T = tangente externa da curva circular
Ts = tangente externa da curva de transição
PI = ponto de interseção das tangentes
TS = ponto de início da curva
SC = ponto de início do ramo circular
CS = ponto do término do ramo circular
ST = ponto de término da curva

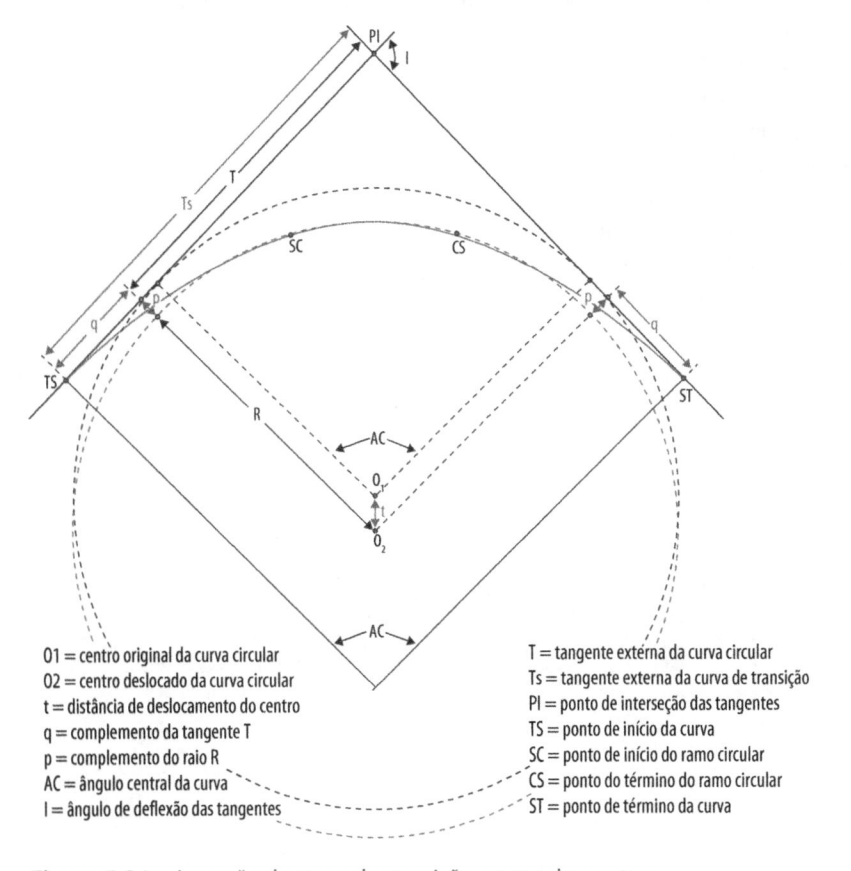

Figura 5.34 Inserção do ramo da transição e seus elementos.

Após a inserção dos ramos de transição em espiral, a curva passa a ser composta pelos comprimentos das espirais (lc) e pelo ramo circular (Dθ), representados na Figura 5.35.

Nas figuras seguintes, são representados os elementos:

- TS → ponto do início da curva de transição em espiral – primeiro ramo
- SC → ponto de término do ramo espiral e início do ramo circular
- CS → ponto de término do ramo circular e início do segundo ramo de transição
- ST → ponto de término da curva espiral
- PI → ponto de interseção das tangentes
- Ts → tangente externa da curva

- D → desenvolvimento total da curva
- Dθ → desenvolvimento do ramo circular
- AC → Ângulo central da curva
- XC → distância perpendicular entre a tangente externa e o ponto SC (ou CS)
- YC → distância projetada na tangente externa entre os pontos TS e SC (ou ST e CS)
- lc → comprimento do ramo espiral
- l → comprimento de um arco do ramo espiral
- Cs → corda do ramo espiral
- Cc → corda do ramo circular
- Ct → corda total
- p → complemento do raio
- q → complemento da tangente
- t → deslocamento do centro da curva
- O → centro da curva

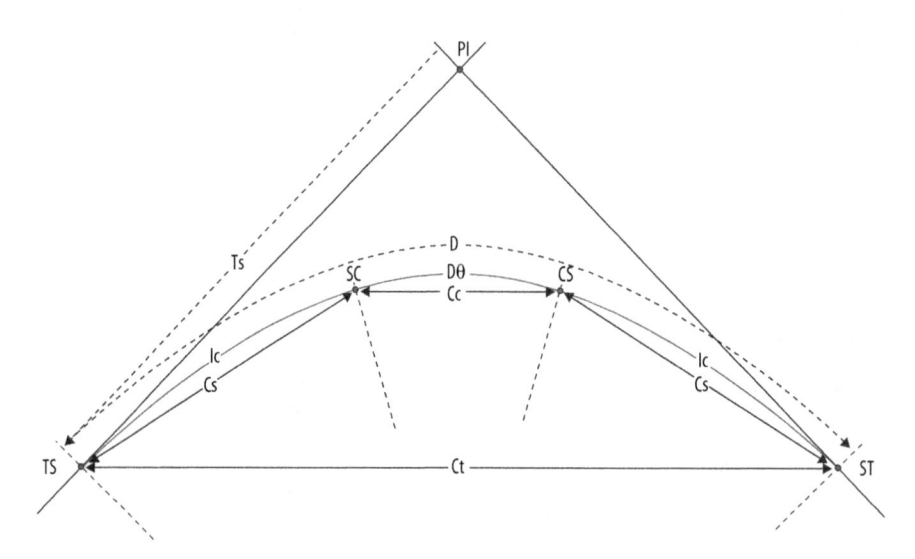

Figura 5.35 Elementos da curva de transição I.

Outros elementos da curva de transição estão relacionados às cordas, tangentes e ângulos. Esses elementos serão apresentados em desenhos separados, para melhor entendimento (Fig. 5.36).

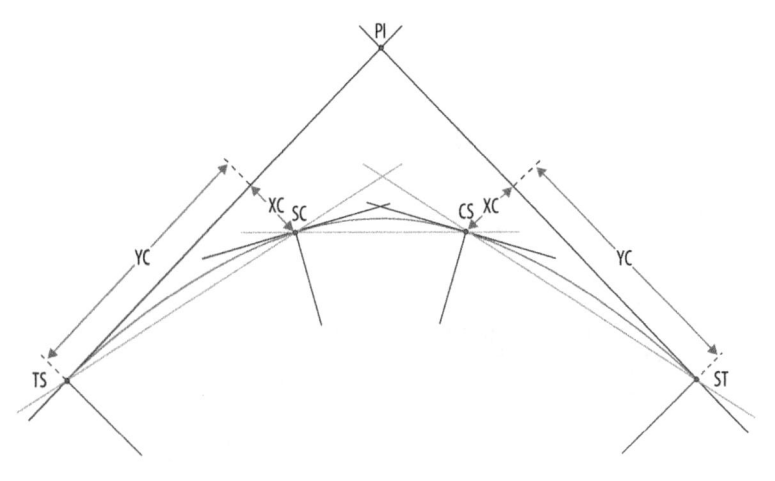

Figura 5.36 Elementos da curva de transição II.

Para o cálculo da planilha de locação, há a necessidade de conhecer os ângulos da curva nos três ramos. As deflexões, os azimutes e os ângulos internos serão importantes para o cálculo das coordenadas e outros elementos da planilha. Na Figura 5.37, estão representados os seguintes ângulos:

- ic → deflexão de entrada do ramo espiral
- jc → deflexão de saída do ramo espiral
- Scr → ângulo central do ramo de transição em radianos
- Scg → ângulo central do ramo de transição em graus
- S → ângulo central para um arco parcial do ramo de transição em radianos
- θ → ângulo central do ramo circular
- $AZ_{Inicial}$ → AZ_{TS-PI} → azimute do alinhamento do TS-PI
- AZ_{PI-TS} → contra-azimute do alinhamento do TS-PI
- AZ_{TS-SC} → azimute do alinhamento TS-SC
- AZ_{SC-CS} → azimute do alinhamento SC-CS
- AZ_{CS-ST} → azimute do alinhamento CS-ST
- AZ_{PI-ST} → azimute do alinhamento PI-ST
- AZ_{TS-ST} → azimute do alinhamento TS-ST

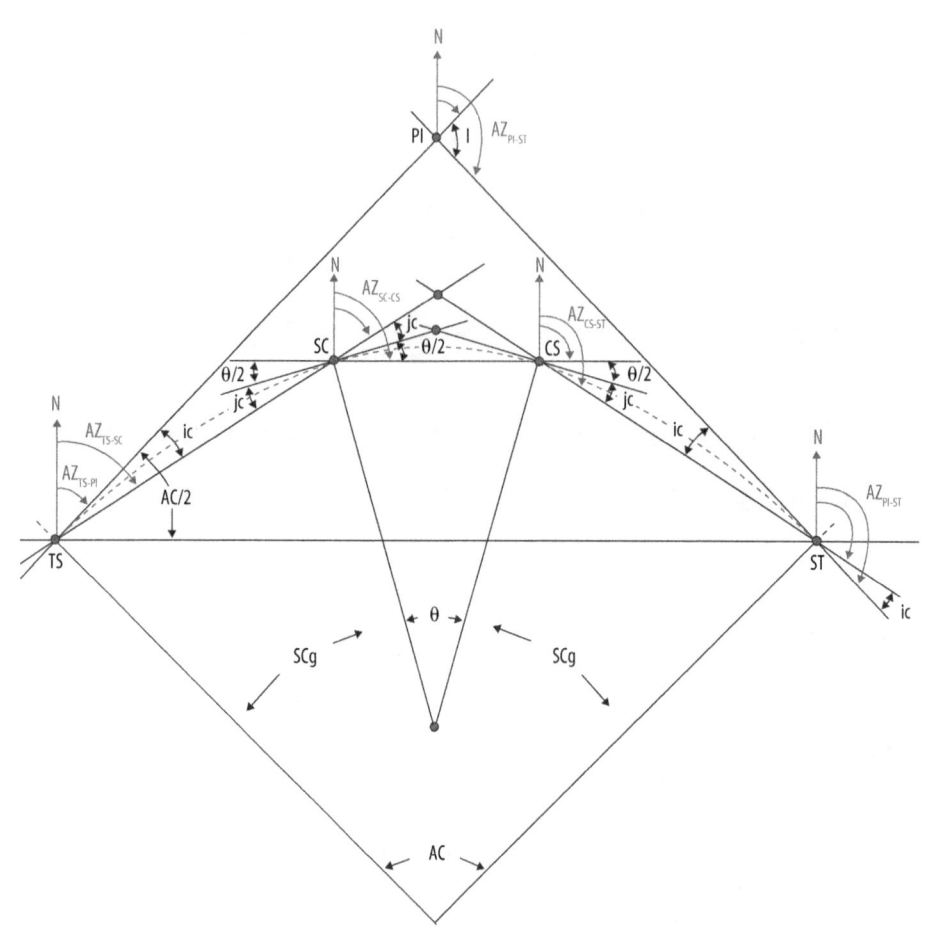

Figura 5.37 Elementos da curva de transição III.

Cálculo dos elementos da curva

Para determinar os elementos da curva circular de transição, é adotada a seguinte sequência de cálculo:

a) Cálculo da tangente externa (Ts)

Após a definição de raio e deflexão das tangentes, é necessário o cálculo da tangente externa da curva (Ts), que será utilizada para a definição das estacas dos pontos TS e ST.

$Ts = T + q$,

onde

$$tg\left(\frac{AC}{2}\right) = \frac{T}{R+p} \therefore T = (R+p) \cdot tg\left(\frac{AC}{2}\right)$$

$$Ts = q + \left[(R+p) \cdot tg\left(\frac{AC}{2}\right) \right]$$

Para o cálculo de "Ts", temos de conhecer "p" e "q", que são, respectivamente, o complemento do raio e da tangente na curva de transição. Eles são calculados pelas fórmulas:

$p = Xc - R(1 - \cos Scg)$

$q = Yc - (R \cdot \sen Scg)$

$t = \dfrac{p}{\cos\left(\dfrac{AC}{2}\right)}$

b) Cálculo das estacas

A estaca de referência, para o início dos cálculos, será a estaca do PI já conhecida no traçado das tangentes. A partir da estaca do PI, calculam-se as estacas seguintes:

Est. TS = Est. PI − Ts
Est. SC = Est. TS + ℓc
Est. CS = Est. SC + Dθ
Est. ST = Est. CS + ℓc

c) Cálculo dos comprimentos do ramo da espiral (ℓc), do trecho circular (Dθ) e total (D)

• Para rodovias:

$\ell c_{mín} = 0{,}036 \cdot \dfrac{V^3}{R}$ e $\ell c_{normal} = 6\sqrt{R}$

• Para ferrovias:

$\ell c_{mín} = 0{,}070 \cdot \dfrac{V^3}{R}$ (bitola de 1,60m) ou $\ell c_{mín} = 0{,}050 \cdot \dfrac{V^3}{R}$ (bitola de 1,00m) e $\ell c_{normal} = 3{,}2 \cdot \sqrt{R}$,

• Geral:

$\ell c_{adotado} \to$ sugere-se escolher um ℓc múltiplo de 10m.

$D\theta = \dfrac{\pi \cdot R \cdot \theta}{180°} \to D = 2 \cdot \ell c_{normal} + D\theta$

onde
• $\ell c \to$ comprimento do ramo em espiral;
• Dθ → comprimento do trecho circular;
• D → comprimento total da curva;
• V → velocidade diretriz definida no projeto;
• R → raio adotado

d) Cálculo das cordas (Cc, Cs e Ct)

A corda do ramo circular (Cc) é a distância reta entre o SC e o CS:

$$Cc = 2 \cdot R \cdot \operatorname{sen}\left(\frac{\theta}{2}\right)$$

A corda do ramo espiral (Cs) (distância reta entre o TS ao SC e do CS ao ST) pode ser calculada por uma das seguintes fórmulas:

$$Cs = \sqrt{Xc^2 + Yc^2} \text{ ou } Cs = \frac{Yc}{\cos(ic)} \text{ ou } Cs = \frac{Xc}{\operatorname{sen}(ic)}$$

A corda total é a distância reta do TS ao ST e é dada pela fórmula:

$$Ct = 2 \cdot Ts \cdot \cos\left(\frac{AC}{2}\right)$$

Para o cálculo das cordas parciais partindo do TS para o primeiro ramo de transição (C), utiliza-se a fórmula:

$$C = \sqrt{X^2 + Y^2}$$

Para o cálculo das cordas parciais partindo do CS para o segundo ramo de transição (C') a fórmula será:

$$C' = \sqrt{X'^2 + Y'^2}$$

e) Cálculo de Xc e Yc

As distâncias Xc e Yc são as coordenadas dos pontos SC e CS, a partir de um eixo definido pela direção do TS ao PI (Fig. 5.38).

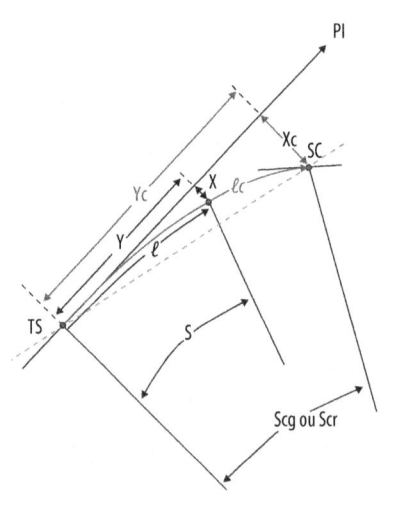

Figura 5.38 Representação de Xc e Yc no primeiro ramo de transição.

Para cálculo de Xc e Yc dos pontos SC e CS, temos:

$$Xc = \frac{\ell c \cdot Scr}{3} \cdot \left(1 - \frac{Scr^2}{14} + \frac{Scr^4}{440}\right)$$

$$Yc = \ell c \cdot \left(1 - \frac{Scr^2}{10} + \frac{Scr^4}{216}\right)$$

Para cálculo em qualquer ponto no primeiro ramo de transição, temos (Fig. 5.38):

$$X = \frac{\ell \cdot S}{3} \cdot \left(1 - \frac{S^2}{14} + \frac{S^4}{440}\right)$$

$$Y = \ell \cdot \left(1 - \frac{S^2}{10} + \frac{S^4}{216}\right)$$

Para cálculo em qualquer ponto no segunda ramo de transição, temos (Fig. 5.39):

X' = Xc − X

Y' = Yc − Y,

onde

$\ell' = \ell c - \ell$ em X e Y.

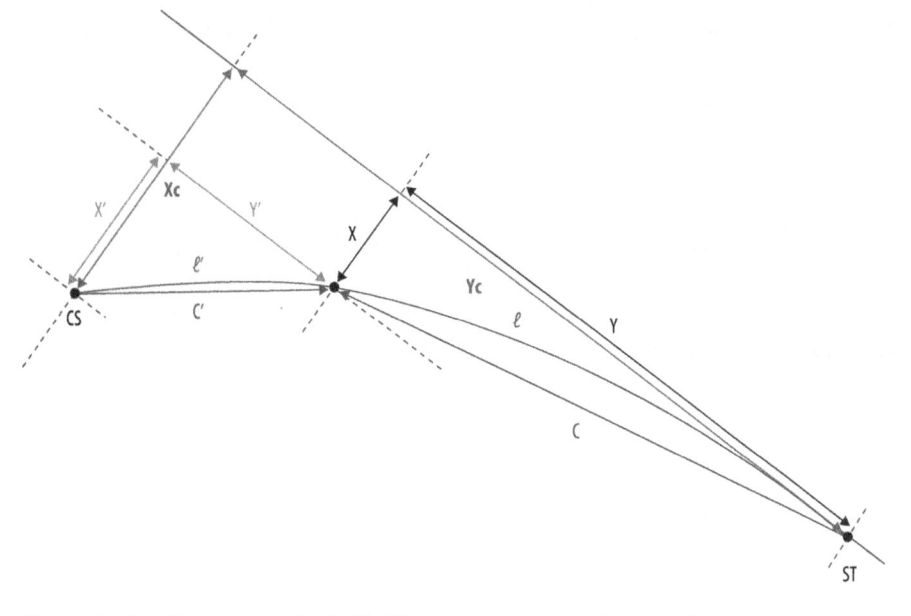

Figura 5.39 Representação de X' e Y' no segundo ramo de transição.

f) Cálculo dos ângulos

O ângulo central dos dois ramos de transição, calculados em graus, será dado por:

$$Scg = \frac{180° \cdot \ell c}{2 \cdot \pi \cdot R}$$

Dependendo da fórmula de cálculo de outros elementos, é necessário que o ângulo central dos ramos das transições seja fornecido em radianos. O resultado da fórmula já está em radianos, sem necessidade de uma conversão posterior:

$$Scr = \frac{\ell c}{2R}$$

A fórmula geral a seguir pode ser usada para o cálculo do ângulo central de um arco qualquer, em que ℓ é o valor do arco do TS ao ponto calculado:

$$S = \frac{\ell^2}{2 \cdot R \cdot \ell c}$$

Além disso, por definição, temos:

$$Scg = ic + jc$$

Para o cálculo da deflexão total do ramo de transição, para a entrada da curva espiral, utiliza-se:

$$ic = \text{arc tg}\left(\frac{Xc}{Yc}\right)$$

Para o cálculo da deflexão total do ramo de transição, para a saída da curva espiral, utiliza-se:

$$jc = Scg - ic$$

O ângulo central do ramo circular é dado por:

$$\theta = AC - 2 \cdot Scg$$

Como na curva circular, a deflexão das tangentes será igual ao ângulo central da curva:

$$I = AC$$

g) Cálculo dos azimutes

O cálculo dos azimutes será dado pelas seguintes definições:

$$AZ_{Inicial} = AZ_{TS\text{-}PI}$$
$$AZ_{TS\text{-}SC} = AZ_{TS\text{-}PI} + ic$$
$$AZ_{SC\text{-}CS} = AZ_{TS\text{-}SC} + jc + \theta/2$$
$$AZ_{CS\text{-}ST} = AZ_{SC\text{-}CS} + jc + \theta/2$$
$$AZ_{PI\text{-}ST} = AZ_{CS\text{-}ST} + ic$$
$$AZ_{PI\text{-}ST} = AZ_{TS\text{-}PI} + I$$
$$AZ_{TS\text{-}ST} = AZ_{TS\text{-}PI} + AC/2$$

h) Cálculo das deflexões

Para o primeiro ramo de transição, calculamos as deflexões i a partir das distâncias do arco l pela fórmula:

$$i = \frac{180°}{\pi} \cdot \left(\frac{\ell^2}{6 \cdot R \cdot \ell c} - \left(\frac{\ell^6}{2.832 \cdot R^3 \cdot \ell c^3} + \frac{\ell^{10}}{467.840 \cdot R^5 \cdot \ell c^5} \right) \right)$$

Para o segundo ramo de transição, calculamos as deflexões j com distâncias do arco l pela fórmula:

$$j = \frac{90° \cdot \ell}{\pi \cdot R} - i$$

i) Preenchimento da planilha de locação

A distribuição das estacas será de acordo com o arco de locação (5, 10 ou 20 m) considerando o raio da curva, conforme já discutido para a curva circular simples, porém, com algumas modificações.

Para a distribuição das estacas do primeiro ramo de transição, soma-se o arco inteiro a partir do TS, mantendo as estacas intermediárias fracionadas. Esse procedimento também servirá para o segundo ramo de transição.

No trecho circular, o estaqueamento segue o padrão já visto anteriormente, ou seja, soma-se o arco na estaca do SC, porém, fazendo o ajuste para compor estacas intermediárias inteiras. Os arcos e as cordas das planilhas são acumulados a partir do ponto principal da curva. Resumindo, a planilha será divida em três partes considerando os ramos da curva:

• A primeira parte da planilha corresponde ao intervalo do TS ao SC (primeiro ramo de transição).
• A segunda parte da planilha corresponde ao intervalo do SC ao CS (trecho circular).
• A terceira parte da planilha corresponde ao intervalo do CS ao ST (segundo ramo de transição).

Na planilha da Figura 5.40, a distribuição das estacas foi feita para um arco de 5 m, pois o raio é menor do que 100 m. Na planilha da Figura 5.41, a distribuição das estacas considera um arco de 10 m, que é usado para raios maiores do que 100 m e menores do que 600 m.

Para o cálculo das coordenadas, consideram-se os azimutes e cordas a partir do TS, SC ou CS, ou seja, de acordo com o trecho a ser calculado. Relembrando, as coordenadas parciais Δx e Δy são calculadas pelas fórmulas:

$$\Delta x_{A-B} = d_{A-B} \cdot \text{sen}(AZ_{A-B}) \quad \text{e} \quad \Delta y_{A-B} = d_{A-B} \cdot \cos(AZ_{A-B})$$

Para o preenchimento do restante da planilha, as fórmulas devem ser utilizadas de acordo com o trecho da curva e do elemento a ser calculado. Como exemplo, considere uma curva com raio maior do que 100 m com a distribuição das estacas com arcos de 10 m. Na Figura 5.42, está representado de modo esquemático o preenchimento de uma planilha de locação de curva circular com transição em espiral com as fórmulas apresentadas em cada campo correspondente.

Ponto de curva	Estacas Inteiras	Estacas Interm.	Distância Arco	Distância Corda
Estaca TS	147	14,761	-	-
-	147	19,761	5,000	5,000
-	148	4,761	10,000	10,000
-	148	9,761	15,000	14,999
-	148	14,761	20,000	19,995
-	148	19,761	25,000	24,985
Estaca SC	149	4,761	30,000	29,963
-	149	5,000	0,239	0,239
-	149	10,000	5,239	5,239
-	149	15,000	10,239	10,233
-	150	-	15,239	15,221
-	150	5,000	20,239	20,196
-	150	10,000	25,239	25,156
Estaca CS	150	12,880	28,119	28,005
-	150	17,880	5,000	4,999
-	151	2,880	10,000	9,996
-	151	7,880	15,000	14,990
-	151	12,880	20,000	19,981
-	151	17,880	25,000	24,972
Estaca ST	152	2,880	30,000	29,963

Figura 5.40 Exemplo de distribuição com arcos de 5 m.

Ponto de curva	Estacas Inteiras	Estacas Interm.	Distância Arco	Distância Corda
Estaca TS	146	6,630	-	-
-	146	16,630	10,000	10,000
-	147	6,630	20,000	20,000
-	147	16,630	30,000	29,997
-	148	6,630	40,000	39,986
Estaca SC	148	16,630	50,000	49,957
-	149	-	3,370	3,370
-	149	10,000	13,370	13,367
-	150	-	23,370	23,354
-	150	10,000	33,370	33,322
-	151	-	43,370	43,265
Estaca CS	151	0,878	44,248	44,137
-	151	10,878	10,000	9,999
-	152	0,878	20,000	19,993
-	152	10,878	30,000	29,983
-	153	0,878	40,000	39,970
Estaca ST	153	10,878	50,000	49,957

Figura 5.41 Exemplo de distribuição com arcos de 10 m.

PONTO DE CURVA	ESTACAS inteiras + interm.	DISTÂNCIAS (a=5; a=10 ou a=20) Arco (a)	DISTÂNCIAS Corda (c)	DEFLEXÃO Parcial	DEFLEXÃO Total	AZIMUTE (AZ)	COORD. TOTAIS Coord. X	COORD. TOTAIS Coord. Y
Estaca TS	246 + 12,460	$a_0 = 0,000$	$c_0 = 0,000$	-	i_0	$AZ_0 = AZ_{TS-PI}$	$X_0 = X_{PI} + \Delta X_0$	$Y_0 = Y_{PI} + \Delta Y_0$
-	247 + 2,460	$a_{10} = 10,000$	$c_{10} = \sqrt{(X_{10})^2 + (Y_{10})^2}$	-	i_{10}	$AZ_{10} = AZ_{TS-PI} + i_{10}$	$X_{10} = X_{TS} + \Delta X_{10}$	$Y_{10} = Y_{TS} + \Delta Y_{10}$
-	247 + 12,460	$a_{20} = 20,000$	$c_{20} = \sqrt{(X_{20})^2 + (Y_{20})^2}$	-	i_{20}	$AZ_{20} = AZ_{TS-PI} + i_{20}$	$X_{20} = X_{TS} + \Delta X_{20}$	$Y_{20} = Y_{TS} + \Delta Y_{20}$
-	248 + 2,460	$a_{30} = 30,000$	$c_{30} = \sqrt{(X_{30})^2 + (Y_{30})^2}$	-	i_{30}	$AZ_{30} = AZ_{TS-PI} + i_{30}$	$X_{30} = X_{TS} + \Delta X_{30}$	$Y_{30} = Y_{TS} + \Delta Y_{30}$
-	248 + 12,460	$a_{40} = 40,000$	$c_{40} = \sqrt{(X_{40})^2 + (Y_{40})^2}$	-	i_{40}	$AZ_{40} = AZ_{TS-PI} + i_{40}$	$X_{40} = X_{TS} + \Delta X_{40}$	$Y_{40} = Y_{TS} + \Delta Y_{40}$
Estaca SC	249 + 2,460	$a_{50} = lc$	$cs = \sqrt{(X_{50})^2 + (Y_{50})^2}$	-	$i_{50} = i_c$	$AZ_{TS-SC} = AZ_{TS-PI} + i_{50}$	$X_{SC} = X_{TS} + \Delta X_{50}$	$Y_{SC} = Y_{TS} + \Delta Y_{50}$
-	249 + 10,000	$a_1 = 7,946$	$c_1 = 2R \times \text{Sen } da_1$	$da_1 = dm \times a_1$	$dt_1 = da_1 + jc$	$AZ_1 = AZ_{TS-SC} + dt_1$	$X_{10} = X_{SC} + \Delta X_1$	$Y_1 = Y_{SC} + \Delta Y_1$
-	250 + 0,000	$a_2 = 17,946$	$c_2 = 2R \times \text{Sen } da_2$	$da_2 = dm \times a_2$	$dt_2 = da_2 + jc$	$AZ_2 = AZ_{TS-SC} + dt_2$	$X_{10} = X_{SC} + \Delta X_2$	$Y_1 = Y_{SC} + \Delta Y_2$
-	250 + 10,000	$a_3 = 27,946$	$c_3 = 2R \times \text{Sen } da_3$	$da_3 = dm \times a_3$	$dt_3 = da_3 + jc$	$AZ_3 = AZ_{TS-SC} + dt_3$	$X_{10} = X_{SC} + \Delta X_3$	$Y_1 = Y_{SC} + \Delta Y_3$
-	251 + 0,000	$a_4 = 37,946$	$c_4 = 2R \times \text{Sen } da_4$	$da_4 = dm \times a_4$	$dt_4 = da_4 + jc$	$AZ_4 = AZ_{TS-SC} + dt_4$	$X_{10} = X_{SC} + \Delta X_4$	$Y_1 = Y_{SC} + \Delta Y_4$
-	251 + 10,000	$a_5 = 47,946$	$c_5 = 2R \times \text{Sen } da_5$	$da_5 = dm \times a_5$	$dt_5 = da_5 + jc$	$AZ_5 = AZ_{TS-SC} + dt_5$	$X_{10} = X_{SC} + \Delta X_5$	$Y_1 = Y_{SC} + \Delta Y_5$
Estaca CS	251 + 13,249	$a_6 = D\theta$	$cc = 2R \times \text{Sen } da_6$	$da_{10} = dm \times a_6$	$dt_6 = da_6 + jc$	$AZ_{SC-CS} = AZ_{TS-SC} + dt_6$	$X_{CS} = X_{SC} + \Delta X_6$	$Y_{CS} = Y_9 + \Delta Y_6$
-	251 + 3,249	$a_{10} = 10,000$	$c_{10} = \sqrt{(X'_{10})^2 + (Y'_{10})^2}$	-	j_{10}	$jt_{10} = j_{10} + \theta/2$	$AZ_{10} = AZ_{SC-CS} + jt_{10}$	$X_{10} = X_{CS} + \Delta X_{10}$	$Y_{10} = Y_{CS} + \Delta Y_{10}$
-	252 + 13,249	$a_{20} = 20,000$	$c_{20} = \sqrt{(X'_{20})^2 + (Y'_{20})^2}$	-	j_{20}	$jt_{20} = j_{20} + \theta/2$	$AZ_{20} = AZ_{SC-CS} + jt_{20}$	$X_{20} = X_{CS} + \Delta X_{20}$	$Y_{20} = Y_{CS} + \Delta Y_{20}$
-	252 + 3,249	$a_{30} = 30,000$	$c_{30} = \sqrt{(X'_{30})^2 + (Y'_{30})^2}$	-	j_{30}	$jt_{30} = j_{30} + \theta/2$	$AZ_{30} = AZ_{SC-CS} + jt_{30}$	$X_{30} = X_{CS} + \Delta X_{30}$	$Y_{30} = Y_{CS} + \Delta Y_{30}$
-	253 + 13,249	$a_{40} = 40,000$	$c_{40} = \sqrt{(X'_{40})^2 + (Y'_{40})^2}$	-	j_{40}	$jt_{40} = j_{40} + \theta/2$	$AZ_{40} = AZ_{SC-CS} + jt_{040}$	$X_{40} = X_{CS} + \Delta X_{40}$	$Y_{40} = Y_{CS} + \Delta Y_{40}$
Estaca ST	253 + 3,249	$a_{50} = lc$	$cs = \sqrt{(X'_{50})^2 + (Y'_{50})^2}$	-	$j_{50} = j_c$	$jt_{50} = j_c + \theta/2$	$AZ_{50} = AZ_{SC-CS} + jt_{50}$	$X_{ST} = X_{CS} + \Delta X_{50}$	$Y_{ST} = Y_{CS} + \Delta Y_{50}$

Figura 5.42 Fórmulas para preenchimento da planilha de locação.

Exemplo 5.3 *Calcule os elementos da curva de transição e da planilha de locação a partir dos seguintes dados:*

- Estaca do PI: est. 150 + 0,000 m
- Coordenadas do PI: X = 500,000 m; Y = 500,000 m
- Raio: 90,000 m
- Ângulo central: 37° 00' 00"
- AZ_{TS-PI}: 350° 30' 30"
- ℓc adotado: 30,000 m
- Velocidade: 40 km/h

Solução:

Cálculo dos elementos

a) Definição do ℓc

RESPOSTAS	
$\ell c_{mínimo}$ (m) =	25,6000
ℓc_{normal} (m) =	56,9210

A partir do ℓc mínimo e do ℓc normal, define-se o ℓc que será adotado na curva. Então, em todos os cálculos a seguir, o ℓc adotado será igual a 30 metros.

b) Resumo dos cálculos dos demais elementos

Scr (rad) =	0,1666667		Cs (m) =	29,9630
Scg =	09° 32' 57,47"	Cordas	Cc (m) =	28,0052
Xc (m) =	1,663363		Ct (m) =	85,8024
Yc (m) =	29,916774	Coord. TS =	(507,460 ; 455,380)	
p (m) =	0,416254	Coord. SC =	(504,167 ; 485,162)	
q (m) =	14,986122	Coord. CS =	(508,552 ; 512,822)	
Ts (m) =	45,238977	Coord. ST =	(520,895 ; 540,124)	
ϑ =	17° 54' 05,06"	Coord. O =	(594,167 ; 485,071)	
Dϑ (m) =	28,119464	Coord. PI =	(500,000 ; 500,000)	
D (m) =	88,119464	Az_{PI-TS} =	170° 30' 30,00"	
ic =	03° 10' 56,46"	Az_{TS-SC} =	353° 41' 26,46"	
jc =	06° 22' 01,01"	Az_{SC-CS} =	09° 00' 30,00"	
Estaca TS =	147 + 14,761m	Az_{CS-ST} =	24° 19' 33,54"	
Estaca SC =	149 + 4,761m	Az_{PI-ST} =	27° 30' 30,00"	
Estaca CS =	150 + 12,880m	Az_{TS-ST} =	09° 00' 30,00"	
Estaca ST =	152 + 2,880m	Az_{SC-O} =	90° 03' 27,47"	

> **Exemplo 5.3** *Continuação*
>
> Após o cálculo dos elementos da curva, o próximo passo é o preenchimento da planilha de locação. Para este exemplo, a Figura 5.43 apresenta os cálculos das estacas, cordas, deflexões, azimutes e coordenadas. A Figura 5.44 mostra o desenho da curva a partir de suas coordenadas.

PONTOS DE CURVA	ESTACAS		DISTÂNCIA		DEFLEXÕES		AZIMUTE	COORD. TOTAIS	
	Inteiras	Interm.	Arco	Corda	Parcial	Total		Coord. X	Coord. Y
Estaca TS	147	14,761	-	-	-	00° 00' 00,00"	350° 30' 30,00"	507,460	455,380
-	147	19,761	5,000	5,000	-	00° 05' 18,31"	350° 35' 48,31"	506,643	460,313
-	148	4,761	10,000	10,000	-	00° 21' 13,24"	350° 51' 43,24"	505,872	465,253
-	148	9,761	15,000	14,999	-	00° 47' 44,75"	351° 18' 14,75"	505,192	470,207
-	148	14,761	20,000	19,995	-	01° 24' 52,72"	351° 55' 22,72"	504,651	475,177
-	148	19,761	25,000	24,985	-	02° 12' 36,84"	352° 43' 06,84"	504,293	480,164
Estaca SC	149	4,761	30,000	29,963	-	03° 10' 56,46"	353° 41' 26,46"	504,167	485,162
-	149	5,000	0,239	0,239	00° 04' 33,85"	06° 26' 34,86"	00° 08' 01,32"	504,168	485,401
-	149	10,000	5,239	5,238	01° 40' 03,43"	08° 02' 04,43"	01° 43' 30,89"	504,325	490,398
-	149	15,000	10,239	10,233	03° 15' 33,00"	09° 37' 34,01"	03° 19' 00,47"	504,759	495,378
-	150	0,000	15,239	15,221	04° 51' 02,58"	11° 13' 03,59"	04° 54' 30,05"	505,470	500,327
-	150	5,000	20,239	20,196	06° 26' 32,16"	12° 48' 33,17"	06° 29' 59,63"	506,454	505,228
-	150	10,000	25,239	25,156	08° 02' 01,74"	14° 24' 02,75"	08° 05' 29,21"	507,708	510,068
Estaca CS	150	12,880	28,119	28,005	08° 57' 02,53"	15° 19' 03,54"	09° 00' 30,00"	508,552	512,822
-	150	17,880	5,000	4,999	01° 30' 11,27"	10° 27' 13,80"	19° 27' 43,80"	510,218	517,535
-	151	2,880	10,000	9,996	02° 49' 45,92"	11° 46' 48,45"	20° 47' 18,45"	512,100	522,167
-	151	7,880	15,000	14,990	03° 58' 43,99"	12° 55' 46,52"	21° 56' 16,52"	514,153	526,726
-	151	12,880	20,000	19,981	04° 57' 05,59"	13° 54' 08,12"	22° 54' 38,12"	516,331	531,227
-	151	17,880	25,000	24,972	05° 44' 51,05"	14° 41' 53,58"	23° 42' 23,58"	518,592	535,686
Estaca ST	152	2,880	30,000	29,963	06° 22' 01,01"	15° 19' 03,54"	24° 19' 33,54"	520,895	540,124

Figura 5.43 Planilha de locação de curva de transição.

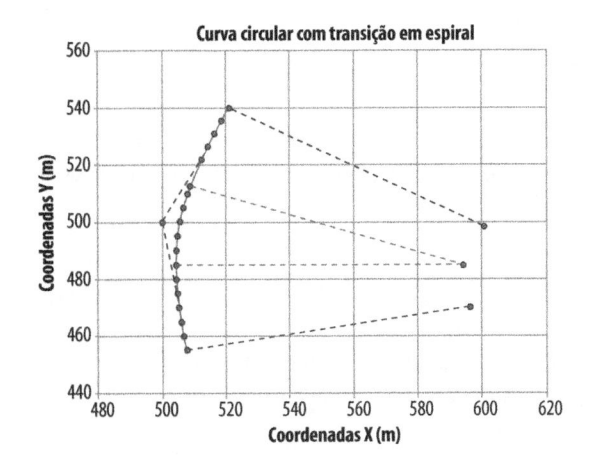

Figura 5.44 Desenho da curva de transição.

É importante ressaltar que há vários programas computacionais específicos de Topografia que calculam e distribuem os pontos na curva. Outra forma prática de cálculo é com planilhas eletrônicas (Excel, p. ex.). No entanto, para serem programadas, o profissional deverá ter conhecimento do assunto para o desenvolvimento das fórmulas e dos cálculos.

Por outro lado, poderá haver situações em que o profissional deverá resolver os cálculos em campo, do modo tradicional, com calculadora e fórmulas.

Após esse processo, deve-se fazer a locação de campo utilizando equipamentos como estação total, GPS ou teodolito para a implantação da obra (Seção "Locação").

Concordância vertical

O objetivo da concordância vertical é criar uma condição favorável para a mudança de uma rampa para outra, de declividades diferentes. A concordância poderá ser feita por uma curva vertical, sendo a mais utilizada em rodovias a equação da parábola de segundo grau, apesar de existirem outras curvas verticais, como: curva circular, elipse e parábola cúbica.

Nos itens a seguir, apresentaremos a parábola de segundo grau, a mais utilizada e, além disso, indicada pelo DNIT para projetos de rodovias.

» Elementos da curva

Da mesma forma que as concordâncias horizontais, as concordâncias verticais têm os pontos principais nas tangentes. Logo, considerando uma representação em perfil, são apresentados os seguintes elementos da curva (Fig. 5.45):

- PCV → ponto de curva vertical
- PIV → ponto de interseção vertical
- PTV → ponto de tangente vertical
- i_1 → declividade da primeira rampa (PCV ao PIV) em percentagem ou m/m
- i_2 → declividade da segunda rampa (PIV ao PTV) em percentagem ou m/m

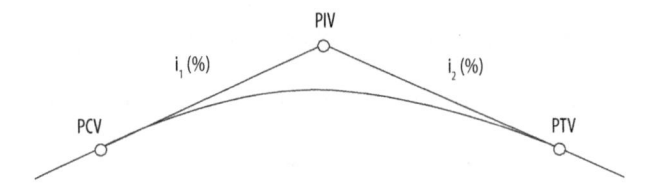

Figura 5.45 Elementos da concordância vertical.

As parábolas, dependendo da posição do PCV, PIV e PTV, podem ser divididas em parábolas **simples** ou **compostas**, podendo ainda ser **côncavas** ou **convexas** conforme as rampas das tangentes que as compõem.

Nas parábolas simples, as distâncias reduzidas do PCV ao PIV e do PIV ao PTV são iguais, valendo a metade do valor de L, que é a distância reduzida do PCV ao PTV (Fig. 5.46).

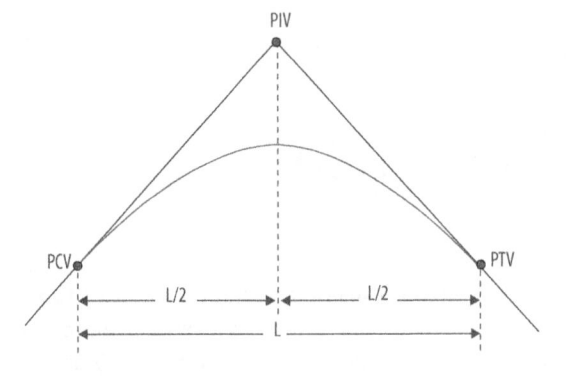

Figura 5.46 Parábola simples.

Nas parábolas compostas, o valor da distância do PCV ao PIV (L_1) é diferente da distância do PIV ao PTV (L_2), sendo a distância total do PCV ao PTV igual à soma de L_1 e L_2 (Fig. 5.47).

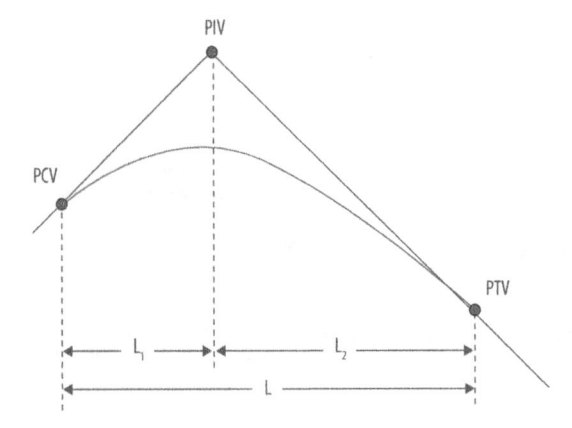

Figura 5.47 Parábola composta.

Justifica-se a aplicação de uma ou outra parábola para uma melhor adaptação às condições topográficas do terreno. Na Figura 5.48, há uma situação onde é viável o projeto e a construção de uma parábola simples, devido às inclinações das rampas e a posição do **bueiro de talvegue**, sendo o PCV (estaca 203) e o PTV (estaca 217) definidos pelo asfalto já pronto. Neste exemplo, L = 280 m (14 estacas), sendo $L_1 = L_2 = 140$ m, em que o PIV (estaca 210) está no centro da parábola.

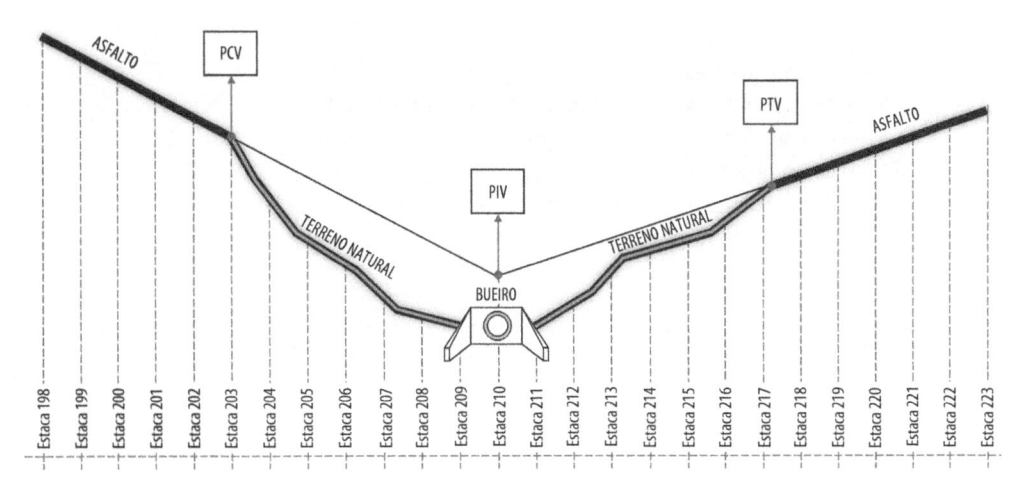

Figura 5.48 Situação para construção de uma parábola simples.

Na situação da Figura 5.49, para facilitar encaixes de pontes e viadutos, o uso e a construção de parábolas compostas se justificam devido às condições das declividades. Neste caso, o comprimento total da parábola (L) é de 220 m (11 estacas), sendo $L_1 = 140$ m (7 estacas) e $L_2 = 80$ m (4 estacas). O PIV (estaca 110) não está exatamente no centro da parábola, ficando mais afastado do PCV (estaca 103) e mais próximo do PTV (estaca 114).

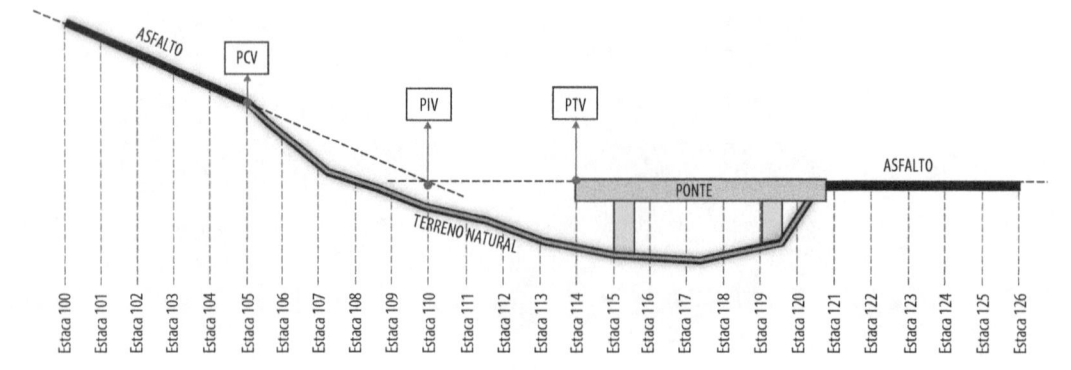

Figura 5.49 Situação para construção de uma parábola composta.

Detalhando o conhecimento dos elementos da parábola, na Figura 5.50, representamos esquematicamente uma parábola composta, onde:

- PCV → ponto de curva vertical
- PIV → ponto de interseção vertical
- PTV → ponto de tangente vertical
- i_1 → declividade da primeira rampa (PCV ao PIV) em percentagem ou m/m
- i_2 → declividade da segunda rampa (PIV ao PTV) em percentagem ou m/m
- f_1 → flechas referentes à primeira rampa
- f_2 → flechas referentes à segunda rampa
- $f_{máx}$ → flecha máxima no PIV
- x_1 → distâncias horizontais a partir do PCV no sentido do PIV
- x_2 → distâncias horizontais a partir do PTV no sentido do PIV
- L_1 → comprimento da primeira parte da parábola
- L_2 → comprimento da segunda parte da parábola
- L → comprimento total da parábola

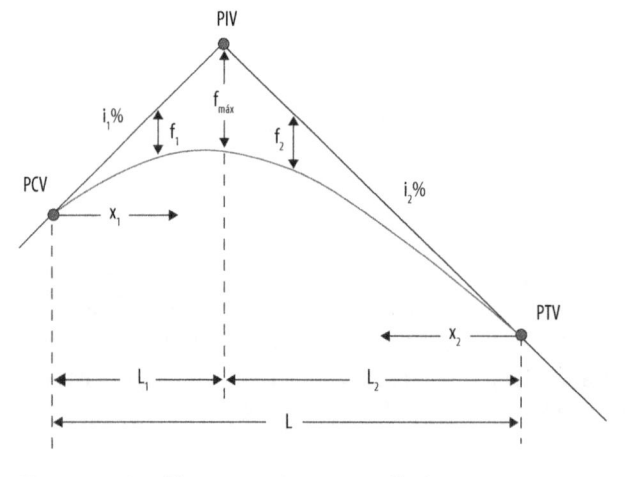

Figura 5.50 Elementos de uma parábola composta.

≫ Cálculo dos elementos da curva

O objetivo do cálculo da planilha é definir as cotas do greide da parábola a partir do greide reto e também das alturas de corte e aterro, em função das cotas do terreno. Para tal, calculam-se as flechas em cada ponto da curva vertical, que podem ser em intervalos de 5 ou 10 m, do PCV ao PTV. Para determinar esses elementos, adotamos a seguinte sequência de cálculo:

a) Diferença entre declividades

Um parâmetro das parábolas é a condição que depende da composição das inclinações das tangentes, podendo a curva ser côncava ou convexa (Fig. 5.51). Para isso, definem-se as inclinações i_1 e i_2 dos trechos 1 e 2, respectivamente, que poderão ser aclives ou declives, isto é, positivas ou negativas.

Em relação às inclinações das rampas, considerando a sua diferença, temos:

$$\Delta i = i_2 - i_1$$

Se: $\Delta i > 0 \rightarrow$ Parábola côncava, ou seja, $i_2 > i_1$.
Se: $\Delta i < 0 \rightarrow$ Parábola convexa, ou seja, $i_2 < i_1$.

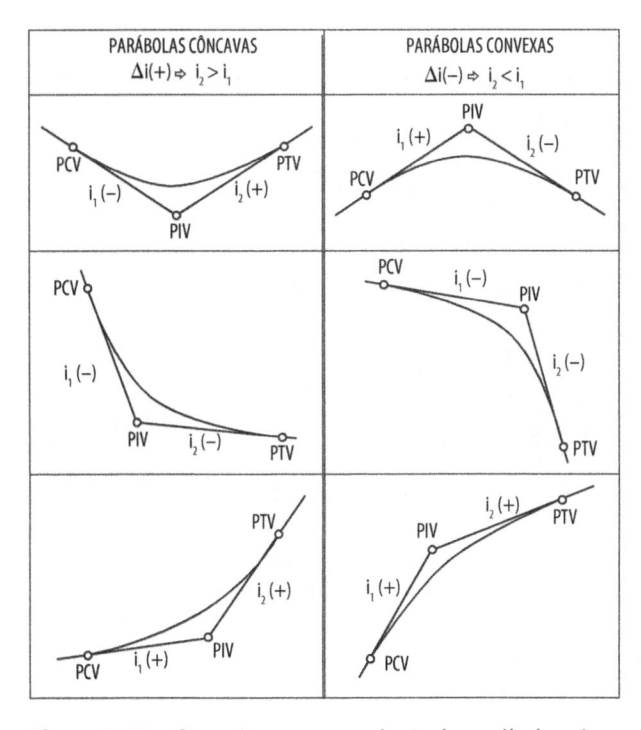

Figura 5.51 Situações para ocorrência de parábolas côncavas ou convexas.

b) Comprimento mínimo da parábola

Para calcular o comprimento mínimo da parábola, utiliza-se a recomendação do DNIT (Brasil, 2010), com a seguinte fórmula:

$$L_{mín} = |K \cdot \Delta i \cdot 100|,$$

onde

$L_{mín}$ = Comprimento mínimo da parábola
K = Parâmetro tabelado pelo DNIT (Brasil, 2010) em função da classe da rodovia ou calculado abaixo
Δi = Diferença das declividades (em m/m).

O valor de K poderá ser calculado em função da distância de visibilidade de parada Dp. Nas parábolas côncavas, o valor de K poderá ser calculado pela fórmula:

$$K = \frac{Dp^2}{(122 + 3,5 \cdot Dp)}$$

Nas parábolas convexas, o cálculo de K utiliza a seguinte fórmula:

$$K = \frac{Dp^2}{412}$$

> **ATENÇÃO**
> Adote L igual a 40 m quando o valor dos $L_{mín}$ calculado estiver menor do que este valor.

Os valores de Dp são tabelados no Manual de Projeto Geométrico do DNIT (Brasil, 1999) (Quadro 5.1).

Quadro 5.2 Valores de Dp em função da velocidade diretriz

Quadro simplificado de distâncias de visibilidade de parada										
V (km/h)	30	40	50	60	70	80	90	100	110	120
Dp (m)	30	45	65	85	110	140	175	210	255	310

V = Velocidade diretriz
Dp = Distância de visibilidade desejável de parada
Fonte: Brasil (1999).

Portanto, a definição de L deverá ser sempre maior do que $L_{mín}$ e da melhor forma que encaixe à situação topográfica do terreno, podendo ser distribuído simetricamente do PCV ao PIV e do PIV ao PTV, caracterizando uma parábola simples, ou ser distribuído com valores diferentes do PCV ao PIV e do PIV ao PCV, em uma parábola composta.

c) Flecha máxima

Se: $L_1 \neq L_2 \therefore$ Parábola composta

$$f_{máx} = \frac{L_1 \cdot L_2}{2 \cdot L} \Delta i$$

onde

$$\Delta i = i_2 - i_1 \quad e \quad L = L_1 + L_2.$$

Na parábola simples, temos:

$$L_1 = L_2 = \frac{L}{2}.$$

Então, a flecha máxima terá a fórmula simplificada a partir da fórmula geral:

$$f_{máx} = \frac{\frac{L}{2} \times \frac{L}{2}}{2 \cdot L} \Delta i \rightarrow f_{máx} = \frac{\frac{L^2}{4}}{2 \cdot L} \Delta i \rightarrow f_{máx} = \frac{L^2}{4} \cdot \frac{1}{2 \cdot L} \Delta i \rightarrow f_{máx} = \frac{L}{8} \Delta i.$$

No entanto, pode-se aplicar a fórmula geral para qualquer uma das duas parábolas.

d) Flechas parciais

Em cada ponto da curva, calculam-se as flechas parciais a partir das seguintes fórmulas.

• Se a parábola for composta, f_1 para a primeira parte e f_2 para a segunda parte da parábola, iguais a:

$$f_1 = C_1 \cdot x_1^2$$

$$f_2 = C_2 \cdot x_2^2,$$

onde

$$C_1 = \frac{f_{máx}}{L_1^2} \quad e \quad C_2 = \frac{f_{máx}}{L_2^2}.$$

x_1 será a distância parcial para cada ponto da curva medida a partir do PCV.

x_2 será a distância parcial para cada ponto da curva medida a partir do PTV.

• Se a parábola for simples, o valor de f para os dois ramos da parábola será igual a:

$$f = C \cdot x_2 \quad e \quad C = \frac{4 \cdot f_{máx}}{L^2}.$$

Exemplo 5.4 *Calcule uma planilha de curva composta a partir dos seguintes dados:*

- L1 = 60,000 m
- L2 = 80,000 m
- i1 = −6,0%
- i2 = +4,0%
- Cota do PIV = 500,000 m
- Estaca do PIV = est. 500 + 0,000 m
- Intervalo de 10,000 m para cálculo das flechas

Solução:

a) Cálculo das estacas

Estaca do PCV = Estaca do PIV − L_1
Estaca do PCV = est. 500 + 0,000 m − 60,000 m
Estaca do PCV = est. 497 + 0,000 m
Estaca do PTV = Estaca do PIV + L_2
Estaca do PTV = est. 500 + 0,000 m + 80,000 m
Estaca do PTV = est. 504 + 0,000 m

b) Distribuição das estacas em planilha

Após o cálculo das estacas, faz-se a distribuição na planilha em intervalos de 10,000 m, preenchendo-se o item 01 (ESTACAS). Além disso, deve-se preencher o item 00 (PONTO) com os pontos PCV, PIV e PTV na estaca correspondente (Fig. 5.52).

Os valores de x_1 devem constar no item 02, preenchidos a partir do PCV, onde será 0 (zero) em intervalos de 10,000 m e acumulados até a linha do PTV, completando, assim, a distância L_1. Da mesma forma, os valores de x_2 devem ser preenchidos de baixo para cima na planilha, a partir do PTV até a linha do PIV. Portanto, na linha do PIV, aparecerão dois valores a mais, em função do comprimento L_2 ser maior (Fig. 5.52).

PONTO	ESTACAS	x (metros)	FLECHA	COTA RETA	COTA DA PARÁBOLA
PCV	497 + 0 m	0,00	0,00000	503,600	503,600
-	497 + 10 m	10,00	0,04762	503,000	503,048
-	498 + 0 m	20,00	0,19048	502,400	502,590
-	498 + 10 m	30,00	0,42857	501,800	502,229
-	499 + 0 m	40,00	0,76190	501,200	501,962
-	499 + 10 m	50,00	1,19048	500,600	501,790
PIV	500 + 0 m	60,00/80,00	1,71429	500,000	501,714
-	500 + 10 m	70,00	1,31250	500,400	501,713
-	501 + 0 m	60,00	0,96429	500,800	501,764
-	501 + 10 m	50,00	0,66964	501,200	501,870
-	502 + 0 m	40,00	0,42857	501,600	502,029
-	502 + 10 m	30,00	0,24107	502,000	502,241
-	503 + 0 m	20,00	0,10714	502,400	502,507
-	503 + 10 m	10,00	0,02679	502,800	502,827
PTV	504 + 0 m	0,00	0,00000	503,200	503,200

Figura 5.52 Planilha de curva vertical – parábola de segundo grau.

c) Cálculo das flechas

Para o cálculo das flechas, deve-se, inicialmente, calcular a flecha máxima. Para isso, determinam-se Δi e L.

• **Cálculo de Δi**

$\Delta i = i_2 - i_1$
$\Delta i\ (\%) = 4\% - (-6\%)$
$\Delta i\ (m/m) = 0,04 - (-0,06)$
$\Delta i\ (m/m) = +0,10$, ou seja, curva côncava.

• **Cálculo de L**

$L = L_1 + L_2$
$L = 60,000\ m + 80,000\ m$
$L = 140,000\ m$

• **Cálculo da flecha máxima**

$$f_{máx} = \frac{L_1 \cdot L_2}{2 \cdot L} \Delta i$$

Exemplo 5.4 *Continuação*

$$f_{máx} = \frac{60{,}000 \times 80{,}000}{2 \times 140{,}000} \cdot 0{,}10 = 1{,}71429$$ (A flecha máxima será a flecha correspondente no PIV).

d) Cálculo das flechas parciais

• **Primeiro ramo**

Para o cálculo das flechas parciais, calcula-se inicialmente a constante C_1, que será usada do PCV ao PIV.

$$C_1 = \frac{f_{máx}}{L_1^2}$$

$$C_1 = \frac{1{,}71429}{60{,}000^2}$$

$$C_1 = 0{,}00047619$$

As flechas parciais serão calculadas para cada distância x_1 e lançadas na planilha no item 03 (FLECHA) (Fig. 5.52):

$$f_1 = C_1 \cdot x_1^2$$

Para $x_1 = 0$ m $\rightarrow f_1 = 0{,}00047619 \times 0^2 \rightarrow f_1 = 0{,}00000$ m
Para $x_1 = 10$ m $\rightarrow f_1 = 0{,}00047619 \times 10^2 \rightarrow f_1 = 0{,}04762$ m
Para $x_1 = 20$ m $\rightarrow f_1 = 0{,}00047619 \times 20^2 \rightarrow f_1 = 0{,}19048$ m
Para $x_1 = 30$ m $\rightarrow f_1 = 0{,}00047619 \times 30^2 \rightarrow f_1 = 0{,}42857$ m
Para $x_1 = 40$ m $\rightarrow f_1 = 0{,}00047619 \times 40^2 \rightarrow f_1 = 0{,}76190$ m
Para $x_1 = 50$ m $\rightarrow f_1 = 0{,}00047619 \times 50^2 \rightarrow f_1 = 1{,}19048$ m
Para $x_1 = 60$ m $\rightarrow f_1 = 0{,}00047619 \times 60^2 \rightarrow f_1 = 1{,}71429$ m

Observe no cálculo acima que um valor de $x_1 = 60$ m corresponde à flecha máxima.

• **Segundo ramo**

Para o cálculo das flechas da segunda parte da parábola, utiliza-se o mesmo processo, porém, com a constante C_2 e as distâncias x_2, que serão preenchidas no restante do item 03 do PTV para o PIV (Fig. 5.52).

$$C_2 = \frac{f_{máx}}{L_2^2}$$

$$C_2 = \frac{1{,}71429}{80{,}000^2}$$

$$C_2 = 0{,}00026786$$

As flechas parciais serão calculadas para cada x_2, com a seguinte fórmula:

$$f_2 = C_2 \cdot x_2^2$$

Para $x_2 = 0$ m $\to f_2 = 0{,}00026786 \times 0^2 \to f_2 = 0{,}00000$ m
Para $x_2 = 10$ m $\to f_2 = 0{,}00026786 \times 10^2 \to f_2 = 0{,}02679$ m
Para $x_2 = 20$ m $\to f_2 = 0{,}00026786 \times 20^2 \to f_2 = 0{,}10714$ m
Para $x_2 = 30$ m $\to f_2 = 0{,}00026786 \times 30^2 \to f_2 = 0{,}24107$ m
Para $x_2 = 40$ m $\to f_2 = 0{,}00026786 \times 40^2 \to f_2 = 0{,}42857$ m
Para $x_2 = 50$ m $\to f_2 = 0{,}00026786 \times 50^2 \to f_2 = 0{,}66964$ m
Para $x_2 = 60$ m $\to f_2 = 0{,}00026786 \times 60^2 \to f_2 = 0{,}96429$ m
Para $x_2 = 70$ m $\to f_2 = 0{,}00026786 \times 70^2 \to f_2 = 1{,}31250$ m
Para $x_2 = 80$ m $\to f_2 = 0{,}00026786 \times 80^2 \to f_2 = 1{,}71429$ m

e) Cálculo das cotas do trecho reto

• **Cálculo da cota do PCV**

O percentual de inclinação é dado pela fórmula:

$i = \dfrac{DV}{DH}$,

e temos:

$DV = DH \times i$,

onde DV é a distância vertical ou diferença de nível, e DH, a distância horizontal. Logo, para a cota do PCV, temos:

$DV = 60{,}000$ m $\therefore DV = 3{,}600$.

Observe que o valor da declividade de PCV a PIV é – 6%. No sentido contrário, ou seja, de PIV ao PCV, a declividade será a mesma, porém, com sinal contrário (+ 6%).

Cota PCV = Cota PIV + 3,600 m
Cota PCV = 500,000 m + 3,600 m
Cota PCV = 503,600 m

• **Cálculo da cota do PTV**

Para a cota do PTV, temos:

$DV = 80{,}000 \times 0{,}04 \therefore DV = 3{,}200$

Cota PTV = Cota PIV + 3,200 m
Cota PTV = 500,000 m + 3,200 m
Cota PTV = 503,200 m

Para o cálculo dos pontos intermediários, aplica-se o mesmo raciocínio e preenche-se o item 04 (COTA RETA) da planilha (Fig. 5.53). Para o item 05 (COTA DA PARÁBOLA), somam-se os itens 03 e 04 (Fig. 5.53).

Exemplo 5.4 *Continuação*

Para o cálculo de alturas de corte ou aterro de cada seção, deve-se comparar o greide calculado com o perfil do terreno. Se as cotas do terreno forem menores do que as cotas do projeto, teremos alturas de aterro; se as cotas do terreno forem maiores do que as cotas de projeto, teremos alturas de corte.

Na Figura 5.53, apresentamos as cotas da parábola (do exemplo anterior) e as cotas do terreno. Consideraram-se valores negativos para cortes e positivos para aterro.

PONTO	ESTACAS	x (metros)	FLECHA	COTA RETA	COTA DA PARÁBOLA	COTA DA TERRENO	TERRAPLENAGEM	
							CORTE	ATERRO
PCV	497 + 0 m	0,00	0,00000	503,600	503,600	503,800	-0,200	-
-	497 + 10 m	10,00	0,04762	503,000	503,048	503,500	-0,452	-
-	498 + 0 m	20,00	0,19048	502,400	502,590	503,600	-1,010	-
-	498 + 10 m	30,00	0,42857	501,800	502,229	502,790	-0,561	-
-	499 + 0 m	40,00	0,76190	501,200	501,962	501,800	-	0,162
-	499 + 10 m	50,00	1,19048	500,600	501,790	500,970	-	0,820
PIV	500 + 0 m	60,00/80,00	1,71429	500,000	501,714	500,750	-	0,964
-	500 + 10 m	70,00	1,31250	500,400	501,713	500,600	-	1,112
-	501 + 0 m	60,00	0,96429	500,800	501,764	500,400	-	1,364
-	501 + 10 m	50,00	0,66964	501,200	501,870	500,200	-	1,670
-	502 + 0 m	40,00	0,42857	501,600	502,029	501,000	-	1,029
-	502 + 10 m	30,00	0,24107	502,000	502,241	501,200	-	1,041
-	503 + 0 m	20,00	0,10714	502,400	502,507	501,600	-	0,907
-	503 + 10 m	10,00	0,02679	502,800	502,827	502,000	-	0,827
PTV	504 + 0 m	0,00	0,00000	503,200	503,200	502,500	-	0,700

Figura 5.53 Planilha com alturas de corte e aterro.

A partir das cotas do terreno natural, do greide reto e da parábola, em relação às estacas, pode-se traçar um gráfico de perfil longitudinal (Fig. 5.54).

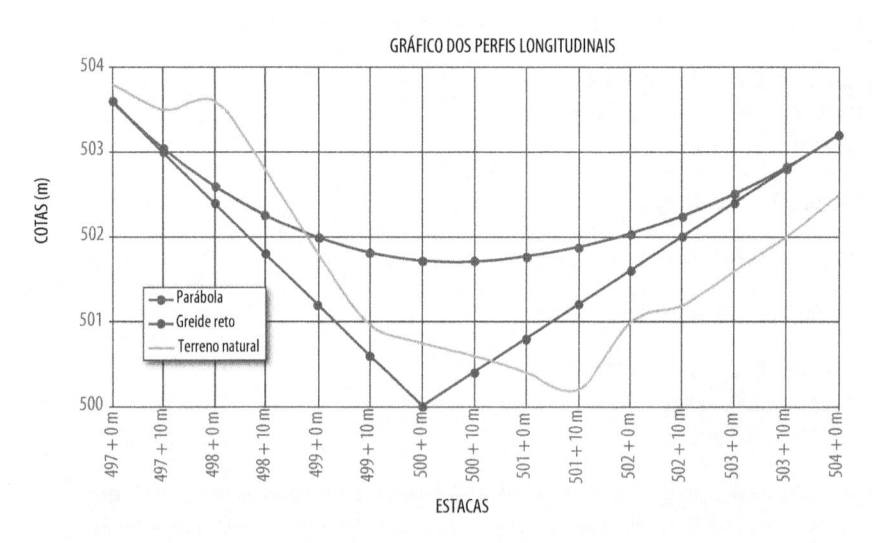

Figura 5.54 Gráfico dos perfis longitudinais.

Após a construção da planilha das cotas do greide (alturas de corte e aterro), parte-se para a locação.

» Locação

A **locação** pode ser definida como a prática topográfica de implantação no terreno dos pontos que forneçam informações planimétricas e/ou altimétricas, de modo que se possa executar uma obra de acordo com um projeto.

As **marcações planimétricas** são implantadas no terreno em forma de pontos (piquetes, pregos, marcos de concreto), que determinam alinhamentos de eixos ou bordos, vértices, direções ou outras referências para construção de uma obra. Geralmente, as coordenadas topográficas ou UTM desses marcos são conhecidas e servirão de apoio na implantação do projeto no campo.

As **marcações altimétricas** são implantadas pelas RNs (referências de nível), com sua cota ou altitude relacionada também com o projeto em questão. As demarcações de cotas, alturas de corte ou aterro de um projeto podem ser feitas acompanhando-se o ponto planimétrico, com informações escritas em uma estaca ao lado do piquete (Fig. 5.55).

> » **IMPORTANTE**
> As estacas de referências devem ser protegidas (p. ex., com uso de marcos de concreto e chapas de aço), uma vez que geralmente tais pontos são utilizados até o final da obra. O número de pontos de apoio para a locação da obra, bem como da precisão de suas coordenadas, depende do tipo e do tamanho da obra.

Além disso, pode-se demarcar nas próprias estacas as alturas de corte ou aterro, em uma referência ao greide (Fig. 5.57); ou, ainda, construir cruzetas para a marcação de aterros (Fig. 5.56). Em obras civis, é comum a demarcação de pontos de interesse a partir do gabarito ou "tabeira" (Fig. 5.58). Na Figura 5.59, observa-se o controle de obras de terraplenagem, com uso do nível óptico, a partir de **estacas de referência**.

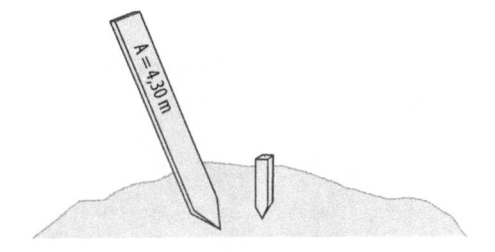

Figura 5.55 Estaca testemunha.

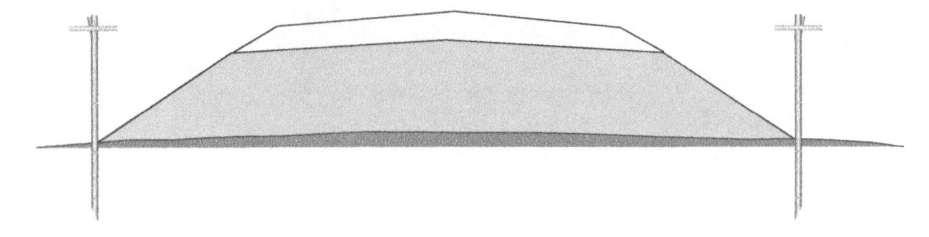

Figura 5.56 Utilização de cruzetas.

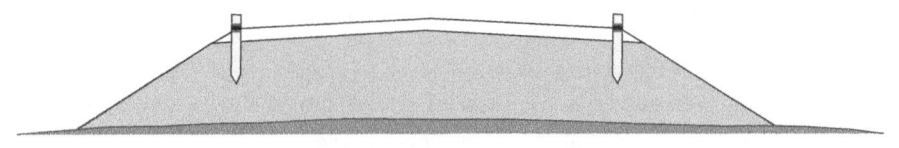

Figura 5.57 Referência do greide.

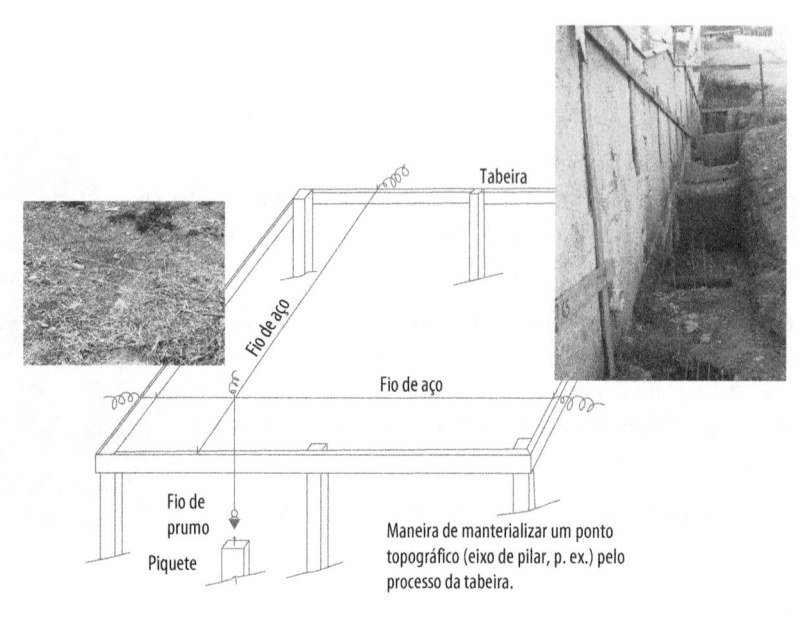

Figura 5.58 Gabarito de edificações.

Figura 5.59 Estacas para controle de terraplenagem.

A prática de locação tem especificidades para cada tipo de projeto ou obra, devendo-se executar a melhor marcação visual possível, a fim de que a representação do projeto fique bem definida no campo. A seguir, listamos alguns tipos de projetos que necessitam de locação:

• Construção de vias de transportes (eixos de rodovias e ferrovias, interseções viárias, etc.).
• Edificações (demarcar estacas, blocos e sapatas, eixos de pilares, etc. – p. ex., a demarcação da obra com um gabarito, vulgarmente denominado "tabeira").

- Locação de loteamentos (lotes, glebas, sistema viário, área de proteção ambiental, etc.).
- Mineração (locação de frentes de lavra e banquetas, pontos de sondagem, poços piezométricos, furos para explosivos, drenagem, etc.).
- Controle de terraplenagem (alturas de corte e aterro, inclinações de taludes, banquetas, sistemas de drenagem).
- Construções com características de desenvolvimento vertical (torres, chaminés, dutos, contrapesos, poços de elevador, etc.).
- Túneis e barragens (traçados, altura do nível de água, etc.).
- Montagens industriais (eixos, alinhamentos horizontais e verticais, paralelismos, etc.).
- Canalizações e redes de transmissão (traçados em geral, etc.).

Além disso, os equipamentos a serem utilizados para as locações dependem:

- da precisão imposta;
- dos elementos da planilha de locação em questão, se por coordenadas polares ou retangulares;
- do custo de produção.

Dessa forma, a decisão de utilização de teodolito, estação total, nível, GPS, etc., ficará a cargo do profissional. E, conforme já ilustrado, a locação pode ser semiautomática, com o uso de tecnologias de posicionamento "embarcadas". A seguir, comentaremos algumas especificidades da **locação de elementos de rodovias**.

O acompanhamento e controle planialtimétrico será uma constante no decorrer da obra, sempre partindo do eixo longitudinal para a implantação de outros pontos. Portanto, é fácil entender o porquê de a locação ser uma constante na obra. O eixo da estrada é exatamente onde os serviços de construção serão executados e por onde trafegam e trabalham os equipamentos pesados (motoscraper, motoniveladoras, rolos compactadores, caminhões e outros equipamentos) da obra. Em cada etapa desta, ou sempre que necessário, a equipe de Topografia deve fazer a relocação do eixo e demais marcações adequadas ao serviço a ser executado pelas máquinas.

Algumas etapas características na construção de rodovias são:

- Locação do eixo (tangentes e curvas) e interseções viárias – planialtimétrico.
- Marcação da faixa de domínio – planimétrico.
- Marcação de terraplenagem (*offset*, banquetas ou bancadas de corte e aterro) – planialtimétrico (Figs. 5.60 e 5.61).
- Locação de obras de arte (pontes, viadutos, bueiros, galerias, dispositivos de drenagem) – planialtimétrico.
- Locação dos bordos da pista para construção do subleito, sub-base ou base – planialtimétrico (Fig. 5.62).
- Locação dos alinhamentos de trilhos e dormentes (no caso ferroviário) ou revestimentos das rodovias – planialtimétrico.
- Locação para obras complementares (cercas, sarjetas, pinturas de faixas, dispositivos de drenagem) – planialtimétrico.

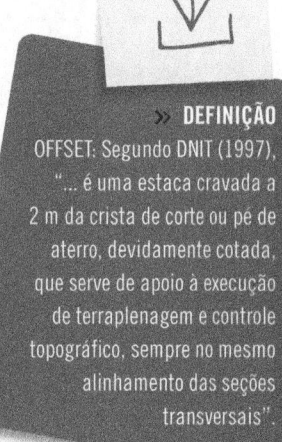

> **DEFINIÇÃO**
> OFFSET: Segundo DNIT (1997), "... é uma estaca cravada a 2 m da crista de corte ou pé de aterro, devidamente cotada, que serve de apoio à execução de terraplenagem e controle topográfico, sempre no mesmo alinhamento das seções transversais".

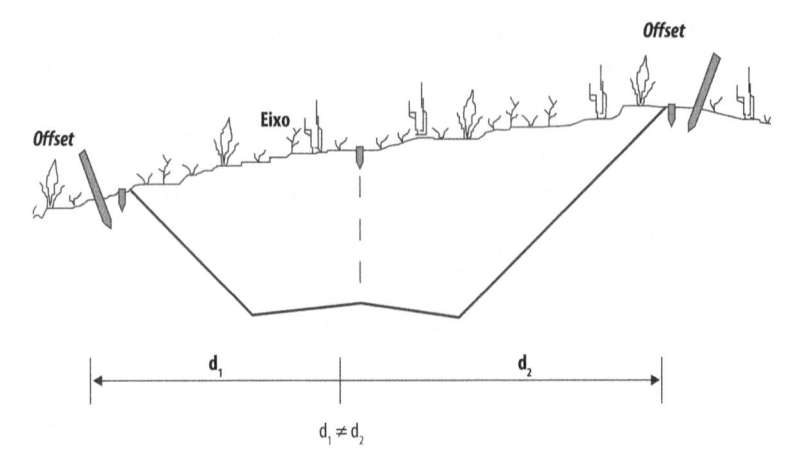

Figura 5.60 Marcação de *offset*.

Figura 5.61 Marcação de berma de aterro.

Figura 5.62 Marcação de bordos da via.

❯❯ Locação das tangentes e PIs

A locação para a implantação de uma rodovia começa pela identificação no terreno de algum ponto de referência do projeto. A partir de cálculos de distâncias e ângulos, que podem ser deflexões, azimutes ou rumos, chega-se à **estaca inicial**, que é o ponto de partida para a locação do eixo.

Com o projeto em mãos, inicia-se a marcação dos trechos retos (tangentes), procedendo-se o estaqueamento do trecho reto e dos pontos de interseção das tangentes (PIs) (Fig. 5.63), seja com uso de teodolito e trena ou da estação total.

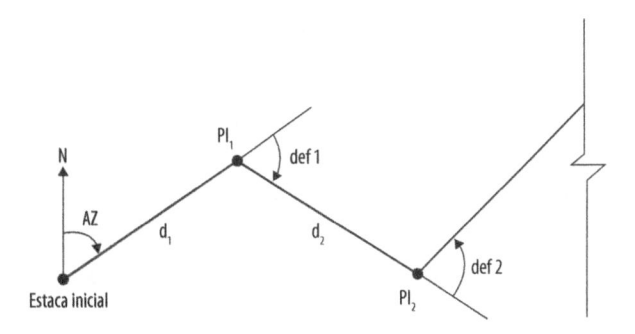

AZ = Azimute inicial da direção da tangente d_1
PI = Ponto de interseção das tangentes
d = Distâncias entre os PIs
def = Deflexão – ângulo de mudança de direção das tangentes

Figura 5.63 Locação das tangentes e PIs.

> **IMPORTANTE**
> Os piquetes do eixo sempre serão perdidos com a movimentação e execução de cada etapa da obra. Logo, demarcados as tangentes e os PIs, deve-se referenciá-los a outros pontos de controle (amarração) fora do movimento das máquinas na obra. Dessa forma, se estes também forem perdidos, a solução será buscar os pontos de amarração para a relocação do eixo da estrada.

Uma técnica rápida é fazer a "amarração" de um PI pelo processo de interseção de ângulos (Fig. 5.64), em que se deve escolher dois pontos fora da estrada (A_1 e A_2) que estejam protegidos da obra e, ainda, que tenham visão do PI. Esses pontos devem ser materializados por piquetes e identificados por uma estaca testemunha.

Nesse procedimento, instala-se um teodolito no ponto A_1, zera-se o teodolito na direção do PI, medem-se 90° (ou outro ângulo) e marca-se o alinhamento A_1-Aux. Então, instala-se o equipamento em A_2, zera-se na direção do PI e medem-se 90° (ou outro ângulo). A interseção dos dois alinhamentos será o ponto Auxiliar (Aux.), que também servirá de referência.

Para a relocação do PI a partir dos pontos de "amarração", basta executar o processo inverso:

- Instalar o teodolito em A_1 e zerar no ponto Aux., marcar um alinhamento com o ângulo de 90° (ou o medido anteriormente).
- Instalar o teodolito em A_2 e zerar no ponto Aux., marcar um alinhamento com o ângulo de 90° (ou o medido anteriormente).

A interseção dos dois alinhamentos é o ponto relocado PI. Esse processo é otimizado na obra com a utilização de dois teodolitos simultaneamente.

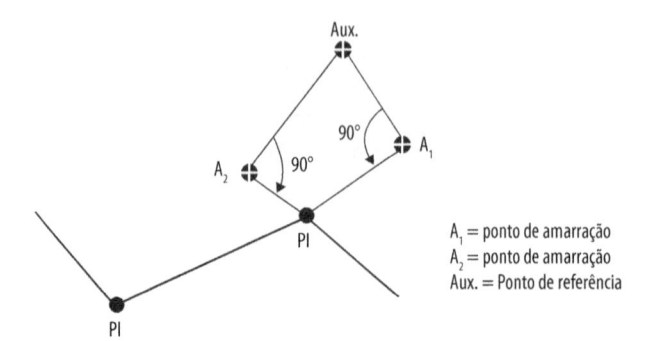

Figura 5.64 "Amarração" de um PI por interseção de ângulos.

Outro processo similar é a amarração por interseção de distâncias (Fig. 5.65), em que são necessárias trena e balizas. Os pontos A_1, A_2 e outro ponto de reserva são escolhidos com o mesmo critério anterior. Neste processo, a princípio somente dois pontos seriam necessários para se definir um terceiro, porém, escolhe-se mais um ponto para eventuais perdas de A_1 ou A_2. Depois de implantados os pontos, mede-se a distância de cada um ao PI (d_1, d_2 e dr).

Para a relocação do PI a partir dos pontos de amarração, basta fazer o processo inverso:

- A partir do A_1, marcar a distância d_1, fazendo um arco no chão.
- A partir do A_2, marcar a distância d_2, fazendo um arco no chão.

A interseção dos dois arcos é o ponto do PI. No caso de perda de algum ponto, utiliza-se o ponto reserva com o mesmo procedimento. Esse processo pode ser feito com duas trenas simultaneamente.

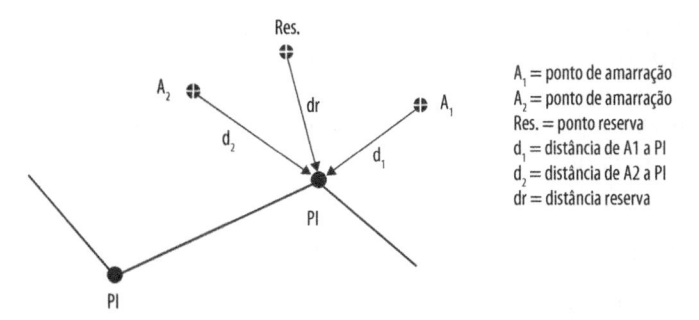

Figura 5.65 "Amarração" de um PI por interseção de distâncias.

Locação das curvas

Após a locação das tangentes e dos PIs, faz-se a **locação das curvas**. A locação das curvas deve seguir os dados de projeto a partir da planilha de cálculo, implantando-se ponto a ponto pelo seu eixo.

Depois de locadas as curvas na obra, refaz-se o cálculo do estaqueamento, que servirá de referência para todo o trecho. O estaqueamento deverá seguir as tangentes e acompanhar o alinhamento das curvas, não passando mais pelos PIs (Fig. 5.66).

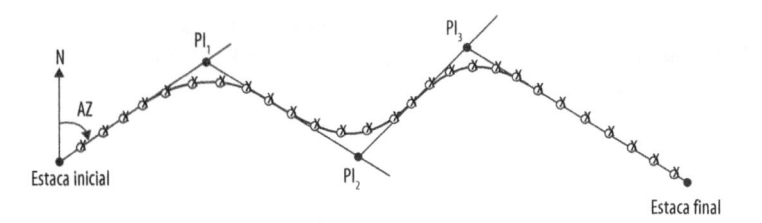

Figura 5.66 Estaqueamento definitivo de uma rodovia.

Dessa forma, será necessário executar um recálculo das estacas dos PIs, renomeado-as em campo. Como visto anteriormente, a estaca do primeiro PI não muda com a implantação da primeira curva. No entanto, se considerarmos agora as demais curvas, as tangentes externas (T) serão substituídas pelo desenvolvimento (D) (Fig. 5.67).

Distância PC-PT = 2 · T

Distância PC-PT = D

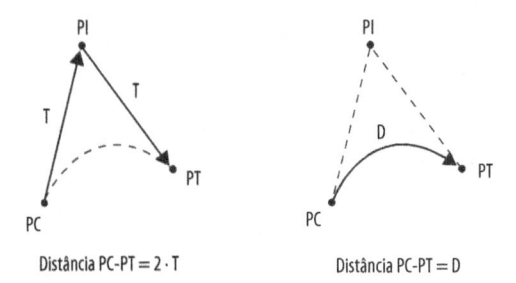

Figura 5.67 Distância PC-PT, considerando as tangentes e o desenvolvimento.

Por exemplo, conforme a Figura 5.68, a distância da estaca inicial ao PI_1 é d_1 (est.$PI_1 = d_1$), porém, a partir do segundo PI, as estacas sofrem alteração se considerarmos o estaqueamento do trecho reto e, após, a implantação das curvas. Logo, a distância da estaca inicial até o PI_2, considerando apenas o trecho reto, era igual a d_1+d_2. Considerando, então, o estaqueamento, com as curvas agora implantadas, temos:

est.PI_1 = est.inicial + d_1

est.PC_1 = est.$PI_1 - T_1$ → est.PC_1 = est.inicial + $d_1 - T_1$

est.PI_2 = est.inicial + $d_1 - T_1 + D_1 + d_2 - T_1$

mas

est.PC = est.inicial + $d_1 - T_1$ ∴ est.$PI2$ = est.$PC_1 + D_1 + d_2 - T_1$.

Analogamente, temos:

est.PI_3 = est.$PC_2 + D_2 + d_3 - T_2$.

Pode-se generalizar a equação como:

est.PI_n = est.$PC_{n-1} + D_{n-1} + d_n - T_{n-1}$.

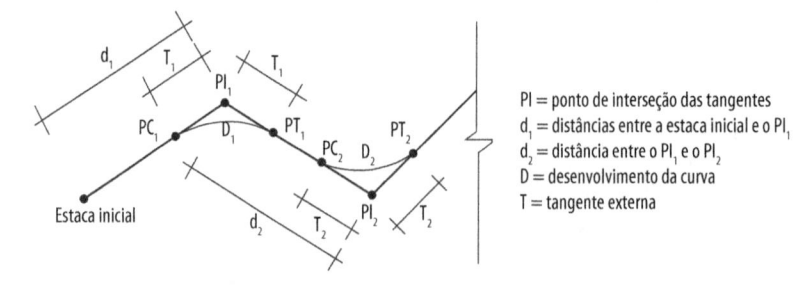

PI = ponto de interseção das tangentes
d_1 = distâncias entre a estaca inicial e o PI_1
d_2 = distância entre o PI_1 e o PI_2
D = desenvolvimento da curva
T = tangente externa

Figura 5.68 Recálculo das estacas dos PIs.

Neste recálculo, há algumas observações:

• O desenvolvimento e as tangentes externas podem ser de curva circular simples ou de transição. No caso da curva de transição, substituir nas fórmulas o PC por TS correspondente.
• A estaca inicial de uma rodovia não necessariamente será a estaca 0, pois poderá tratar-se da continuação de um trecho antigo ou de uma ramificação de um trecho principal.
• Após o recálculo, a diferença entre a estaca inicial e a estaca final será o comprimento total da estrada.
• A estaca final pode ser tratada como um PI final, para efeito de cálculo.
• Para cálculos que envolvem estacas e distâncias, deve-se tomar cuidado na conversão de estaca em metros e vice-versa.

Exemplo 5.5 *Com base nos dados e no desenho esquemático, calcule os elementos da curva, a estaca final e as estacas dos PIs do trecho informado após a implantação das curvas (Fig. 5.69):*

CURVA 2
$R_2 = 250.000$ m
$D_2 = 505.789$ m
$T_2 = 315.132$ m
$d_2 = 1.323,000$ m
Est. $TS_2 =$
Est. $ST_2 =$
Est. $PI_2 =$

CURVA 1
$R_1 = 750.000$ m
$D_1 = 621.919$ m
$T_1 = 330.095$ m
$d_1 = 952.300$ m
Est. $PC_1 = 31 + 2.205$ m
Est. $PT_1 = 62 + 4.124$ m
Est. $PI_1 = 47 + 12.300$ m

CURVA 3
$R_3 = 840.000$ m
$D_3 = 879.646$ m
$T_3 = 484.974$ m
$d_3 = 2.952,300$ m
Est. $PC_3 =$
Est. $PT_3 =$
Est. $PI_3 =$
$AC = 40° \ 30' \ 40''$

CURVA 4
$R_4 = 165.000$ m
$D_4 = 266.777$ m
$T_4 = 261.526$ m
$d_4 = 2.467,000$ m
Est. $TS_4 =$
Est. $ST_4 =$
Est. $PI_4 =$
$AC = 40° \ 30' \ 40''$

$d_5 = 843.638$ m
Est. final =

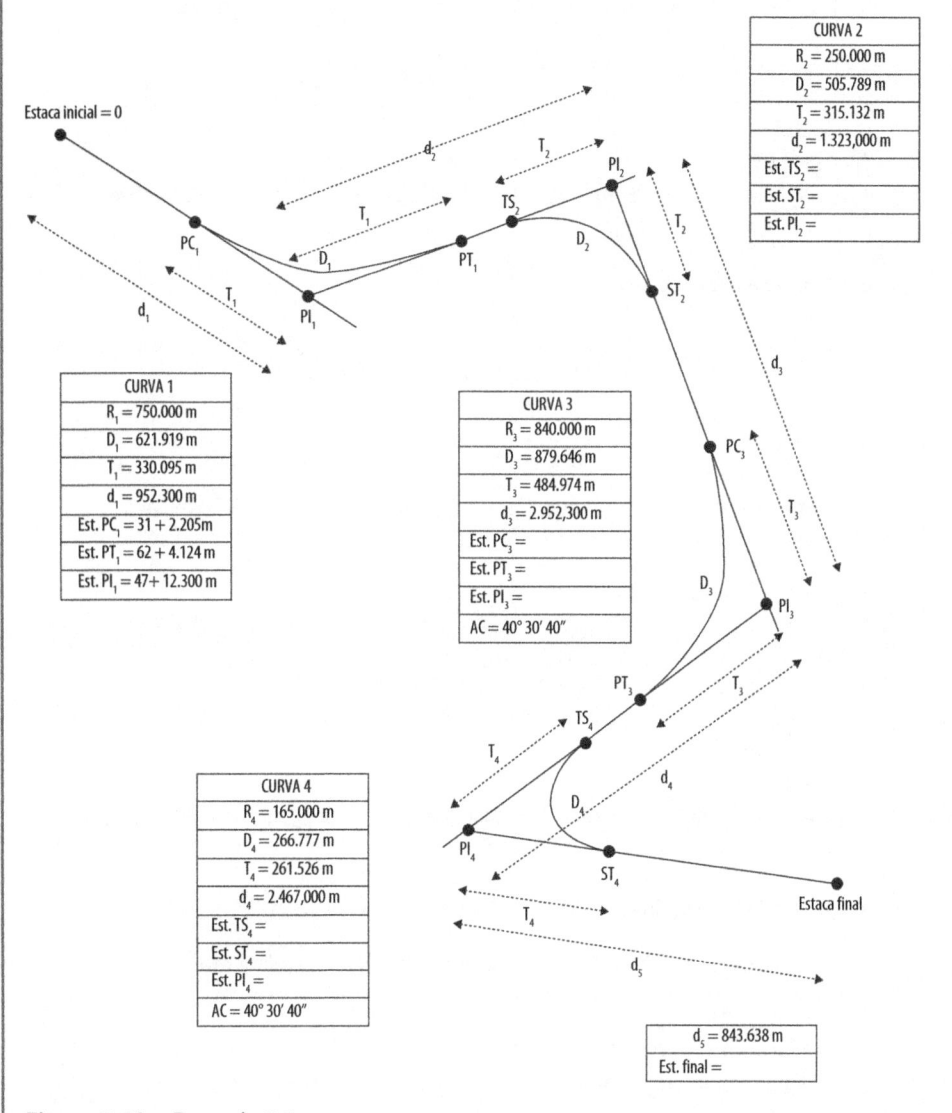

Figura 5.69 Exemplo 5.5.

Solução:

a) Cálculo da estaca de PI_1

est.PI_1 = est.inicial + d_1 → est.PI_1 = est.0 + 952,300 m → est.PI_1 = 47 + 12,300 m

Exemplo 5.5 *Continuação*

b) Cálculo da estaca do PI_2

sabe-se que: → $est.PI_n = est.PC_{n-1} + D_{n-1} + d_n - T_{n-1}$ ∴ $est.PI_2 = estPC_1 + D_1 + d_2 - T_1$

$Est.PC_1 = est.(47 + 12,30) - 330,095$ → $Est.PC_1 = 31 + 2,205$ m
$D_1 = 621,919$ m
$d_2 = 1.323,000$ m
$T_1 = 330,095$ m
∴ $estPI_2 = est.(31 + 2,205$ m$) + 621,919 + 1.323,000 - 330,095 = 2.237,029$ m
∴ $est.PI_2 = 111 + 17,029$ m

c) Cálculo da estaca do PI_3

$est.PI_3 = estTS_2 + D_2 + d_3 - T_2$
$Est.TS_2 = Est.(111 + 17,029) - 315,132$ → $Est.TS_2 = 96 + 1,897$ m
$D_2 = 505,789$ m
$d_3 = 2.952,300$ m
$T_2 = 315,132$ m
∴ $estPI_3 = est.(96 + 1,897$ m$) + 505,789 + 2.952,300 - 315,132 = 5.064,854$ m
∴ $est.PI_3 = 253 + 4,854$ m

d) Cálculo da estaca do PI_4

∴ $est.PI_4 = estPC_3 + D_3 + d_4 - T_3$
$est.PC_3 = est.(253 + 4,854) - 484,974$ → $est.PC_3 = 228 + 19,880$ m
$D_3 = 879,646$ m
$d_4 = 2.467,000$ m
$T_3 = 484,974$ m
∴ $estPI_4 = est.(228 + 19,880$ m$) + 879,646 + 2.467,000 - 484,974 = 7.441,552$ m
∴ $est.PI_4 = 372 + 1,552$ m

e) Cálculo da estaca final

Considerando a estaca final como PI_5, segue-se o mesmo procedimento:

∴ $est.PI_5 = est.TS_4 + D_4 + d_5 - T_4$
∴ $est.final = est.TS_4 + D_4 + d_5 - T_4$
$est.TS_4 = Est.(372 + 1,552) - 261,526$ → $est.TS_4 = 359 + 0,026$ m
$D_4 = 266,777$ m
$d_5 = 843,638$ m
$T_4 = 261,526$ m
∴ $est.final = est.(359 + 0,026$ m$) + 266,777 + 843,638 - 261,526 = 8.028,915$ m
∴ $est.final = 401 + 8,915$ m

Para conferência dos cálculos, recalcula-se a estaca final de maneira direta, ou seja, somam-se todas as distâncias retas (d) à estaca inicial e subtraem-se as tangentes externas de cada curva (T), substituindo-as por seu desenvolvimento (D). No entanto, para cada curva, há um desenvolvimento e duas tangentes externas (Fig. 5.70).

distância reta de PC<>PT = 2·T

distância curva de PC<>PT = D

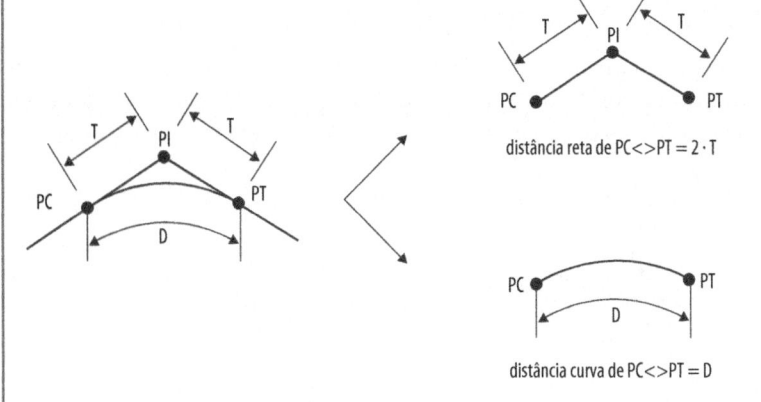

Figura 5.70 Diferença entre distâncias reta e curva.

Pode-se escrever que:

est.final = est.inicial + $\sum d + \sum D - 2 \cdot \sum T$.

Para o exemplo, temos:

$\sum D = D_1 + D_2 + D_3 + D_4 = 2.274,131$ m

$\sum d = d_1 + d_2 + d_3 + d_4 = 8.538,238$ m

$2 \cdot \sum T = 2 \cdot (T_1 + T_2 + T_3 + T_4) = 2 \cdot 1.391,727 = 2.783,454$ m

est.final = est.0 + 2.274,131 + 8.538,238 − 2.783,454 = 8.028,915 m

est.final = 401 + 8,915 m   ✓Ok!

ou seja, conferem com os cálculos anteriores.

A locação da curva no campo será feita por meio de pontos no eixo da estrada, podendo ser executada principalmente por dois processos: locação por deflexão e locação por coordenadas. A **locação por deflexão** é feita com teodolito ou estação total, geralmente instalados no ponto de início da curva (PC). A marcação dos pontos é feita a partir da medição de ângulos e distâncias. A **locação por coordenadas** é feita com estação total, que poderá ficar em qualquer posição que tenha visão da curva. A marcação dos pontos é feita a partir de medidas fornecidas pela estação total, previamente programada.

A distância entre os pontos que demarcam o eixo da curva na locação deve ser tal que represente bem sua curvatura, de maneira que os pontos marcados mostrem com eficiência o alinhamento correto da curva. A distância entre os pontos pode ser reta (corda) ou curva (arco), e seu comprimento será em função do raio. Obviamente, a divisão da curva é feita em arcos, porém, em campo, as medidas são tomadas retas. O comprimento do arco, então, deverá ser de modo que a medida reta (corda) entre dois pontos seja bastante aproximada da medida curva (Fig. 5.71).

Observe, na Figura 5.71, que quanto menor for o raio, maior será o grau de curvatura da curva, devendo ser dividida em arcos menores. Para raios maiores, a representação poderá ser feita com arcos maiores, pois, como o grau de curvatura é menor, o arco será aproximadamente igual à corda.

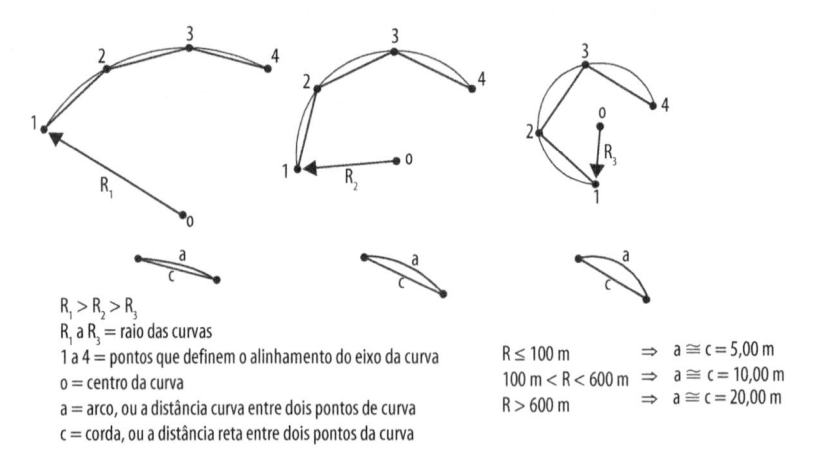

$R_1 > R_2 > R_3$
R_1 a R_3 = raio das curvas
1 a 4 = pontos que definem o alinhamento do eixo da curva
o = centro da curva
a = arco, ou a distância curva entre dois pontos de curva
c = corda, ou a distância reta entre dois pontos da curva

$R \leq 100$ m $\Rightarrow$ $a \cong c = 5,00$ m
100 m $< R < 600$ m $\Rightarrow$ $a \cong c = 10,00$ m
$R > 600$ m $\Rightarrow$ $a \cong c = 20,00$ m

Figura 5.71 Tamanho das cordas em função dos raios.

Descrevendo sinteticamente a prática de locação em campo, temos:

a) Processo por deflexões

A locação de uma curva normalmente é feita implantando-se piquetes no eixo da estrada, ponto a ponto, com o teodolito ou a estação total instalada no PC (ou TS) (Figs. 5.72 e 5.73). O processo de locação segue as seguintes etapas:

• Instalar o equipamento no PC (ou TS).
• Visar a direção do PI e com ângulo "zero".
• Medir o ângulo da primeira deflexão acumulada e, com esse alinhamento, medir a distância da corda PC_1, geralmente com uma trena, e marcar o ponto 1.
• Medir o ângulo da segunda deflexão acumulada e, com esse alinhamento e a distância da corda 1 à 2, marcar o ponto 2 a partir do ponto 1.
• Repetir esse processo até chegar ao PT (ou ST), com a marcação das deflexões totais sempre a partir do PC (ou TS) e a marcação das cordas a partir do último ponto locado.

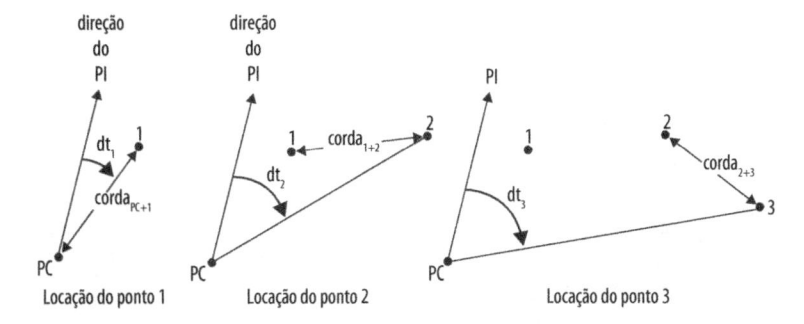

Figura 5.72 Esquema para locação de curva por deflexões.

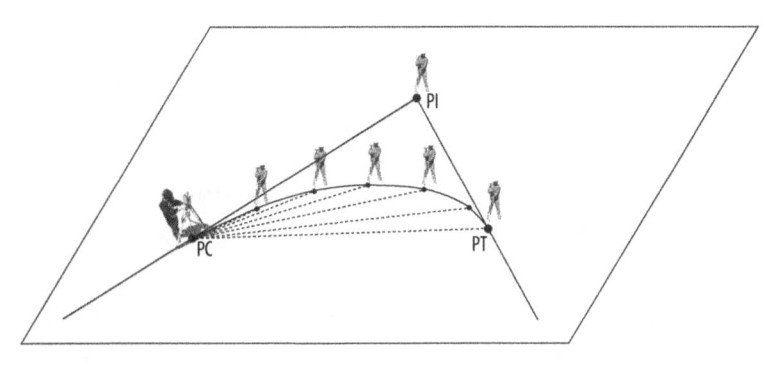

Figura 5.73 Ilustrativo da locação por deflexão.

b) Processo por coordenadas

A locação de uma curva por coordenadas é, geralmente, executada por equipamento eletrônico. O equipamento deve ter uma visão abrangente da curva a locar, podendo estar posicionado em qualquer local, de forma a obter necessariamente as coordenadas da estação por meio de visadas a, no mínimo, três pontos coordenados ou de um marco de coordenadas já conhecidas no terreno (Fig. 5.74).

O processo por coordenadas também é feito implantando-se piquetes no eixo da estrada, ponto a ponto, com a tomada da distância e do ângulo, porém, de forma eletrônica, em que o operador orienta o auxiliar na implantação dos pontos. O processo de locação segue, geralmente, as seguintes etapas:

• Programar a estação total com as coordenadas dos pontos a locar (inserir a planilha de coordenadas já calculada).
• Instalar a estação total em ponto de ampla visão para a locação da curva.
• Visar, no mínimo, três pontos de coordenadas conhecidas (p. ex., PC, PI, PT; ou TS, PI e ST); a estação, então, reconhecerá as coordenadas do ponto instalado.
• Com referência das coordenadas da estação e do PC (ou TS), o operador orienta o auxiliar a marcar ângulos e distâncias a partir dessa origem.
• Seguir este procedimento até o PT (ST).

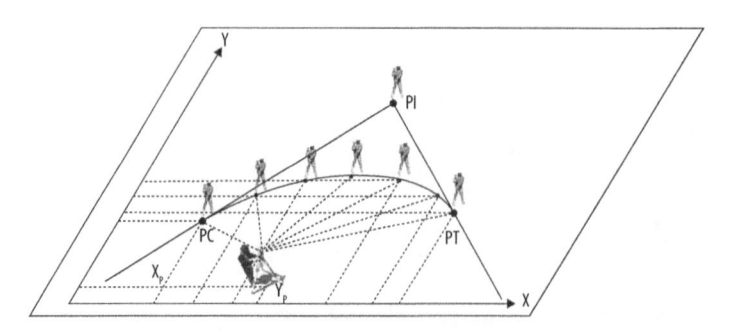

Figura 5.74 Ilustrativo da locação por coordenadas.

>> Locação do greide

O **greide** da estrada (rodovia ou ferrovia) define os locais que irão sofrer cortes e aterros, ou seja, o movimento de terra necessário para adequar o projeto ao terreno natural. Para isso, executa-se o serviço de terraplenagem, o emprego de técnicas e máquinas para conformar o terreno ao projeto.

Em um novo projeto, geralmente, a marcações topográficas iniciais são as distâncias de *offsets*, e, na sequência, o controle das alturas de corte e aterro de pontos, até o greide final. Para a locação de um projeto em uma via já existente, de restauração ou adequação de trechos, por exemplo, busca-se relacionar as estruturas já existentes e apenas demarcar as alturas de corte e aterro.

No controle topográfico da terraplenagem, serão aplicadas também técnicas e equipamentos, já apresentados no Capítulo 3 – Altimetria – e no Capítulo 4 – Planialtimetria. Entre os principais equipamentos estão o nível óptico, a estação total e o nível laser. Entre os métodos há o nivelamento geométrico e o trigonométrico. Uma característica de acompanhamento da terraplenagem é a constante remedição, uma vez que, no "passar" das máquinas, cortando e aterrando, as cotas do terreno natural "se perdem", devendo ser verificadas constantemente para atingir os valores definidos no projeto. Logo, no acompanhamento de campo, também se deve, como já citado para o caso da locação de eixo e curvas, demarcar pontos de apoio, como cotas e altitude conhecidas (RNs). A mesma preocupação de segurança e precisão desses pontos de apoio deve ser assegurada na obra.

De posse das alturas de corte e aterro dos pontos coordenados, calculadas a partir de definições do projetista (p. ex., da curva vertical do Exemplo 5.4), marcam-se esses valores em campo. Na Figura 5.75, há um levantamento de uma área (primitiva) e seu respectivo projeto (greide). Na Figura 5.76, observa-se a prática de demarcação do projeto.

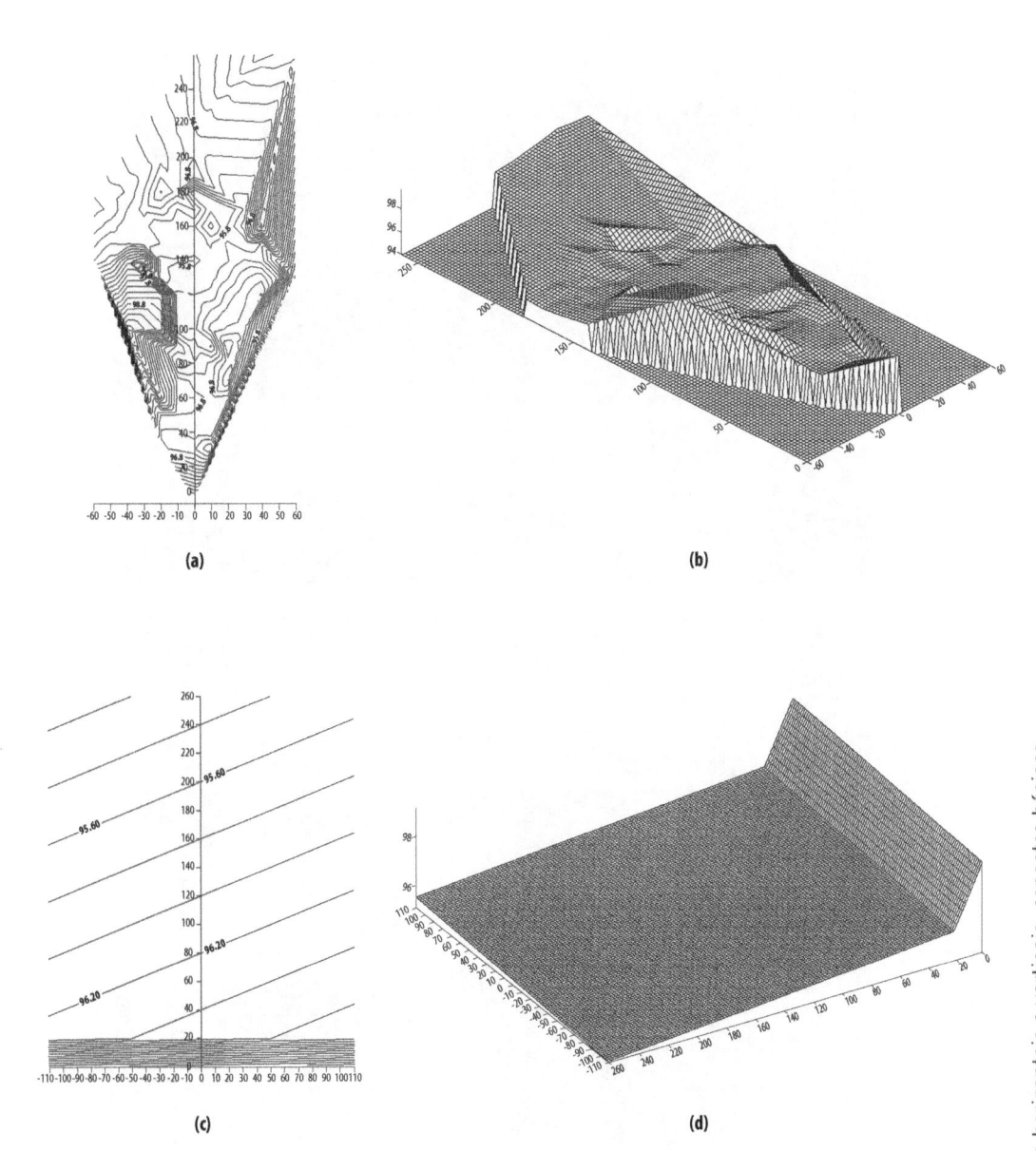

Figura 5.75 Exemplo de um projeto (greide): (a) terreno natural; (b) terreno natural (perspectiva); (c) projeto (curvas de nível); (d) projeto (perspectiva).

Figura 5.76 Locação do greide (alturas de corte e aterro).

>> **NO SITE**
Acesse o ambiente virtual de aprendizagem e faça atividades para reforçar seu aprendizado.

capítulo 6

Estatística aplicada à Topografia: aspectos básicos

Ao ser executada, uma medição pode estar sujeita a erros inerentes ao método, ao equipamento e ao operador. Neste capítulo, discutimos como aplicar estatística para tratamentos de dados de campo, buscando precisão e acurácia.

Objetivos

» Conhecer fundamentos básicos de estatística, aplicados à Topografia.

» Aplicar conceitos de estatística em práticas topográficas.

>> Generalidades e definições

Nos capítulos anteriores, observou-se que, durante as operações topográficas, faz-se a coleta de várias grandezas, especificamente de distâncias e ângulos. Como vimos, medir uma grandeza consiste em compará-la com uma definida como padrão e analisar quantas vezes ela é maior ou menor do que esse padrão. Um exemplo de padrão é a medida real de 1 metro. No entanto, ao se medir uma grandeza com um número finito de vezes, um dos problemas a ser resolvido é estimar o melhor valor que represente a medida. Essa resposta é desenvolvida no **ajustamento de observações**.

Como o tema proposto é bastante abrangente, este capítulo busca sintetizar alguns conceitos básicos e definições para o tratamento estatístico de dados topográficos, bem como exemplificar sua aplicação. Nesse contexto, algumas definições da **Estatística** são importantes:

a) Erro absoluto verdadeiro

É a diferença, em valor absoluto, entre a medição de uma grandeza e o seu verdadeiro valor. No entanto, na prática, não se conhece o valor real ou verdadeiro de uma medida, mas o valor mais provável da grandeza.

b) Valor mais provável de uma grandeza ou média aritmética simples ($\bar{x}$)

É a relação entre a soma dos valores das observações pelo número de observações efetuadas, desde que mereçam a mesma confiança (mesmo operador, mesmo equipamento, mesmas condições ambientais, etc.).

$$\bar{x} = \frac{\sum_{i=1}^{n} x_i}{n}$$

c) Erro absoluto aparente (e)

É a diferença, em valor absoluto (sem o sinal), entre a medição de uma grandeza isolada (x_i) e o seu valor mais provável ($\bar{x}$). Será denominado daqui para frente apenas como **erro absoluto** da observação i (e_i).

$$e_i = |x_i - \bar{x}|$$

d) Resíduo, desvio ou erro (v)

Designação para o conceito anterior, quando se considera o sinal da diferença entre as medidas. Logo, o v_i avalia se a observação tem um erro por excesso (caso positivo) ou por falta (caso negativo).

$$v_i = x_i - \bar{x}$$

e) Discrepância e amplitude

É a diferença entre os valores de duas medidas de uma mesma grandeza, obtidas por dois operadores diferentes ou em situações diferentes. Ela é incorretamente denominada erro aparente. Quando, em um conjunto de observações, comparam-se as extremidades (valor máximo menos valor mínimo), temos a **amplitude** ou **discrepância máxima**.

f) Erro relativo (e_r)

É a relação entre o erro absoluto (e) e o valor mais provável da grandeza ($\bar{x}$). Este erro é mais importante do que o erro absoluto na avaliação da qualidade da medida. Nessa relação, ao se apresentar a unidade no numerador, apresenta-se uma precisão da medida realizada na razão de 1 para x, bastante usual em Topografia.

$$e_r = \frac{e}{\bar{x}}$$

g) Erro absoluto médio (e_m ou $\bar{e}$)

É a média aritmética dos erros absolutos cometidos em certo número de medidas n.

$$e_m = \frac{\sum_{i=1}^{n} e_i}{n}$$

h) Erro médio quadrático ou desvio-padrão (σ)

É a raiz quadrada do somatório dos quadrados dos resíduos, dividida pelos "n – 1" termos da amostra.

$$\sigma = \pm\sqrt{\frac{\sum v^2}{n-1}} = \pm\sqrt{\frac{\sum(x_i - \bar{x})^2}{n-1}}.$$

Se considerar o valor σ^2, este será denominado **variância** de uma observação isolada.

Pode-se ainda exprimir também o desvio-padrão, com propriedades matemáticas, pela seguinte relação:

$$\sigma = \sqrt{\frac{\sum x_i^2}{n-1} - \frac{(\sum x_i)^2}{n \cdot (n-1)}}$$

i) Erro médio quadrático da média ou desvio padrão da média ($m_{\bar{x}}$)

$$m_{\bar{x}} = \frac{\sigma}{\sqrt{n}}$$

j) Erro tolerável (e_t)

Em algumas práticas topográficas, considera-se, normalmente, como o triplo do erro médio quadrático.

$$e_t = 3 \cdot \sigma$$

> **DICA**
> Para normatizar os trabalhos de Topografia, sugerimos a aplicação das expressões publicadas nas normas da Associação Brasileira de Normas Técnicas (ABNT, 1994) – Execução de levantamento topográfico.

Na prática, quando há medidas cujos resíduos são maiores do que o erro tolerável, essas devem ser eliminadas, procedendo-se uma remedição.

Nas operações topográficas, seja de campo ou de escritório, várias são as formas para definição da tolerância dos trabalhos executados. Entre as definições das tolerâncias, essas podem estar baseadas em processos empíricos ou matemáticos e estatísticos.

» Conceitos e classificação dos erros de observação

A seguir, são apresentados alguns termos utilizados nos estudos dos erros, bem como de sua classificação. Para ilustrar, são apresentados alguns erros comuns em práticas topográficas.

» Alguns conceitos

a) Precisão

Está relacionada com a tolerância do erro de uma medida. Portanto, se o **erro tolerável** for atendido, as medidas serão consideradas **precisas**.

b) Precisão absoluta

É expressa pela percentagem de uma medição em relação a toda a faixa possível da escala de medidas de uma grandeza.

Seja, por exemplo, um distanciômetro eletrônico que mede distâncias de 1 m a 3.000 m (faixa de medida), com precisão absoluta de $\pm$ 0,01%. Isso significa que a tolerância de erro é igual a $\pm$ 0,300 m (3.000 $\times$ 0,01%), em qualquer medida.

c) Precisão relativa

É expressa pela percentagem do valor instantâneo da escala de medidas.

Considere o exemplo anterior, com precisão de $\pm$ 0,01% do valor instantâneo. Isso significa que, quando o medidor eletrônico indicar uma distância de 400 m, a tolerância de erro será de

0,040 m. Neste caso, a precisão relativa de 0,01% em valor instantâneo é, obviamente, melhor do que a precisão absoluta de ± 0,01% em precisão absoluta.

d) Precisão e acurácia

É aquilo que está de acordo com uma referência tomada como padrão, ou seja, uma referência verdadeira. Uma medida **precisa** não quer dizer **exata**. Pode-se dizer que um grupo de medidas mostra precisão se os resultados concordam entre si. A concordância não é, contudo, uma garantia de exatidão, uma vez que pode haver perturbação sistemática, acarretando erro em todos os valores.

Na Figura 6.1, temos uma comparação entre precisão e acurácia. Na primeira situação, os "tiros ao alvo" foram totalmente aleatórios, ou seja, nem precisos, nem acurados. Na segunda situação, há certa concordância, porém, fora do alvo, ou seja, apenas preciso. Na terceira situação, temos garantia na busca do padrão (alvo), ou seja, ele foi preciso e acurado.

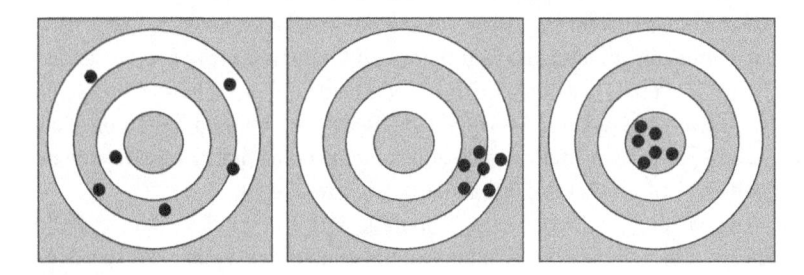

Figura 6.1   Acurácia × precisão.

Em outro exemplo, considere um topógrafo comparando duas trenas (A e B) com uma trena padrão (C). As medidas de um trecho feitas com a trena A concordam entre si, mas não concordam com as medidas feitas pela trena C. Já as medidas de um trecho feitas pela trena B, além de concordarem entre si, concordam também com a trena C. Isso significa que a trena A é precisa, mas não exata ou acurada; e a trena B, além de precisa, é exata, devendo ser a escolhida para medidas. A trena A precisa ser retificada ou deve-se determinar um **fator de correção** para suas medidas.

» Classificação dos erros de observação

Como já vimos, jamais há uma exatidão absoluta no campo das medições, pois, se a mesma medida de determinada grandeza for repetida várias vezes, constata-se que os resultados obtidos nunca serão idênticos, por maior que seja o cuidado do operador. Com isso, as principais fontes de erros nos trabalhos de medição ocorrem devido:

a) À inabilidade e à falibilidade humana.
b) À imperfeição do equipamento.
c) À influência das condições ambientais.

Conforme as causas dos erros cometidos na Topografia, eles são classificados como:

a) Erros grosseiros ou enganos

Ocorrem devido à falta de cuidado ou imperícia do operador ao avaliar uma medida ou executar um procedimento de campo ou de escritório. Exemplos de erros grosseiros na Topografia são:

- Erros de leitura: troca de dígitos (p.ex., ler na mira 1,378 em vez de 1,738); ler a mira em posição invertida; fazer a pontaria (visada) na extremidade superior da baliza, não se preocupando com sua verticalidade; avaliar uma distância inclinada, definindo-a como horizontal, etc.
- Erros de cálculo: não transformar o ângulo zenital em vertical; não "decimalizar" um ângulo na calculadora; desconsiderar a esfericidade em distâncias longas; desconsiderar a diferença entre sistemas, por exemplo, das coordenadas topográficas e UTM; estabelecer parâmetros equivocados do elipsoide para cálculos de Topografia e de geodésia, etc.
- Erros na anotação e na gravação dos dados: omissão de trenadas na medição de distâncias; gravação de pontos inexistentes ou sem formatação pela estação total, etc.
- Erros na instalação dos equipamentos e no manuseio dos acessórios: não proceder a "calagem" dos níveis de um equipamento; deixar as pernas do tripé sem fixação adequada, permitindo movimentação da base; não fixar de forma adequada o equipamento com uso do parafuso de "ancoragem"; não garantir a verticalidade de balizas, conjunto bastão/prisma e miras; alterar a posição da mira, na mudança do equipamento ou na prática do nivelamento geométrico; manuseio incorreto da trena (catenária, desvio lateral, etc.).
- Erros na criação e no manuseio dos desenhos topográficos: obter medidas de um desenho sem a confirmação correta da escala; produzir uma interpolação de curvas de nível a partir de uma baixa densidade de pontos cotados, buscar informações conclusivas do desenho que não atendam aos objetivos, etc.

Uma observação que contenha erro grosseiro deve ser rejeitada, pois ela não estará sujeita a tratamentos matemáticos. Para evitar a ocorrência de erros grosseiros, deve-se fazer repetições cuidadosas nas medidas e nos procedimentos.

b) Erros sistemáticos

São erros produzidos por causas conhecidas e que podem ser evitados com técnicas de observação ou eliminados *a posteriori* mediante fórmulas fornecidas pela teoria. Geralmente, são erros acumulativos. Caracterizam-se por ocorrerem sempre em um mesmo sentido e conservam, em medições sucessivas, o mesmo valor. Erros sistemáticos podem ser introduzidos pelo operador, inerentes ao equipamento, ao método de campo ou de cálculo, por exemplo:

- Em uma visada ao alvo de uma estação total, o operador visa um pouco acima (ou sempre um pouco abaixo) para leitura do ângulo zenital.
- Erro de excentricidade do instrumento.
- Erro nas divisões da escala (p.ex.: gravação das divisões do vernier, trena maior (ou menor) do que o padrão, não correção do efeito de dilatação, etc.).
- Na medida eletrônica de uma distância, seja pela estação total ou por uma trena laser, desconsiderar o efeito de refração, pressão e temperatura.

Todos os erros sistemáticos citados, sendo considerados **influências** sobre as observações, podem e devem ser corrigidos com procedimentos de campo, retificação dos equipamentos ou construção de modelos matemáticos que os corrijam. Pode-se exemplificar como correção:

a) Utilizando procedimentos de campo: a colocação do nível a distâncias iguais das miras; medidas angulares por reiteração – método das direções.
b) Retificando equipamentos: determinação de fatores de correção para as trenas, planímetros, etc.
c) Modelos matemáticos: adoção de modelos para minimizar a influência da troposfera e a ionosfera nas medidas GPS, modelo para influências da pressão e temperatura sobre as medidas pela estação total, etc.

c) Erros acidentais ou aleatórios

Ocorrem de forma aleatória e não estão vinculados a causas conhecidas. Alguns acreditam estar relacionados a um número relativamente grande de pequenas variações do ambiente, à imperfeição dos sentidos humanos e aos instrumentos empregados.

Esses erros apresentam distribuição normal e tendem a se neutralizar quando o número de observações cresce. Como as influências sobre as observações são aleatórias, não se admite outro tratamento senão o baseado na **teoria da probabilidade**.

Aplicações estatísticas

O tratamento estatístico dos dados torna-se importante quando queremos obter **confiança** no serviço executado. Aqui, apresentamos alguns exemplos aplicados à Topografia. A inclusão do conceito de peso nas observações, isto é, da possibilidade de ponderar os dados com níveis de confiança distintos, também está proposto nos exemplos.

Exemplo 1

Considere uma medição para materializar uma base geodésica em que se tenha medido 10 vezes um alinhamento (Quadro 6.1). Os valores foram obtidos pelo distanciômetro eletrônico Leica TC 600, com alcance de 1,5 km (em condições normais) e precisão nominal de 3 mm + 3 ppm. Pede-se:

a) A maior discrepância deste conjunto de medidas
b) O valor mais provável desta medida
c) O erro absoluto médio
d) O desvio-padrão das observações
e) O desvio-padrão da média
f) O erro de tolerância
g) O erro relativo médio
h) A precisão absoluta, considerando uma precisão de $\pm\,0{,}01\%$
i) A precisão relativa, considerando uma precisão de $\pm\,0{,}01\%$
j) A tolerância, considerando a precisão nominal do equipamento (10 mm + 3 ppm)
k) A definição de se alguns dados devem ser eliminados

Quadro 6.1   Valores obtidos com a estação total Leica TC 600 para o alinhamento A-B

Medidas de uma base geodésica				
Operadores: equipe 01		Local: B.H.	Temperatura: 20 °C	Pressão: 700 mmHg
1.234,305 m	1.234,300 m	1.234,320 m	1.234,332 m	1.234,335 m
1.234,320 m	1.234,340 m	1.234,300 m	1.234,320 m	1.234,305 m

Solução:

a) A maior discrepância entre duas medidas

A maior medida foi 1.234,340 m e a menor medida foi 1.234,300 m. Logo, a maior discrepância é dada por:

$$disc = (1.234{,}340 - 1.234{,}300) = 0{,}040\ m = 4\ cm.$$

b) O valor mais provável desta medida (Quadro 6.2)

$$\bar{x} = \frac{\sum_{i=1}^{n} x_i}{n} = \frac{1.234{,}305 + 1.234{,}300 + \ldots + 1.234{,}320 + 1.234{,}305}{10} \cong 1.234{,}318\ m$$

> **» ATENÇÃO**
> O valor mais provável ($\bar{x}$) pode ser acompanhado de seu desvio padrão ($m_{\bar{x}}$), calculado na alínea "e". Logo, pode-se dizer que o valor mais provável é $1.234{,}318 \pm 0{,}005\ m$.

c) O erro absoluto médio (Quadro 6.2)

$$e_m = \frac{\sum_{i=1}^{n} e_i}{n} = \frac{|-0{,}013| + |-0{,}018| + \ldots + |-0{,}013|}{10} \cong 0{,}012\ m$$

d) O desvio padrão das observações (Quadro 6.2)

$$\sigma = \pm\sqrt{\frac{\sum v^2}{n-1}} = \pm\sqrt{\frac{0{,}001967}{9}} = \sqrt{0{,}000219} = \pm 0{,}01478 \cong \pm 0{,}015\ m$$

e) O desvio padrão da média

$$m_{\bar{x}} = \frac{\sigma}{\sqrt{n}} = \pm \frac{0,015}{\sqrt{10}} = \pm 0,00474 \cong \pm 0,005\,m$$

Quadro 6.2 Resumo dos cálculos I

Valores	Média	Desvio (v_i)	v_i^2
1.234,305 m		− 0,013 m	0,000169
1.234,300 m		− 0,018 m	0,000324
1.234,320 m		+ 0,002 m	0,000004
1.234,332 m		+ 0,014 m	0,000196
1.234,335 m	1.234,318 m	+ 0,017 m	0,000289
1.234,320 m		+ 0,002 m	0,000004
1.234,340 m		+ 0,022 m	0,000484
1.234,300 m		− 0,018 m	0,000324
1.234,320 m		+ 0,002 m	0,000004
1.234,305 m		− 0,013 m	0,000169
		Soma	0,001967

f) O erro de tolerância

Neste exemplo, vamos defini-lo como:

$e_t = 3 \cdot \sigma = 3 \cdot \pm 0,015 = \pm 0,045\,m.$

g) O erro relativo médio

O erro relativo de uma observação é dado pela divisão do erro absoluto pelo valor médio. O erro relativo médio é a relação entre o erro absoluto médio e o valor médio das observações.

$$\bar{e}_r = \frac{e_m}{\bar{x}} = \frac{0,012}{1.234,318} = 0,000010 \quad \therefore \quad \approx \frac{1}{100.000},$$

ou seja, tem uma precisão de 1 m em 100 km (muito bom para aplicações de Topografia).

h) A tolerância para uma precisão absoluta de ± 0,01%

Isso significa que a tolerância de erro é de 1.500 m (alcance máximo). 0,0001 = ± 0,150 m, em qualquer medida.

i) A tolerância para uma precisão relativa de ± 0,01%

A tolerância para a medida da média das observações é de 1.234,318. 0,0001 = ± 0,123 m, bem superior ao calculado no item f.

j) A tolerância considerando a precisão nominal do equipamento (10 mm + 3 ppm)

A denominação ppm significa parte por milhão, ou seja, pode-se errar 3 milímetros em 1 milhão de milímetros, ou 3 mm em 1 km. O valor 10 mm é constante para qualquer medição.

Em nosso exemplo, a tolerância pode ser dada por:

Tolerância = 10 mm + 3 · 1,234 = 3 + 3,70 = 13,70 mm ≅ 0,014 m

k) A definição de se alguns dados devem ser eliminados

Considerando as tolerâncias definidas nos itens f, h e i, todos os desvios calculados (Quadro 6.2) são menores do que o erro tolerável. Nesse caso, nenhuma medida será eliminada. Se a tolerância for atendida, este levantamento pode ser considerado **preciso**.

No entanto, considerando a precisão do equipamento, item j, há alguns resíduos (0,018; 0,017, 0,022) maiores do que a tolerância. Dessa forma, eliminam-se estas observações (ou repetem-se elas em campo), e faz-se novamente o tratamento estatístico dos dados.

» Exemplo 2

Às vezes é preciso determinar o valor mais provável de uma série de observações, que tenham sido realizadas com diferentes graus de confiança. Para tornar essas observações homogêneas, introduz-se em cada observação um fator de proporcionalidade denominado **peso**.

Como a média aritmética é simples, o valor mais provável de um conjunto de observações de mesma confiança ou mesmo peso, neste exemplo, temos a **média aritmética ponderada**, em que se introduz a influência dos diferentes pesos, originando também o valor mais provável desse conjunto de observações. As fórmulas a serem empregadas no exemplo a seguir não foram comentadas anteriormente e serão apresentadas juntamente com a solução do exercício.

Considere a medição de um mesmo ângulo horizontal no qual foi realizado um número diferente de observações (Quadro 6.3). O instrumento utilizado em todas as medidas foi uma estação total Leica, modelo TC 600, com precisão nominal e leitura mínima de 5".

Pede-se:

a) A média e o desvio padrão de cada conjunto isoladamente (Quadro 6.3);
b) O valor mais provável desta medida (média ponderada);
c) O desvio padrão das observações;
d) O desvio padrão da média;

e) O erro de tolerância;
f) A definição de se alguns dados devem ser eliminados.

Quadro 6.3 Medidas do ângulo horizontal

Valores obtidos com a estação total – Leica TC 600 – Ângulo A-B-C		
x_i	x_i	x_i
35° 20' 45"	35° 20' 45"	35° 20' 35"
35° 20' 30"	35° 20' 35"	35° 20' 40"
35° 20' 40"	35° 20' 40"	35° 20' 35"
35° 20' 35"	35° 20' 30"	35° 20' 35"
–	35° 20' 30"	35° 20' 30"
–	–	35° 20' 40"
Operador 1 (4 repetições)	Operador 2 (5 repetições)	Operador 3 (6 repetições)
$\bar{x} = 35° 20' 37,5"$	$\bar{x} = 35° 20' 36,0"$	$\bar{x} = 35° 20' 37,5"$
$\sigma = 6,5"$	$\sigma = 6,5"$	$\sigma = 5,2"$

Solução:

a) **A média e o desvio padrão de cada conjunto isoladamente (resposta no Quadro 6.3)**
b) **O valor mais provável desta medida (média ponderada)**

No cálculo da média ponderada, para valores de x_i, foi adotada a média aritmética simples ($\bar{x}$) de cada conjunto de observações, e para o peso (p_i), o número de repetições para cada ângulo.

$$\bar{x}_p = \frac{\sum_{i=1}^{n} (x_i \cdot p_i)}{\sum_{i=1}^{n} p_i} = \frac{35° \ 20' \ 37,5" \cdot 4 + 35° 20' 36,0" \cdot 5 + 35° 20' \ 37,5" \cdot 6}{15} = 35° \ 20' \ 37,0"$$

c) **O desvio padrão das observações**

Será dado pela seguinte expressão:

$$\sigma = \pm \sqrt{\frac{\sum (x_i - \bar{x})^2 \cdot p_i}{\sum p_i - 1}} = \pm \sqrt{\frac{7,5"}{14}} = 0,7"$$

Para os valores de x_i adotou-se a média de cada conjunto, e para o valor de $\bar{x}$, a média ponderada. Resultados parciais no Quadro 6.4.

Quadro 6.4 Resumo dos cálculos II

Média de cada conjunto (x_i)	Pesos (p_i)	Média ponderada $(\bar{x})$	Desvios $(x_i - \bar{x})$	$(x_i - \bar{x})^2$	$(x_i - \bar{x})^2 \cdot p_i$
35° 20' 37,5"	4	35° 20' 37,0"	+ 0,5"	0,25"	1"
35° 20' 36,0"	5		– 1,0"	1,00"	5"
35° 20' 37,5"	6		+ 0,5"	0,25"	1,5"
Soma	15				7,5"

d) O desvio padrão da média (Quadro 6.4)

Será dado pela seguinte expressão:

$$m_{\bar{x}} = \frac{\sigma}{\sqrt{\Sigma p_i}} = \pm \frac{0,7"}{\sqrt{15}} = \pm 0,2".$$

>> **ATENÇÃO**
O valor mais provável pode ser acompanhado de seu desvio padrão, calculado no item d. Logo, pode-se dizer que o valor mais provável é 35° 20' 37,0" ± 0,2".

e) O erro de tolerância

Neste exemplo, definido como:

$$e_t = 3 \cdot \sigma$$
$$= 3 \cdot \pm 0,7" = \pm 2,1" \cong 2,0".$$

f) A definição de se alguns dados devem ser eliminados

Considerando o erro de tolerância calculado no item e, todos os desvios das médias são menores do que este valor, logo, mantém-se a amostra sem desprezar nenhum valor.

Considerando, ainda, a precisão nominal do equipamento (de 5"), os desvios das médias das observações também estão consistentes.

>> Exemplo 3

Este exemplo refere-se a tratamento estatístico de observações de um nivelamento. No transporte de altitude, geralmente é aplicado o nivelamento geométrico composto (Capítulo 3), e, dependendo do estudo, o trecho a ser percorrido para o transporte é repetido algumas vezes, e normalmente o percurso não é o mesmo.

Dessa forma, considera-se que, ao se percorrer um trecho menor, ocorrerão menos mudanças de planos de referência e, consequentemente, o resultado da diferença de nível terá um grau de confiabilidade maior. Então, pode-se afirmar que os pesos são proporcionais ao inverso dos respectivos comprimentos nivelados.

Nivelamento geométrico $\rightarrow p_i = \dfrac{1}{L}$; onde L é o comprimento nivelado em km.

Considere a medida da diferença de nível entre dois pontos A e B, separados por obstáculos, onde foram realizados três percursos de nivelamentos e seus respectivos contranivelamentos. Obtiveram-se, então, seis diferenças de nível – os trechos percorridos constam no Quadro 6.5 (Fig. 6.2). O instrumento utilizado foi um nível automático Leica NA 820, com precisão nominal de 2,5 mm/km nivelado.

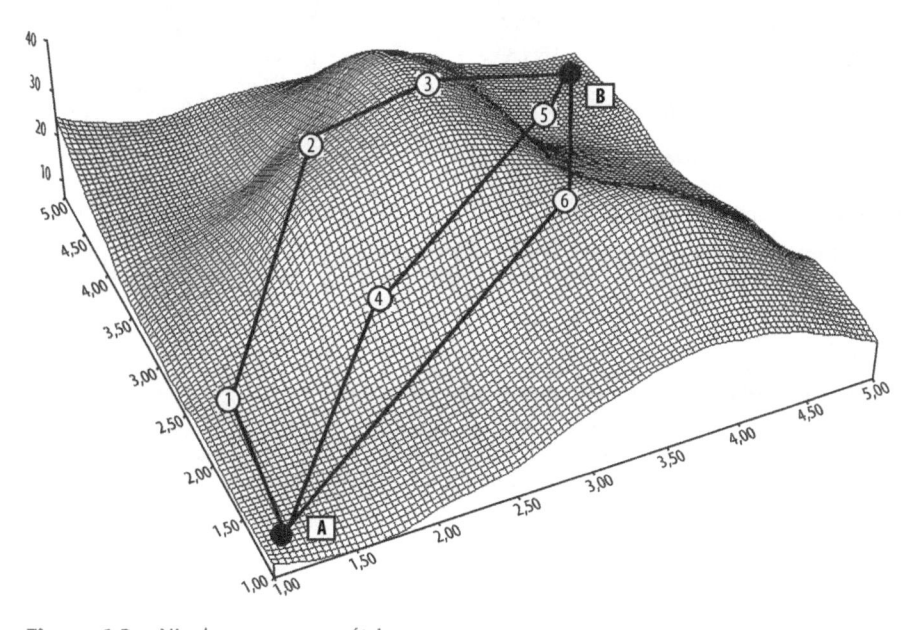

Figura 6.2   Nivelamento geométrico.

Pede-se:

a) O valor mais provável desta medida.
b) O desvio padrão das observações.
c) O desvio padrão da média.
d) O erro de tolerância.
e) O erro de tolerância segundo a ABNT (1994).
f) O erro de tolerância segundo a precisão nominal do equipamento (2,5 mm/km).
g) A definição de se alguns dados devem ser eliminados.

Quadro 6.5 Medidas da diferença de nível

Nivelamento geométrico	Operadores: Equipe 01	Local: BH/MG

Valores obtidos com o nível automático Leica NA 820

Trechos	Comprimentos	Diferenças de nível	Pesos*	Peso × constante
A-1-2-3-B – NIV	1.532,340 m	+ 5,621 m	0,653	65,3
B-3-2-1-A – CONTRA	1.532,340 m	– 5,625 m	0,653	65,3
A-4-5-B – NIV	1.240,300 m	+ 5,622 m	0,806	80,6
B-5-4-A – CONTRA	1.240,300 m	– 5,624 m	0,806	80,6
A-6-B – NIV	993,240 m	+ 5,624 m	1,007	100,7
B-6-A – CONTRA	993,240 m	– 5,625 m	1,007	100,7

NIV – Nivelamento; CONTRA – Contranivelamento
* Os pesos foram obtidos pela expressão $p_i = 1/L$; sendo L o comprimento em km.

Solução:

a) O valor mais provável desta medida (Quadro 6.6)

$$\bar{x}_p = \frac{\sum_{i=1}^{n}(x_i \cdot p_i)}{\sum_{i=1}^{n} p_i} = \frac{5{,}623 \cdot 65{,}3 + 5{,}623 \cdot 80{,}6 + 5{,}625 \cdot 100{,}7}{246{,}6} = \frac{1.386{,}6}{246{,}6} = 5{,}624 \text{ m}$$

b) O desvio padrão das observações

$$\sigma = \pm \sqrt{\frac{\sum(x_i - \bar{x})^2 \cdot p_i}{\sum p_i - 1}} = \pm \sqrt{\frac{1{,}3 \cdot 10^{-4}}{245{,}6}} = \pm 0{,}0007 \text{ m} \approx 1 \text{ mm}$$

c) O desvio padrão da média

$$m_{\bar{x}} = \frac{\sigma}{\sqrt{\sum p_i}} = \pm \frac{0{,}0007}{\sqrt{246{,}6}} = \pm 0{,}00005 \text{ m} \approx 0 \text{ (zero)}$$

> **» DICA**
> Para facilitar os cálculos, pode-se multiplicar os pesos por uma constante sem afetar o resultado final. No exemplo do Quadro 6.5, tomou-se a constante como 100.

Quadro 6.6 Resumo dos cálculos III

Operação do nivelamento		Média	Peso	Média × peso	Média ponderada	Desvio v	v^2	Peso × v^2
Nível	Contranível							
5,621 m	5,625 m	5,623	65,3	366,96	5,624 m	– 0,001	$3,8 \times 10^{-7}$	0,0000235
5,622 m	5,624 m	5,623	80,6	453,36		– 0,001	$3,8 \times 10^{-7}$	0,0000290
5,624 m	5,625 m	5,625	100,7	566,28		+ 0,001	$7,9 \times 10^{-7}$	0,0000816
Soma			246,6	1.386,6				0,0001341

d) O erro de tolerância

$e_t = 3 \cdot \sigma = 3 \cdot \pm 0,0007 \text{ m} = \pm 0,0021 \text{ m} \cong 2 \text{ mm}$

e) O erro de tolerância segundo a ABNT

Segundo as normas da ABNT (1994), Execução de levantamento topográfico, este exemplo encontra-se na classe IN Geom. (Capítulo 3, seção "Fatos atuais em altimetria"), a qual possui uma tolerância de 12 mm · $\sqrt{k}$, com k em extensão em km, logo:

Para k igual a 1,53; 1,24 e 0,99 nos trechos, respectivamente, temos:

$T = 12 \text{ mm} \cdot \sqrt{k} = 12 \text{ mm} \cdot \sqrt{1,53} = 14,8 \text{ mm} \approx 15 \text{ mm}$
$T = 12 \text{ mm} \cdot \sqrt{k} = 12 \text{ mm} \cdot \sqrt{1,24} = 13,4 \text{ mm} \approx 13 \text{ mm}$
$T = 12 \text{ mm} \cdot \sqrt{k} = 12 \text{ mm} \cdot \sqrt{0,99} = 11,9 \text{ mm} \approx 12 \text{ mm}$.

f) O erro de tolerância segundo a precisão nominal do equipamento (2,5 mm/km)

Pela precisão nominal, observa-se que o erro de tolerância é de 2,5 mm em 1 km medido. Considerando nosso percurso com distância média de 1 km, pode-se dizer, então, que a tolerância é de 2,5 mm (T = 2,5 mm).

g) A definição de se alguns dados devem ser eliminados

Observe que, nos itens d, e e f, buscaram-se formas e padrões diferentes para definir a tolerância a ser admitida para as observações. Observe também que todas as tolerâncias são superiores aos desvios encontrados nas observações (Quadro 6.6), concluindo que elas estão **precisas** na avaliação da diferença de nível entre os dois pontos considerados.

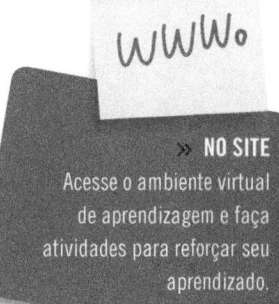

> » **NO SITE**
> Acesse o ambiente virtual de aprendizagem e faça atividades para reforçar seu aprendizado.

apêndice

Animais peçonhentos

Em uma prática topográfica em área rural, é muito comum o profissional deparar-se com animais peçonhentos. Neste capítulo, apresentamos os principais animais peçonhentos e como prevenir acidentes sem ameaçá-los.

Objetivos

» Conhecer os riscos de acidentes com animais peçonhentos na atividade de campo da Topografia.

» Conhecer os diferentes tipos de animais peçonhentos.

» Conhecer medidas de prevenção de acidentes com animais peçonhentos.

» Conhecer os quatro gêneros de serpentes peçonhentas.

» Conhecer os procedimentos ao sofrer acidentes com serpentes.

>> Introdução

> **>> NO SITE**
> Acesse o ambiente virtual de aprendizagem (www.bookman.com.br/tekne) para saber mais sobre segurança em levantamentos topográficos.

A equipe de Topografia é a primeira a chegar a uma obra de engenharia, portanto, é a primeira a explorar a região e a ter contato com o "terreno virgem" das mais variadas características, como: brejos, matas, rios, lagos, serrado, capinzal, bosque, etc. Uma equipe que trabalha no mato, normalmente em situações de vegetação densa, áreas alagadas e terrenos acidentados e rochosos, está sujeita a acidentes com **animais peçonhentos**.

A dificuldade de acesso e de comunicação gera condições desfavoráveis ao atendimento no caso de algum acidente, aumentando a responsabilidade da tomada de decisão do chefe da equipe. Uma ação rápida na prestação de socorro e conhecimento do assunto pode ser a diferença para se salvar uma vida. Podem, **também**, acontecer acidentes com animais não peçonhentos, não sendo necessária maior perda de tempo no atendimento.

Espera-se que as decisões sejam tomadas pelo chefe da equipe, que provavelmente será um profissional da área da Topografia. No entanto, sabemos que a sua formação técnica, acadêmica ou prática é específica para sua área, sem o estudo de maneira aprofundada ou mesmo correta sobre animais peçonhentos, prevenção de acidentes e primeiros socorros.

Como tais situações são possíveis, o chefe da equipe deve ter conhecimentos que possam ajudar na identificação de animais e de procedimentos ao atendimento à vítima. Portanto, é fundamental que o profissional busque conhecimentos extras que possam apoiar, dar segurança e condições para o socorro dos membros de sua equipe quando necessário. É no chefe que a equipe confia, e será ele que deverá tomar decisões que assegurem a integridade de seu pessoal.

> **>> ATENÇÃO**
> Quando o acidente for provocado por animais não venenosos, a decisão de dispensa de socorro somente poderá ser tomada por uma pessoa que tenha absoluta certeza na identificação do animal, pois uma interpretação errada poderá levar a sérias consequências.

Para um melhor entendimento, devemos aqui ressaltar a utilização dos termos: venenoso e peçonhento.

Biologicamente, há diferença entre os termos, mas, para nossos estudos mais práticos, usaremos os dois termos sem distinção. No entanto, para informação rápida, pode-se definir da seguinte forma:

• Um animal potencialmente perigoso que tem glândulas de veneno, mas que não tem mecanismos de injeção desse veneno, é considerado **venenoso**, e não peçonhento.

• Um animal potencialmente perigoso que tem glândulas de veneno e que, além disso, tem mecanismos de injeção (quelíceras, presas, ferrões ou cerdas) é um animal **peçonhento**.

Nesse contexto, consideramos peçonhentos ou venenosos os animais potencialmente perigosos ao homem, usando, assim, o termo **animais de importância médica**.

Animais perigosos

Por estar situado em uma região tropical, o Brasil tem uma fauna numerosa e diversificada. Entre as várias espécies de animais, algumas são venenosas e podem causar danos à saúde humana ou até mesmo levar à morte. Os animais venenosos do Brasil estão distribuídos em todas as regiões e em vários habitats. São cobras, aranhas, escorpiões, taturanas, lacraias, abelhas, etc. Alguns, como as cobras, têm venenos muito ativos, e outros, como as lacraias e algumas vespas, têm venenos mais fracos ou toxicamente menos ativos. Portanto, a gravidade dos acidentes depende não só do animal, como também de outros fatores.

> » **NO SITE**
> Visite o ambiente virtual de aprendizagem para ter acesso às orientações do Ministério da Saúde acerca de acidentes por serpentes, escorpiões, aranhas lonomias e outras lagartas.

Os acidentes podem ser leves, moderados ou graves. Entre os principais fatores que influenciam na gravidade do envenenamento, estão:

- A espécie do animal
- A toxicidade do veneno
- A quantidade de veneno injetado
- A saúde da vítima
- O tempo de socorro ao acidentado

Além desses, outros fatores ligados à biologia dos animais também influenciam, como:

- A saúde do animal
- A idade do animal (adultos ou jovens)
- O tamanho do animal
- O tipo de alimentação

A época do ano também influencia na toxicidade do veneno, pois, em épocas mais quentes, os animais estão mais ativos, caçando com mais frequência; portanto, seu veneno estará mais tóxico.

Algumas cobras não são peçonhentas, portanto, não causarão danos graves às pessoas. Às vezes, os sintomas não passam de um leve ferimento com dor local, sem a necessidade de a pessoa tomar qualquer tipo de soro antiofídico. No entanto, na dúvida, a pessoa deve ser encaminhada ao hospital. Como as cobras provocam os acidentes mais graves entre os animais peçonhentos, elas serão estudadas com mais detalhes neste capítulo.

Acidentes de envenenamento provocados por animais de importância médica recebem nomes específicos de acordo com a espécie, conforme exemplificamos a seguir:

1. Serpentes → ofidismo
2. Escorpiões → escorpionismo

3. Aranhas → araneísmo, aracnidismo ou aracnoidismo
   - Foneutrismo → *Phoneutria* (aranha armadeira)
   - Loxoscelismo → *Loxosceles* (aranha marrom)
   - Latrodectismo → *Latrodectus* (aranha viúva negra)
4. Peixes → ictismo
5. Taturanas → erucismo
   - Pararamose – artrite do seringueiro → taturana pararama
6. Sapos → frinoísmo
7. Besouros → coleopterismo
   - Pederismo → besouro Potó
8. Abelhas, vespas, marimbondos e formigas → himenopterismo
9. Mariposas (fase adulta) → lepidopterismo
10. Lacraias → quilopodismo

>> Aranhas

As aranhas de importância médica no Brasil pertencem aos gêneros *Loxosceles*, *Latrodectus* e *Phoneutria*, conhecidas popularmente como **aranhas marrom**, **viúva negra** e **armadeira**, respectivamente.

Algumas aranhas têm um aspecto que inspira medo, porém, às vezes, não passam de animais inofensivos (considerando a toxicidade de sua peçonha para o homem), como é o caso das aranhas caranguejeiras e as tarântulas (gênero *Lycosa*), que têm peçonha de baixa toxicidade se comparadas a outras espécies (Fig. A.1).

>> **NO SITE**
Visite o ambiente virtual de aprendizagem para acessar um link que lhe dará mais detalhes sobre as aranhas marrom, viúva negra e armadeira.

Figura A.1 Aranhas: (a) tarântula e (b) caranguejeira

Uma característica importante das aranhas é a quantidade e a disposição dos olhos, que ajuda na identificação das espécies peçonhentas (Fig. A.2).

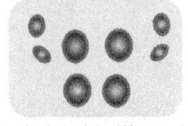

Aranha Armadeira (*Phoneutria*)   Aranha Viúva Negra (*Latrodectus*)   Aranha Marrom (*Loxosceles*)

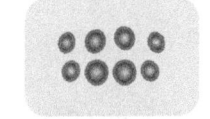

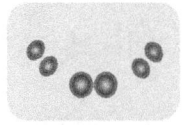

Figura A.2 Posição dos olhos das aranhas de importância médica no Brasil.

As aranhas também podem provocar acidentes com certa gravidade, principalmente em crianças e em idosos. Inúmeras espécies de aranhas são conhecidas, porém, poucas são perigosas ao homem. Há aranhas que são consideradas inofensivas ao homem; as perigosas, entretanto, podem provocar a morte.

>> Escorpiões

No Brasil, há várias espécies de escorpiões que podem causar danos à saúde humana, porém, todos pertencem ao gênero *Tityus* (Fig. A.3). A espécie mais importante é o escorpião amarelo (*Tityus serrulatus*), pela toxidade de seu veneno, seguida do escorpião marrom (*Tityus bahiensis*). Essas duas espécies causam a maioria dos acidentes.

Figura A.3 Escorpião amarelo.

Os escorpiões têm hábitos noturnos, escondendo-se durante o dia em tocas, entulhos e dentro de residências, em roupas, sapatos ou em qualquer lugar protegido da claridade. Esse hábito provoca o encontro com as pessoas, principalmente quando vestem uma roupa ou calçam um sapato com um escorpião dentro. A picada, nesse caso, é inevitável. Apesar de não atacar sem motivos, o escorpião sempre pica quando tocado.

Em caso de acidente, a dor é sempre um sintoma presente, e sua intensidade dependerá da resistência de cada pessoa e da quantidade de veneno injetado. O tratamento, na maioria dos casos de picadas de escorpião, não tem necessidade de aplicação do soro específico. Os acidentes mais graves ocorrem com crianças e idosos.

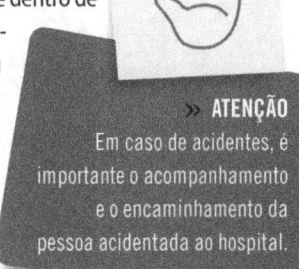

>> **ATENÇÃO**
Em caso de acidentes, é importante o acompanhamento e o encaminhamento da pessoa acidentada ao hospital.

❯❯ Abelhas, vespas e marimbondos

Os profissionais em trabalho de campo estão expostos a acidentes com abelhas, vespas e marimbondos, portanto, toda medida de segurança deve ser adotada para se evitar danos às pessoas da equipe e perdas de produção. É principalmente nos desmatamentos e roçadas manuais que acontecem os acidentes, pois são cortados galhos que podem conter a casa das abelhas, vespas ou dos marimbondos.

Abelhas, vespas e marimbondos provocam intoxicações sérias somente se houver um grande número de picadas. No entanto, há pessoas alérgicas ao veneno desses animais, e nesse caso, a reação do veneno no organismo pode ser muito ativa, podendo ocorrer consequências mais graves.

As abelhas africanizadas (abelhas brasileiras com cruzamento com abelhas africanas) têm veneno potente, são muito agressivas e atacam em enxame, podendo provocar graves acidentes.

> **❯❯ ATENÇÃO**
> Pessoas alérgicas devem ser levadas ao hospital mesmo que a quantidade de picadas seja pequena.

❯❯ Taturanas e lacraias

Algumas taturanas podem "sapecar" as pessoas, causando queimaduras sérias e muito dolorosas. Um simples contato com a taturana (lagarta de algumas espécies de borboletas) é o suficiente para que ela injete seu veneno através de agulhas muito finas (cerdas), que ficam escondidas debaixo de seu pelo (Figura A.4)

Figura A.4 Espécies de taturanas.

De um modo geral, os acidentes não são graves, aparecendo somente uma irritação local, mas sempre acompanhada de muita dor (dor de queimadura). O tratamento deve ser sintomático, necessitando de cuidados mais específicos em caso de complicações do envenenamento.

Deve-se, porém, ficar alerta quanto ao estado físico do acidentado, pois há registros de acidentes com morte em algumas regiões do Brasil (principalmente na região Sul).

Já as lacraias geralmente causam acidentes leves, com sintomas locais de irritação e dor, não necessitando de cuidados específicos. São animais que vivem principalmente em madeiras podres, cascas de árvores e debaixo de folhas e que, quando incomodados, fogem (Fig. A.5).

> **NO SITE**
> Acesse o ambiente virtual de aprendizagem para conferir esta e outras imagens coloridas do livro.

Figura A.5 Espécie de lacraia.

>> Serpentes

As serpentes ou cobras, por serem os animais que mais causam acidentes graves, serão estudadas mais detalhadamente. Além de quadros estatísticos, características e métodos de identificação desses animais e distribuição regional, abordamos também medidas preventivas para acidentes em trabalhos de campo.

Para um leigo, ou mesmo para uma pessoa com algum conhecimento no assunto, é arriscado tentar descobrir se uma cobra é venenosa ou não. Critérios como, por exemplo, tentar identificar cobras venenosas pela "cabeça triangular" e pelo "rabo curto", geram dúvidas!

> **NO SITE**
> Acesse o ambiente virtual de aprendizagem para conhecer as diferenças entre as cobras coral verdadeira e falsa coral.

Na Figura A.6, apresentamos quatro espécies de cobras sobre as quais as características usuais se confundem. Somente a jararaca é venenosa (apesar de não ter características acentuadas de venenosa). A cobra-cipó é uma espécie não venenosa, mas tem cabeça triangular. A cobra falsa coral da figura não é venenosa, mas confunde-se com uma coral verdadeira. A boipeva talvez seja a que mais assusta as pessoas no campo, pois se achata no chão e dá botes quando incomodada; porém, não oferece risco às pessoas, pois não tem veneno.

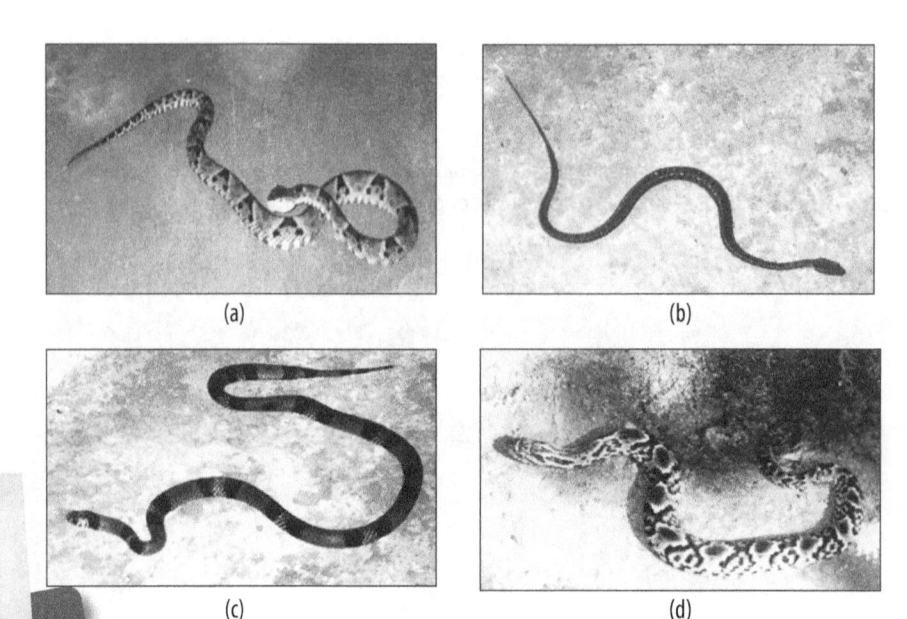

Figura A.6 Espécies de cobras: peçonhenta – (a) jararaca; não peçonhenta – (b) cobra-cipó; (c) falsa coral e (d) boipeva.

>> **ATENÇÃO**
Acidentes com cobras peçonhentas sempre são graves, por isso, a pessoa acidentada deve ser medicada o mais rápido possível – apenas com aplicação do soro específico e em ambiente hospitalar.

Alguns conceitos para identificação são válidos, como, por exemplo, a cobra que tem um furo entre o olho e a narina, chamado fosseta loreal, é **peçonhenta** (Fig. A.9). Essa informação vale para todas as espécies de cobras peçonhentas do Brasil, exceto as cobras corais verdadeiras, que, apesar de terem veneno, não têm fosseta loreal.

Não se pode, então, confiar totalmente em tabelas de identificação que levam em conta, por exemplo, cabeça triangular, escamas pequenas na cabeça e outras características morfológicas, pois podem induzir a erros e falhas. São vários os exemplos de serpentes não peçonhentas que apresentam características de serpentes peçonhentas, e vice-versa. Além disso, cobras jovens são de difícil identificação, pois suas características e dimensões não são claramente visíveis.

>> **ATENÇÃO**
As diferenças entre as cobras peçonhentas e as não peçonhentas nem sempre são claras e devem ser tratadas com cautela, pois envolvem risco de morte das pessoas acidentadas. Na dúvida, leve a pessoa ao hospital para que ela seja avaliada pelos sintomas.

São quatro os gêneros principais de cobras peçonhentas no Brasil (Fig. A.7), e para cada um deles há um soro específico:

- *Bothrops* (jararacas, jararacuçus e urutus): antibotrópico.
- *Crotalus* (cascavéis): anticrotálico.
- *Lachesis* (surucucu pico-de-jaca): antilaquético.
- *Micrurus* (corais verdadeiras): antielapídico.

Figura A.7 Principais cobras peçonhentas no Brasil: (a) cascavel, (b) jararaca, (c) surucucu, (d) jararacuçu, (e) urutu e (f) coral.

Os nomes populares devem ser usados com restrições, pois podem variar de acordo com a região do Brasil. Na Figura A.8, apresentamos uma distribuição das cobras peçonhentas pelo Brasil.

Figura A.8 Distribuição das cobras peçonhentas no Brasil.

Para identificar se uma cobra é peçonhenta, pode-se utilizar o questionário esquemático abaixo (Fig. A.9):

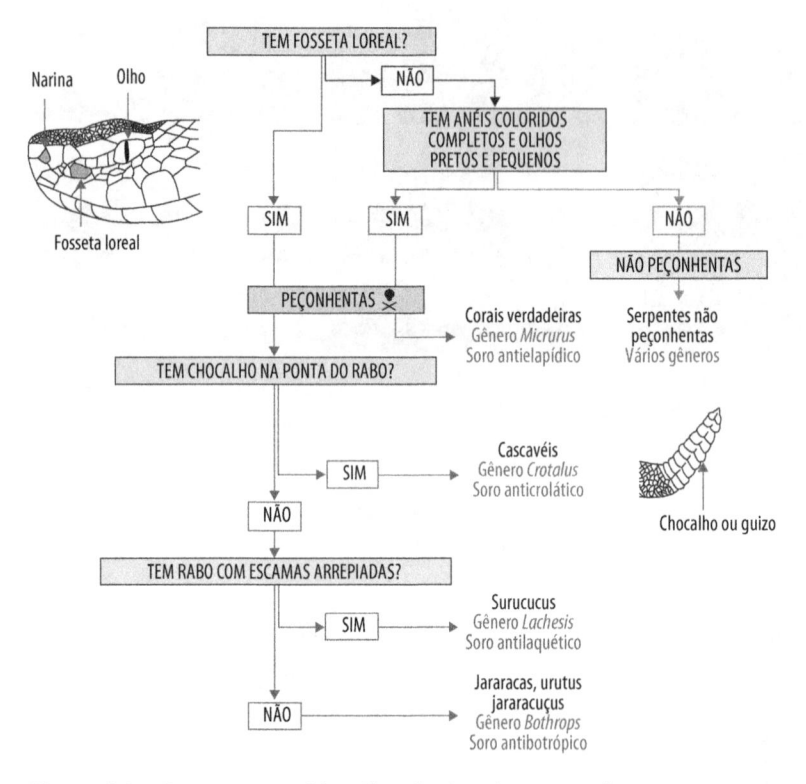

Figura A.9 Esquema para identificação de cobras peçonhentas.

>> Prevenção de acidentes

Para se tomarem medidas de prevenção de acidentes com animais peçonhentos, são necessários conhecimentos sobre os hábitos desses animais e sobre como acontecem os acidentes.

Com relação às cobras, pode-se prevenir grande parte das picadas com algumas ações simples, considerando que a grande maioria das cobras venenosas do Brasil é de habitats terrestres. Portanto, estatisticamente, as pernas estão sujeitas a mais de 80% das picadas, conforme o gráfico de percentuais de picadas nas diversas parte do corpo (Fig. A.10).

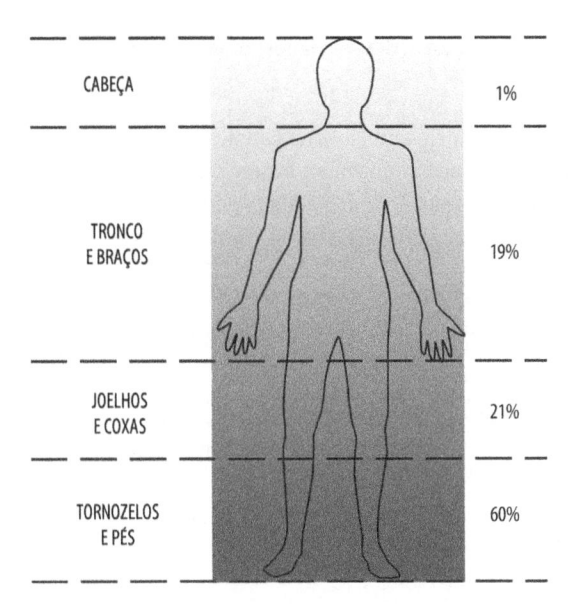

CABEÇA		1%
TRONCO E BRAÇOS		19%
JOELHOS E COXAS		21%
TORNOZELOS E PÉS		60%

Figura A.10 Percentual de picadas de cobra nas partes do corpo.

Acidentes na cabeça são raros, muito difíceis de acontecer, e somente em regiões de matas fechadas há cobras peçonhentas arborícolas.

As cobras não têm comportamento agressivo e somente picam alguém quando são pisadas ou incomodadas no seu habitat. Outro fator importante para prevenção de uma picada é ter conhecimento do alcance de um bote da cobra, ou seja, que distância uma cobra consegue atingir de onde ela estiver.

Experiências e estudos mostram que o bote de uma cobra atinge aproximadamente um terço do seu tamanho total. Uma cobra de 1,20 m atinge uma pessoa em um raio de aproximadamente 0,40 cm, contradizendo as crendices comuns no meio rural de que cobras dão botes de alguns metros (Fig. A.11).

> **» DICA**
> Com o simples uso de calças compridas, botinas e perneiras, pode-se evitar a maior parte dos acidentes. As mãos, quando em tarefas de risco, como, por exemplo, cortar bambus ou limpar uma vegetação rasteira para colocação de um piquete, devem estar protegidas com luvas de raspa de couro.

Figura A.11 Preparação para o bote.

>> **ATENÇÃO**
Não corte ou fure o local da picada nem faça torniquete.

A equipe de Topografia trabalha em áreas que exigem determinados cuidados em relação aos animais peçonhentos descritos.

A consciência atual de preservação do meio ambiente não admite que ocorra extermínio dessas espécies. Portanto, cabe aos profissionais buscar conhecer os perigos e formas de prevenção, para que não seja necessário o abate desses animais. Dessa forma, o estigma do profissional de Topografia, e dos demais profissionais de campo, de "mata-cobras" cairá no vazio.

Algumas medidas de prevenção em trabalhos de campo podem evitar acidentes com animais peçonhentos de um modo geral:

- Andar sempre calçado, de preferência com botas, perneiras e calças compridas.
- Colocar luvas sempre que manusear entulhos, madeiras e ferramentas que estejam amontoadas.
- Não colocar as mãos em buracos ou em vegetação rasteira sem proteção de luvas.
- Sacudir as roupas antes de vestir, principalmente em alojamentos de obras em área rural.
- Não deixar caixas de equipamentos abertas e no mato.
- Manter fechadas as portas dos veículos da obra quando estacionados nas frentes de trabalho.
- Usar blusas de manga comprida e ter muita atenção e cautela nas roçadas manuais.
- Nunca manusear um animal peçonhento, mesmo que aparente estar morto.

Em caso de acidente, o melhor a fazer é **levar a vítima ao hospital. Não faça improvisações!** Não amarre, não corte, não dê nada para a pessoa beber, a não ser água. Mantenha a vítima calma e em repouso e encaminhe-a ao hospital o mais rápido possível.

Se possível, leve o animal causador do acidente, tomando o cuidado para não ser picado também. Se não for possível levar o animal, o médico definirá qual soro deverá ser ministrado ao acidentado a partir dos sintomas apresentados.

>> Referências

OBSERVAÇÃO:
Foram consultados os catálogos de equipamentos de diversos fabricantes: Wild, Leica, Zeiss, Vasconcelos, Kern, Nikon, Garmin, Trimble, Magelan, Ashtech, Topcon, Caterpillar.

A MIRA. *Arquivos para download*. Criciúma: A Mira, 2013. Disponível em: <http://www.amiranet.com.br/downloads/index/page:2>. Acesso em: 19 jun. 2013.

ASSOCIAÇÃO BRASILEIRA DE NORMAS TÉCNICAS. *NBR 13133*: execução de levantamento topográfico. Rio de Janeiro: ABNT, 1994.

BRASIL. Departamento Nacional de Estradas de Rodagem. Diretoria de Desenvolvimento Tecnológico. Divisão de Capacitação Tecnológica. *Manual de projeto geométrico de rodovias rurais*. Rio de Janeiro: DNER, 1999.

BRASIL. Departamento Nacional de Infra-Estrutura de Transportes. Diretoria de Planejamento e Pesquisa. Coordenação Geral de Estudos e Pesquisa. Instituto de Pesquisas Rodoviárias. *Manual de projeto de interseções*. 2. ed. Rio de Janeiro: DNIT, 2005.

BRASIL. Departamento Nacional de Infraestrutura de Transportes. Diretoria Executiva. Instituto de Pesquisas Rodoviárias. *Manual de projeto geométrico de travessias urbanas*. Rio de Janeiro: DNIT, 2010.

CENTRO FEDERAL DE EDUCAÇÃO TECNOLÓGICA DE MINAS GERAIS. *Curso técnico em estradas*. Belo Horizonte: CEFET-MG, c2013. Disponível em: <http://www.cefetmg.br/site/edu_profissional/aux/cursos/estradas.html>. Acesso em: 19 jun. 2013.

COMASTRI, J. A.; TULER, J. C. *Topografia*: altimetria. Viçosa: UFV, 1987.

CONFERÊNCIA GERAL DE PESOS E MEDIDAS, 11., 1960, [S.l.]. *Anais...* [S.l.]: CGPM, 1983.

CONFERÊNCIA GERAL DE PESOS E MEDIDAS, 17., 1983, França. *Anais...* França: CGPM, 1983.

EUROPEAN SPACE AGENCY. *GOCE first global gravity model*. [S.l.]: ESA, 2010. Disponível em: <http://spaceimages.esa.int/Images/2010/06/GOCE_first_global_gravity_model>. Acesso em: 17 jul. 2013.

FREITAS, S. R. C. *Posicionadores inerciais*. 1980. 169 f. Dissertação (Mestrado em Ciências Geodésicas) – Universidade Federal do Paraná, Curitiba, 1980.

GEMAEL, C. *Astronomia de campo (1º parte)*. Curitiba: UFPR, 1971.

GEMAEL, C. *Introdução à geodésia geométrica (2º parte)*. Curitiba: UFPR, 1988. 1 apostila.

GEMAEL, C. *Introdução ao ajustamento de observações*: aplicações geodésicas. Curitiba: UFPR, 1994.

GOOGLE. *Google Earth*. [S.l.]: Google, c2013.

HELMERT, F. R. *Die mathematischen und physikalischen theorien der höheren geodäsie*, Leipzig: [s.n.], 1880.

INSTITUTO BRASIELIRO DE GEOGRAFIA E ESTATÍSTICA. *Resolução nº 1, de 25 de fevereiro de 2005*. Brasília: IBGE, 2005. Disponível em: <ftp://geoftp.ibge.gov.br/documentos/geodesia/projeto_mudanca_referencial_geodesico/legislacao/rpr_01_25fev2005.pdf>. Acesso em: 24 jun. 2013.

INSTITUTO BRASIELIRO DE GEOGRAFIA E ESTATÍSTICA. *Resolução nº 22, de 21 de julho de 1983*. Brasília: IBGE, 1983. Disponível em: <ftp://geoftp.ibge.gov.br/documentos/geodesia/pdf/bservico1602.pdf>. Acesso em: 20 jun. 2013.

INSTITUTO BRASIELIRO DE GEOGRAFIA E ESTATÍSTICA. Sistema de referência geocêntrico para as Américas. Brasília: IBGE, 2013. Disponível em: <http://www.ibge.gov.br/home/geociencias/geodesia/centros_apres.shtm>. Acesso em: 19 jun. 2013.

INSTITUTO FEDERAL DO ESPÍRITO SANTO. *Técnico em geoprocessamento*. Vitória: IFES, c2009. Disponível em: <http://www.ifes.edu.br/tecnico-em-geomatica-vitoria>. Acesso em: 19 jun. 2013.

INSTITUTO NACIONAL DE COLONIZAÇÃO E REFORMA AGRÁRIA. *Modelo de memorial descritivo*. Brasília: INCRA, c2012. Disponível em: <http://www.incra.gov.br/sr01/arquivos/fale_conosco/sala_cidadania/1050603468.pdf>. Acesso em: 19 jun. 2013.

INSTITUTO NACIONAL DE COLONIZAÇÃO E REFORMA AGRÁRIA. *Modelo de memorial descritivo*. Brasília: INCRA, c2012. Disponível em: <http://www.incra.gov.br/sr01/arquivos/fale_conosco/sala_cidadania/1050603468.pdf>. Acesso em: 19 jun. 2013.

INSTITUTO NACIONAL DE COLONIZAÇÃO E REFORMA AGRÁRIA. *Norma técnica para georreferenciamento de imóveis rurais*. 2. ed. Brasília: INCRA, 2010.

INSTITUTO NACIONAL DE METROLOGIA, QUALIDADE E TECONOLOGIA. *Sistema Internacional de Unidades*: SI. Duque de Caxias: INMETRO, 2012.

KOVALEVSKY, J.; MUELLER, I. I. Comments on conventional terrestrial and quasi-inertial reference systems. In: GAPOSCHKIN, E. M.; KOŁACZEK, B. (Ed.). Reference Coordinate Systems for Earth Dynamics, 56., 1981, Poland. *Proceedings*... Poland: [s.n.], 1981. p. 375-384.

LOCH, C.; CORDINI, J. *Topografia contemporânea:* planimetria. Florianópolis: UFSC, 1995.

MATOS, L. R. *Dmag 2010*. Criciúma: A Mira, 2013. Disponível em: <http://www.amiranet.com.br/downloads/index/page:2>. Acesso em: 19 jun. 2013.

NATIONAL GEOPHYSICAL DATA CENTER. *Geomagnetism*. Colorado: NOAA, 2013. Disponível em: <http://www.ngdc.noaa.gov/geomag/geomag.shtml>. Acesso em: 19 jun. 2013.

PONTE NETO, C.; MOREIRA, J. L. K. *Declinação magnética*. Rio de Janeiro: ON, c2009. Disponível em: <http://obsn3.on.br/jlkm/magdec/index.html>. Acesso em: 19 jun. 2013.

SANDERUS ANTIQUARIAAT . *Antique map of world in North Polar Projection by Van der Aa P*. Ghent:Sanderus Antiquariaat, c2013. Disponível em: <http://www.sanderusmaps.com/en/our-catalogue/detail/164841&e=antique-map-of-world-in-north-polar-projection-by-van-der-aa-p/>. Acesso em: 17 jul. 2013.

SILVA, D. C. O. Aplicação do Modelo SHALSTAB na Previsão de Deslizamentos em Petrópolis. 2006. 132 f. Dissertação (Mestrado em Ciências em Engenharia Civil) – Universidade Federal do Rio de Janeiro, Rio de Janeiro, 2006.

SIMONETT, D. S. The development and principles of remote sensing. In: SIMONETT, D. S. *Manual of remote sensing*. Falls Church: American Society of Photogrammetry, 1983. v. 1.

UNIVERSIDADE DO ESTADO DO RIO DE JANEIRO. *Engenharia cartográfica*. Rio de Janeiro: UERJ, c2007. Disponível em: <http://www.carto.eng.uerj.br/>. Acesso em: 19 jun. 2013.

UNIVERSIDADE FEDERAL DE VIÇOSA. *Engenharia de agrimensura e cartográfica*. Viçosa: UFV, 2013. Disponível em: <http://www.ufv.br/dec/eam/eam_ufv.html>. Acesso em: 19 jun. 2013.

LEITURAS RECOMENDADAS

ALMEIDA, R. V. *Introdução ao estudo da fotogrametria e fotointerpretação*. Rio de Janeiro: UFRRJ, 1991.

ALVES, A. L. *Cartilha de ofidismo (cobral)*. Brasília: MS, 1989.

ANDRADE, D. F. P. N. *Fotogrametria básica*. Rio de Janeiro: IME, 1988.

ANDRADE, J. B. *NAVSTAR - GPS*. Curitiba: UFPR, 1988. 1 apostila.

BLITZKOW, D.; LEICK, A. *Posicionamento geodésico NAVSTAR/GPS*. São Paulo: USP, 1992. 1 apostila.

BORGES, A. C. *Exercícios de topografia*. 3. ed. São Paulo: Edgard Blucher, 1975.

CARDÃO, C. *Topografia*. 7. ed. Belo Horizonte: UFMG, 1990.

CARVALHO, C. A. B.; COMASTRI, J. A. *Estradas (traçado geométrico)*. Viçosa: UFV, 1981.

CHAGAS, C. B. *Manual do agrimensor*. Rio de Janeiro: Ministério da Guerra, 1965.

COMASTRI, J. A. *Topografia:* planimetria. 2. ed. Viçosa: UFV, 1992.

COMASTRI, J. A.; FERRAZ, A. S. *Erros nas medições topográficas*. Viçosa: UFV, 1979.

DENÍCULI, W. *Teoria dos erros*. Viçosa: UFV, 1989.

ESPARTEL, L. *Curso de topografia*. 9. ed. Porto Alegre: Globo, 1954.

FERREIRA, L. F.; OLIVEIRA, L. C. *Cálculo de áreas planas*. Rio de Janeiro: IME, 1989.

FITZ, P. R. *Cartografia básica*. Canoas: La Salle, 2000.

GEMAEL, C. *Astronomia de campo (2º parte)*. Curitiba: UFPR, 1971.

GEMAEL, C. *Geodésia celeste*: introdução. Curitiba: UFPR, 1991.

GEMAEL, C. *Introdução à geodésia geométrica (1º parte)*. Curitiba: UFPR, 1987. 1 apostila.

GOMES, E.; PESOA, L. M. C.; SILVA, L. B. *Medindo imóveis rurais com GPS*. Brasília: LK, 2001.

INSTITUTO NACIONAL DE METROLOGIA, NORMALIZAÇÃO E QUALIDADE INDUSTRIAL. *Sistema Internacional de Unidades*: SI. 8. ed. Rio de Janeiro: INMETRO, 2007.

PINTO, L. E. K. *Curso de topografia*. Salvador: UFBA, 1988.

PONTES FILHO, G. *Estradas de rodagem*: projeto geométrico. São Carlos: IPC, 1998.

ROCHA, C. H. B. *Geoprocessamento*: tecnologia transdisciplinar. Juiz de Fora: Editora do Autor, 2000.

SCHVARTSMAN, S. *Plantas venenosas e animais peçonhentos*. 2. ed. São Paulo: Sarvier, 1992.

SCHWAB, S. H. S. *Sistemas de referência em geodésia*. Curitiba: UFPR, 1995.

SILVA JR., M. *Ofidismo no Brasil*. Rio de Janeiro: MS, 1956.

SILVA, A. J. P. A. *O uso do GPS nas medições geodésicas de curta distância*. 1991. 180 f. Dissertação (Mestrado em Ciências Geodésicas) – Universidade Federal do Paraná, Curitiba, 1991.

SOARES, J. F.; FARIAS, A. A.; CESAR, C. C. *Introdução à estatística*. Belo Horizonte: UFMG, 1991.

SOERENSEN, B. *Animais peçonhentos*. São Paulo: Ateneu, 1990.

TOMMASELLI, A. M. G. Mapeamento com câmaras digitais: análise de requisitos e experimentos. In: CONGRESSO BRASILEIRO DE CARTOGRAFIA, 20., 2001, Porto Alegre. *Anais...* Porto Alegre, 2001.

TULER, M. O. *Definições e fatos atuais na concepção de sistemas de referências em geodésia*. Curitiba: UFPR, 1996.

TULER, M. O. *Geodésia geométrica*. Belo Horizonte: CEFET, 2000.

VANZOLINI, P. E.; COSTA, A. M. M.; VITT, L. J. *Répteis das caatingas*. Rio de Janeiro: Academia Brasileira de Ciências, 1980.